地下工程抗震

李荣建　刘军定　编著

中国水利水电出版社

www.waterpub.com.cn

·北京·

内 容 提 要

《地下结构抗震设计标准》（GB/T 51336—2018）的公布是我国地下结构抗震设计发展的一个里程碑。本书是在参阅国内外大量文献和地下结构抗震设计标准基础上编写的，内容分为 7 章，主要内容包括：地下工程发展与震害特点，地震特性与设计地震动，结构地震动力学分析基础，土的动力学特性，天然水平地层动力分析，地下结构抗震分析原则与方法，地下结构地震动力分析应用。

本书可作为城市地下空间工程、土木工程、防灾与减灾和工程地质等相关专业的教材，亦可作为科研和工程技术人员在地下工程抗震设计与计算方面的实用参考用书。

图书在版编目（C I P）数据

地下工程抗震 / 李荣建，刘军定编著. -- 北京：
中国水利水电出版社，2022.12
ISBN 978-7-5226-1164-8

Ⅰ. ①地… Ⅱ. ①李… ②刘… Ⅲ. ①地下工程—抗震设计 Ⅳ. ①TU92

中国版本图书馆CIP数据核字(2022)第242825号

书　　名	**地下工程抗震** DIXIA GONGCHENG KANGZHEN
作　　者	李荣建　刘军定　编著
出 版 发 行	中国水利水电出版社 （北京市海淀区玉渊潭南路1号D座　100038） 网址：www. waterpub. com. cn E - mail：sales@mwr. gov. cn 电话：(010) 68545888（营销中心）
经　　售	北京科水图书销售有限公司 电话：(010) 68545874、63202643 全国各地新华书店和相关出版物销售网点
排　　版	中国水利水电出版社微机排版中心
印　　刷	清淞永业（天津）印刷有限公司
规　　格	184mm×260mm　16 开本　14 印张　341 千字
版　　次	2022 年 12 月第 1 版　2022 年 12 月第 1 次印刷
印　　数	0001—1000 册
定　　价	**58.00 元**

前　言

　　地面以下的建筑物和构筑物统称为地下工程，地下工程种类繁多、结构型式多样、设计与施工技术复杂。基于地面、地上及地下"三位一体"的立体综合空间体系的城市建设理念，我国城市地下空间工程不论是数量和质量上，都有了相当规模的发展和提高。地下工程作为维系城市生命、实现可持续发展、解决城市现代化建设诸多矛盾的重要基础工程项目，其地下空间开发在解决城市现代化发展过程中发挥了重要作用，其减灾与防护等一系列安全问题应受到高度重视。

　　地震是重大自然灾害之一，为减轻地震所造成的生命与财产损失，人类进行了长期不懈的努力，随着科学技术的进步，抗震理论和防灾实践得到了很大的发展。通常认为，地下结构由于受周围土体约束而具有较好的抗震性能，但多次地震灾害现象显示，现有的地下结构并不安全，有时甚至会发生严重破坏。1976年中国的唐山大地震、1995年日本阪神大地震、2008年中国汶川大地震和2013年中国雅安大地震等仍然造成严重的各种地下设施与地下工程的破坏。因此，对于各种地下工程地震灾害，虽应贯彻预防为主的方针，但最根本的预防措施却是搞好抗震设防和提高各类地下结构的抗震能力。

　　我国在地下结构抗震方面的相关研究相对滞后，早期对于地下工程的抗震设计仍是借鉴上部结构的拟静力设计方法，通过加强概念设计及构造措施来保证地下工程的安全，随着地下结构理论分析计算及试验水平的不断提高，地下结构的地震响应研究也在逐步提高和深化，一些能够更加反映地下结构地震响应特点的新概念、新方法及新设计理论也在不断提出，如自由场变形法、反应位移法、反应加速度法、地层响应位移法、有限元整体动力计算法等。这些新概念、新方法对完善地下结构抗震设计理论起到了重要推动作用。2018年11月发布的《地下结构抗震设计标准》（GB/T 51336—2018）是我国地下结构抗震设计发展的一个重要的里程碑，为我国地下结构的抗震设计和安全评价提供了重要的技术支持和保证。

　　本书分为7章，第1章介绍了地下工程发展与震害特点，第2章介绍了地震特性与设计地震动，第3章介绍了结构地震动力学分析基础，第4章介绍了土的动力学特性，第5章介绍了天然水平地层动力分析，第6章介绍了地下结构抗震分析原则与方法，第7章介绍了地下结构地震动力分析应用。

　　在本书的编写中参阅了大量的文献、资料和规范，在此向相关研究者及作者表示衷心感谢，同时对在本书编著过程中给予热情帮助的人员表示衷心感谢。由于作者水平有限，书中难免有不妥之处，敬请各位专家、学者以及工程技术人员等同行和广大读者的不吝赐教和批评指正。

作者

2022 年 9 月

目　　录

第1章　地下工程发展与震害特点

1.1　地下工程发展与抗震研究现状

地面以下的建筑物和构筑物统称为地下工程，地下工程种类繁多、型式多样、设计与施工技术复杂。伴随着城市化进程的逐步加快，地下工程作为一种新型的国土化资源载体，具有无限发展的广阔前景。地下工程作为维系城市生命、实现可持续发展、解决城市现代化建设诸多矛盾的重要基础工程项目，其减灾防护等一系列安全问题应受到高度重视。

同地面结构一样，地下工程在修建和运营期间也会遭受诸如地震、爆炸、恐怖袭击等自然、人为灾害。这些灾害由于通常具备潜在、突发、隐蔽以及随机性强等特征，再加上地下结构埋藏于地面以下，给防灾救护及灾后修复带来一系列困难，而且地下结构一旦发生严重灾害，不仅对其附近的地面建筑物、构筑物造成严重影响，而且必然会危及城市地下生命线工程的正常运营，造成城市交通、供电供水、通信信息的严重瘫痪。

通常认为，地下结构受周围土体约束，具有较好的抗震性能；但多次地震灾害显示，现有的地下结构并不安全，有时甚至会发生严重破坏。究其原因，在发生强地震时由于地下结构周围土体的变形可能会很大，从而导致地下结构的一些薄弱环节发生严重的震害，给地下结构的整体安全造成严重的影响；同时，由于地下结构延伸范围宽广，沿线场地条件复杂多变，主要包括场地土类的差异、砂性土液化、软土震陷、塌陷、构造地裂等，这些因素直接影响地震时地下结构遭受的地震作用的大小和方式，从而对地下结构的破坏形式有着重要影响。1985年墨西哥建在软弱地基上的地铁侧墙与地表结构连接部发生破坏现象；1995年日本阪神地震中地铁、地下停车场、地下隧道、地下商业街等大量地下工程均发生严重破坏，造成了地下结构较为严重的破坏。因此，地下工程的地震灾害防护应在设计时给予高度重视，防患于未然。

地下结构由于受到周围岩土介质的很强约束，其地震反应与地面结构有很大不同。对地面结构而言，结构自身动力特性是影响结构地震反应的重要物理因素。而对地下结构来说，地基的运动特性则对结构的地震反应起主要影响作用，结构的自振动力特性在地震作用下表现得不明显。因此，对地下结构抗震分析来说，地基地震动的研究占有较大比重。

我国在地下结构抗震方面的相关研究相对滞后，早期对于地下结构的抗震设计仍是借鉴上部结构的拟静力设计方法，通过加强结构的概念设计及构造措施来保证地下工程的安全、稳定，随着地下结构理论分析计算及试验水平的不断提高，人们对地下结构的地震反应研究也在逐步提高并加以深化，一些能够更加反映地下结构地震响应的新概念、新方法及新设计计算理论也在不断提出，如自由场变形法、反应位移法、地层响应位移法、有限元整体动力计算法等。这些新概念、新方法对完善地下结构抗震设计理论起到了重要推动作用。

在《人民防空工程设计规范》（GB 50225—2005）和《人民防空地下室设计规范》（GB 50038—2005）中没有规定人防地下工程在地震作用下如何进行抗震设计，在《公路工程抗震规范》（JTG B02—2013）、《铁路工程抗震设计规范》（GB 50111—2006）、《地铁设计规范》（GB 50157—2013）和《建筑抗震设计规范》（GB 50011—2010）中推荐了地下建筑的拟静力法和反应位移法等抗震设计方法和抗震措施，在《城市轨道交通结构抗震设计规范》（GB 50909—2014）中较为系统地推荐了隧道和地下车站的拟静力法、反应位移法、反应加速度法和时程分析法等抗震设计方法和抗震处理措施，2018 年 11 月发布的《地下结构抗震设计标准》（GB/T 51336—2018）是我国地下结构抗震设计发展的一个重要的里程碑，为我国地下结构的抗震设计和安全评价提供了重要的技术支持和保证。

1.2　地下车站震害

1995 年日本阪神大地震中，神户高速铁路的 6 个地下车站中的大开站和长田站受灾较为严重，其他车站受灾较轻。市营地下铁道的地下车站数上泽车站受损最重，三宫站次之。阪神电气铁道和神户电气铁道的地下车站则基本未受破坏。

1.2.1　神户高速铁路

神户高速铁路的 6 个地下车站中，大开站和长田站受灾较严重（图 1.1），其他车站受灾较轻，仅混凝土结构出现裂缝。

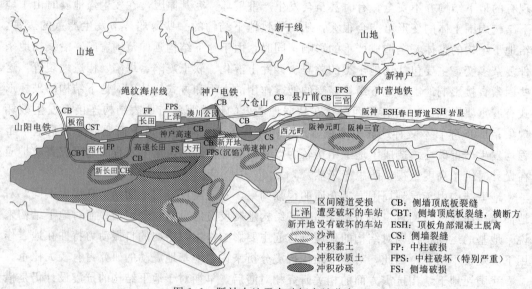

图 1.1　阪神大地震中破坏车站分布

1. 大开站

大开站始建于 1962 年，用明挖法构建，长 120m，采用侧式站台。有两种断面类型：标准段断面和中央大厅段断面。顶底板、侧墙和中柱均为现浇钢筋混凝土结构。中柱间距为 3.5m。覆土厚度：标准段为 4～5m，中央大厅段为 2m。地层主要组成为：表层为填土；第二层为淤泥质黏土，N 值小于 10；第三层为砂砾层及海相黏土，砂砾层的 N 值在 30~35 之间，海相黏土 N 值为 10 左右；15m 以下为 N 值大于 50 的更新世砾层。

原有结构参照当时规范设计，没有考虑地震因素。但设计非常保守，安全系数很高，中柱安全系数达到了 3，即在承受 3 倍于平时使用载荷的情况下也不破坏。因此，这次大开站因地震而遭受严重破坏以至完全不能使用的情况引起了许多人的注意。图 1.2 为破坏情况的纵向示意图。根据破坏情况可将车站分成三个区域：区域 A、区域 B 和区域 C（图 1.3）。

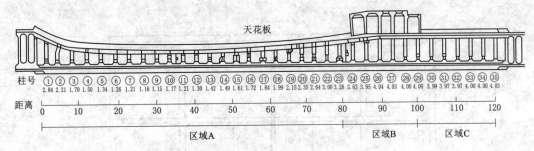

图 1.2 大开站纵向破坏情况示意图（单位：m）

A 区域为大开站一侧的一层标准结构，破坏最为严重，大部分中柱几乎全被压坏。由于顶板两端采用刚性节点，在中柱倒塌后侧壁上部起拱部位附近外侧因受弯而发生张拉破坏，使上顶板在离中柱左右两侧各 1.75~2.00m 处（主钢筋弯曲位置）被折弯。其中顶板中央稍微偏西的位置塌陷量最大，整体断面形状变成了 M 形 [图 1.3（a）]。顶板的塌陷导致上方与其平行的一条地表主干道在长 90m 的范围内发生塌陷，最大值达 2.5m。顶板中线两侧 2m 距离内，纵向裂缝宽达 150~250mm。被破坏的中柱有的保留着一部分混凝土，相当一部分则已经破碎脱落。间隔 35cm 配置的 9mm 箍筋有的一起脱落，有的则被压弯。柱子在上端、下端或两端附近发生破坏后，形状都像被压碎的灯笼，轴向钢筋呈左右大致对称状压曲，或表现为向左或向右压曲。侧壁上端加掖部的混凝土出现剥落。在一些位置上侧壁内侧的主钢筋出现弯曲，使侧壁稍稍向内鼓出，可以见到明显的漏水现象。

B 区域为二层构造 [图 1.3（b）]，破坏最轻。在地下二层的 6 根中柱中，靠近 A 区域的 2 根和靠近 C 区域的 1 根被损坏，剩下 3 根只受到轻微损伤。由于这一部位的覆土仅为 1.9m，且结构安全系数很大，故其发生破坏出乎人们的预料。

C 区域的结构型式与 A 区域相似，但破坏程度轻于 A 区域。在 C 区域，中柱下部发生剪切破坏，轴向钢筋被压曲 [图 1.3（c）]，使上顶板下沉了 5cm 左右。在这一区域内，侧壁未见有裂缝或混凝土脱落。

在整体上，大开站属细长箱形结构。地震作用下，中柱上下两端因变形过大而破坏；直角部位也因结构剪切刚性相对较小而发生变形。可以看到，A 区域与其他区域相比，墙壁直角部位的剪切变形很严重；而且由于覆土厚度过大，中柱在平时就负载过重。

2. 长田站

大开站西邻的高速长田站的标准段为宽 17m×高 7.2m 的一层二跨结构，中央大厅段为宽 26m×高 10m 的二层四跨结构。底板、侧墙和中柱为现浇钢筋混凝土结构。中柱间距为 3m。覆土厚度：标准段为 4~5m，中央大厅段为 2m。地基在 -30.0~-20.0m 范

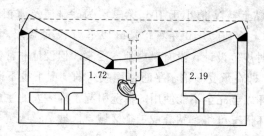

（a）A区域柱10处

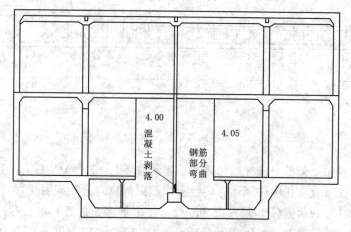

（b）B区域柱26处

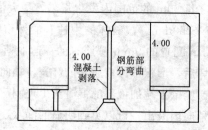

（c）C区域柱31处

图 1.3　大开站的典型破坏断面（单位：m）

围内是 N 大于 50 的砂砾层，其上是 N 为 10 左右的砂质土和黏土层的互叠层。

高速长田站在靠近大开站方向的 120m 区域内，连续 16 根中柱发生弯曲和剪切龟裂等破坏。上行线路侧壁的直角部位出现有剪切破坏，剪切破坏面从北向南逐渐向下倾斜，这说明与下底板相比上底板向南移动严重。

一层二跨的侧式站台中柱受损。车站 41 根中柱中与大开站相连的部分中有 5 根因钢筋变形导致剪断破坏，并且有 11 根中柱产生剪切裂缝和混凝土剥离。二层四跨的上层中央大厅钢构柱下的轨道层混凝土底板亦有受损。

1.2.2　市营地下铁道

市营地下铁道车站的结构均为现浇钢筋混凝土结构。上泽站、新长田站和三宫站的站台及中央大厅的中柱采用钢构柱而未遭破坏，其他部位的混凝土中柱则损坏严重。其中上泽站被破坏的混凝土中柱数量最多，三宫站次之、新长田站受灾最轻。

1. 上泽站

上泽站全长 400m，月台长 125m。横截面型式沿线路方向变化，有三层二跨和二层二跨 2 种型式。中央大厅为三层二跨，第一层为中央大厅，第二层为机械室和公共管道空间，第三层为轨道层，中柱左右对称；二层二跨区为只设电气室和通风机械室，第一层为机器室，第二层为轨道层，断面型式为中柱偏南侧的非对称断面，跨比为 2：1。车站外轮廓宽 17～19m，三层部分高 15～18m，二层部分高 13～14m。覆土在三层部分为 3～4m，在二层部分为 4～6m。车站旁侧的地基为 N 值大于 50 的砂砾层，之上是砂砾层和砂土层及黏土层的交叠层，接近地表是数米厚的冲积黏土层。

震害情况中，二层结构和三层结构的上层受害程度都很严重，中柱均出现典型的剪切破坏和斜向龟裂。现象表明线路结构在侧壁直角部位（西北，东南方向）受到反复交替的剪切作用，使破坏形式都具有一定的方向性。下楼板相对于上楼板的位移向东西侧方向较大。在中柱受灾严重部位，上楼板及侧壁出现伴生裂缝。

三层二跨结构的第一层的中柱受损最为严重，剪切断面处混凝土剥落，钢筋出现较大弯曲。柱端沉降量因施工误差而无法确定，但由钢筋弯曲状态估计为 2～3cm。该断面的受灾情况如图 1.4 所示。

二层二跨构造在车站以西长约 130m。以 5m 为间距设置的混凝土柱几乎全部受灾。上层中柱受灾严重，27 根中柱有 21 根受灾程度达Ⅰ级（完全破坏）和Ⅱ级（中等程度破坏）。下层有 2 根中柱破坏达Ⅱ级，其余均为Ⅲ级破坏（局部剪切破坏）。跨度较小一侧的顶板，在侧壁拐角部位出现了贯通顶板的铅直裂缝。受灾最严重的柱子下沉量为 10mm。该剖面的受灾状况如图 1.5 所示。

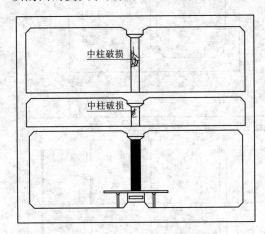

图 1.4 上泽站 G2 断面破坏图

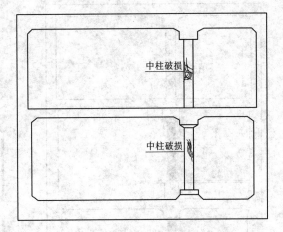

图 1.5 上泽站 C 断面破坏图

2. 三宫站

三宫站全长 306m，为三层构造。外部尺寸为宽（15～38）m×高（20～22）m。由于乘客多，故第一层的中央大厅较宽，为六跨。中央大厅下的两层为换气机械室。地下一层采用钢筋混凝土柱，地下二层与三层是钢管柱，中柱不是位于截面宽的中央而是位于左右比约 4：6 的位置。覆土为 3～4m。在车站地下一层部分地基差不多都是冲积砂砾层。在车站的东侧部分，因直到明治初年还是河道，故有很多卵石。

三宫站的震害情况和上泽站的情况相似。以车站中央稍偏西的位置为中心 100m 左右的区间内，中柱的受损程度很高。42 根较大直径的顶层中柱中有 33 根出现剪切裂缝，其中 26 根柱子的钢筋剪切变形量超过其直径，为 I 级和 II 级破坏。破坏剖面如图 1.6 所示。

地下一层和二层的楼板为错断突出形式，顶层的错断突出为 6 跨，第二层的错断突出为 5 径间。第二层伸出平台的空调机房南侧的中柱出现剪裂缝破坏。27 根钢筋混凝土柱柱中有 12 根是 I 级破坏，3 根是 II 级破坏。此外，底层的中柱及支撑二楼楼板的混凝土柱和第二层大部分柱子都发生剪裂缝，破坏等级为 III 级或 IV 级（轻微裂缝）。

在新长田和上泽站，如从柱的西南面观察，剪切裂缝方向主要为左上至右下方向。三宫站的情况虽没有这 2 个车站显著，但大体上是从左上至右下方向的剪切裂缝占优势。

1.2.3　山阳电气化铁道西代站破坏

西代站总长 180m，分一层部和二层部，其中，东侧一层结构长 100m，西侧二层结构长约 80m。标准段为一层二跨的侧式站台，宽约 17m，高约 8m，覆土为 8～9m。中央大厅部为二层四跨，宽约 25m，高约 13m，覆土 4～8m。地基是砂土、黏土及砂砾土的复杂的交叠层，在车站深度附近有厚 3～5m 的非常致密的砂砾层，其上部为稍软的砂层。

东侧一层结构破坏较严重。间隔 5m、高 3.65m、断面为 250cm×40cm 的中柱共有 17 根，其中 16 根发生剪切破坏，混凝土脱落、钢筋暴露。在上下楼板两侧靠近突出平台处有垂直裂缝（图 1.7）。

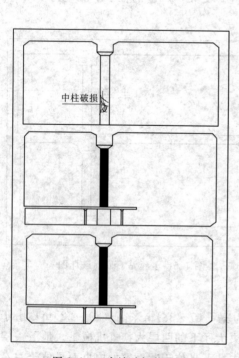

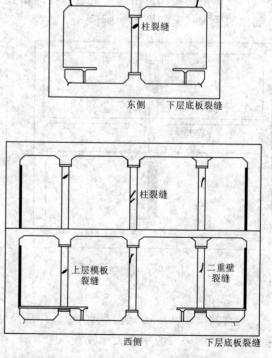

图 1.6　三宫站破坏状况图　　　　　图 1.7　西代站受灾状况图

西侧为二层四跨结构，所有的中柱均出现剪裂缝（图1.7）。下层是一个停车场，仅在其四周房间内的柱子上可见剪切裂缝，破坏程度轻于上层。上层共有8根中柱和14根侧柱，其中有4根中柱和2根侧柱发生破坏。底层停车场南北各有14根柱，其中北侧1根和南侧8根发生破坏。

1.3 地铁区间隧道震害

1.3.1 阪神地铁

阪神地铁区间隧道为宽9～12m、高6.5m的单层双跨结构，覆土厚度5～6m，顶板、底板和侧墙均为现浇钢筋混凝土结构。中柱断面尺寸50cm×40cm，施工时用4根厚9mm、宽50mm的扁钢以50cm的间距将厚15mm的锚定板围成方柱形劲性骨架，然后浇注混凝土。此外，中柱上部和下部的纵向桁架（桁架高约90cm）同样为用锚定板和扁钢组成的劲性钢骨混凝土结构。地震发生后，线路（单线总长约3540m）侧壁与上楼板交汇部位的混凝土剥落，露出钢筋。覆土较浅（2～3m）的春日野道—岩屋间（约1km）受灾特别显著，线路内的混凝土剥落成堆，且约920根中柱上下端部位的混凝土保护层剥离脱落。此外，混凝土结构的接缝和裂缝处可见漏水。

1.3.2 神户地铁

神户地铁区间隧道为宽9～12m、高6.5m的单层双跨结构，覆土厚度5～7m。顶板、底板和侧墙为现浇钢筋混凝土结构。隧道入口部位为长约50m的单层单跨劲性钢骨混凝土结构，覆土厚度1～4m，宽约11m，高8～9m。劲性钢骨为H型钢（700mm×400mm×12mm）、翻边板与厚16mm钢板刚性连接。线路侧壁上部拐角处有裂缝出现，中柱上下端也可见轻微裂缝。

1.3.3 神户高速铁路

神户高速区间隧道为宽9m、高6m的单层双跨结构，覆土厚度2.5～5.5m，顶板、底板、侧墙和中柱为现浇钢筋混凝土结构。

新开地站以西隧道的中柱、侧壁震害明显。新开地站以东和凑川站间南北线区间的侧壁上下端拐角处发生轻微裂缝。高速铁路神户、西本镇之间，高速铁路神户、阪急三宫之间及新开地、凑川站之间的隧道部分，都在区间侧壁的中央附近及其上下部位出现沿轴向宽0.2mm以上的弯曲裂缝。此外在构造接缝部分，一部分混凝土被压坏而露出钢筋，且有垂直向裂缝。

西代站—大开站间多数中柱破损，810根中破损中柱占709根。柱子上下端因受弯而出现裂缝，混凝土剥落或发生剪断破坏。

长田站—大开站之间长940m的隧道部分受到很大损伤。这部分隧道采用复线箱形截面，宽8.9～10.2m，高6.25～6.46m，覆土2.5～5.5m。间隔2.5m的中柱共375根，其中约2/3（249根）受到损伤。损伤主要形式有：弯曲破坏，柱子上下端水泥保护层被压坏和脱落；轴向钢筋弯曲；因剪切作用而出现斜向龟裂和破坏等。损伤程度从轻微龟裂到剪切破坏，其中靠近大开站方向损伤程度更严重。区间隧道南侧墙壁下部拐角因受压而产生较大变形，北侧下部拐角的中央和上部可见纵向裂缝。靠近大开站的相当长的地区有连续的断裂，裂缝最大宽度超过 5mm，总长共计 495m。大开站以车站尽头向西 100m 处为中心，约 140m 范围内上下楼板相对位移达 6cm 以上，最大达到 20cm，南北两侧墙壁中央附近和上下部位附近出现轴向龟裂，龟裂宽度多数超过 5mm。长田站一侧多数部位上下楼板相对变形量不到 2cm。

大开站—新开地站之间的隧道，南侧、北侧及侧壁中央附近有多条沿纵向延伸的裂缝，裂缝宽度在大开站附近最大达 12～17mm。从大开站东端 130m 处到 391m 处之间发生断裂的总长有 100m。隧道侧壁向内一侧最大鼓出 24mm。除此以外，中柱上下两端也受到损坏。

1.3.4　市营地下铁道

市营地下铁道区间隧道标准段为单层双跨结构。县厅前站至三宫站的东行线和西行线上下重叠布置。两站的换乘通道均为长约 300m 的双层单跨结构。底板、侧墙和中柱为现浇钢筋混凝土结构。中柱断面尺寸 80cm×40cm，柱中线间距 2.5m。

单层双跨结构的建筑轮廓宽约 10m，高约 7m，覆土厚度 6～16m。双层单跨结构的建筑轮廓宽约 6m，高约 13m，覆土厚度 7～9m。

混凝土中柱受震害很普遍，主要集中在新长田站以东、上泽站以西以及三宫站附近（合计 1.4km）。这三个区域的侧壁、顶板及中隔板都有沿纵向的裂缝。自新长田站往东 250m 处开始，在约 170m 的区间内受灾中柱约 70 根。从上泽站中心向西约 300m 处开始，长约 90m 的区间内有 35 根中柱受灾。这 2 处中柱都出现剪切裂缝，柱上下端受弯压坏使承载力不足。

1.4　地下管线震害

1. 地下供水管线的震害

1995 年日本兵库县南部地震中，阪神地区许多管线破坏发生在软弱地基中，大部分管线破坏发生在直径相对较小的铸铁管中，并多系接头部位发生破坏。

其破坏特点可归纳如下：

（1）直径相对小的管道多数容易发生破坏。

（2）石棉水泥管和聚乙烯管的破损率很高。

（3）接头脱位现象十分严重。

（4）地层液化可能导致管道严重破坏，然而带有抗震接头的延性铸铁管道即使在液化区也未遭到破坏，这类接头的抗震可靠性得到了验证。

（5）诸如阀门、消防栓等管道附件的破坏情况十分严重，可见应提高管道附件的强度。

2. 地下排水管道的震害

1995 年阪神地震中，破坏主要在排水支线上发生，管道损坏长度约达 138.4km，其中 33.3km 为排水干线。

不同材质的管线的损坏情况如下：

（1）黏土陶管：管体塌落。

（2）混凝土管：接头破裂，管体沿周向出现破裂和断裂，或沿轴线走向出现破裂。

（3）PVC管（聚氯乙烯管）：管体坍塌，管体沿周向和纵向出现破裂，管体接头突出或脱落，侧向排水管伸入管路。

（4）FRPM管（纤维增强塑性胶砂管）：管体塌落或在管体上出现螺旋形的破裂。

与此同时，许多管线的坡度亦发生了变化，并有大量液化土涌入管线。

排水系统的进水口和相连侧向管线的损坏情况也很严重，许多检查井被毁坏，主要特点为发生水平移动，砖砌体破裂或坍塌，混凝土底座塌陷，管道进入检查井，井壁被剪裂，钢制井盖发生水平移动等。

3. 地下输油、输气管道的震害

1923年日本关东大地震中，仅东京地区就有4000条输油管线破裂，多数破坏出现在铸铁管接头部位。1964年日本新潟地震中，有140条输油铸铁管和焊接钢管破裂，破坏多数出现在有液化现象的地区。1971年美国圣费尔南多地震中，被破坏的焊接输油钢管支线多位于圣费尔南多峡谷的上盘，破裂多达80余处。根据对美国南加州地区近61年所发生的地震中输送天然气管线的破坏情况的调查，发现焊接钢管管线的震害有如下特点：

（1）老式氧炔焊接钢管易受地震破坏，尤其在有液化、断层错动和滑坡现象的地区，破坏率非常高。根据现场调查，发现地震造成的地表移动和永久变形对氧炔焊接钢管的破坏的影响也很大。

（2）非保护电弧焊钢管管线受震害破坏较小，即使在地表出现永久变形的地区，其破坏率也较低。

（3）保护电弧焊钢管管线受震害破坏最小，仅在地表出现非常大的变形的区域，才可见其有破坏现象出现。

（4）破坏多数发生在焊接部位，钢管管段本身受震害破坏较小。

4. 地下管道震害的原因

根据经验，除管体自身性质外，地震引起地下管道破坏的原因可分为两类：由场地破坏造成的破坏及由强烈的地震波的传播造成的破坏。

地下管道通常由管段和管道附件（弯头、三通和阀门等）组成，地震时一般有三种基本破坏类型：管道接口破坏；管段破坏；管道附件以及管道与其他地下结构连接的破坏。其中以管道接口（或接头）破坏居多。

与管段自身强度相比较，接口是抗震能力的薄弱环节。管道接口通常可分刚性接口和柔性接口两类。其中刚性接口有焊接、丝扣连接和用青铅、普通水泥、石棉水泥等作为填料的连接形式等。采用橡胶圈的承插式接口和法兰连接接口属于柔性接口。震害调查表明柔性接口的震害率明显低于刚性接口，原因是前者允许产生较大的变形，具有良好的延性。

接口破坏形式有接头拉开（或拔脱）、松动、剪裂、倒塌和承口掰裂等；管段破坏形式则有开裂（纵向裂缝、环向裂缝和剪切裂缝等）、折断、拉断、弯曲、爆裂、管体结构崩塌、管道侧壁内缩和管壁起皱等。

1.5 地下街与停车场震害

1.5.1 地下街的震害

在日本神户市内有三宫地下街，在这些地下街当中虽然电气、空调、给排水等设备系统发生了某些破坏，但结构主体基本没受损，与其他地下结构相比破坏要少。三宫地下街受损概况见表1.1。

表 1.1 三宫地下街受损概况

受损部位		受损情况
设备	电气设备	高压电线杆倒塌：1处； 灯具脱落：数处
	空调设备	冷却塔功能丧失：3处（因房屋倒塌）； 空调机吸尘器，过滤器脱落：2台
	给排水设备	给水管道折损：数处； 地上排水管道折损：3套
	防灾设备	喷水管折损：3处； 火灾自动警报器脱落：数处； 防火防灾闸门变形：1处
结构	地板、柱、墙	地板面砖裂缝：100cm左右； 柱、墙大理石脱落：约200片
	窗	玻璃破损：11块
	顶棚面板	顶棚面板脱落：数处

1.5.2 地下停车场的震害

神户市内的停车场都是用明挖法建在道路下或公园下，采用地下2～3层的钢筋混凝土构造型式。表1.2列出了各地下停车场的受灾状况。三宫第二停车场的一部分发生混凝土剥落；而在其他的地下停车场，结构的墙面、楼板部位有裂缝。由于当初建造时没有进行抗震设计，因此总的说来破坏还是轻微的。

表 1.2 地下停车场受损概况

停车场名	结构受损情况	设备受损情况
三宫第一停车场	墙面裂缝；通道石衬画面、楼梯室瓷砖面有裂缝和脱落现象；通风口内壁脱落	灯具破损；火灾报警器、车辆探测器不良；洒水器喷头破损
三宫第二停车场	结构突出部分（换气塔、楼梯室）出现裂缝、断裂；装配件杆变形，门开关受阻	灯具、换气管道破损；火灾报警器、车辆探测器不良
三宫第三停车场	墙面、地板有裂缝；伸缩缝部位有裂缝；楼梯室挡土墙倾斜	灯具破损；火灾报警器、车辆探测器不良
花隈	无受损	没有受损
凑川公园	出入口墙面出现裂缝；顶棚剥落	通风管道破损

续表

停车场名	结构受损情况	设备受损情况
神户站北	墙面、梁出现裂缝	火灾报警器破损；给排水设备、诱导灯、消防设备破损
新长田	墙面、梁有裂缝；出入车道的三合土地面破坏	灯具塌落；通风管及吊具塌落；火灾报警器、诱导灯、消防设备破损
神户站南	无受损	没有受损
长田北町	墙面、梁有裂缝	车辆探测器不良；灯具破损

1.6　隧道震害

隧道是处于地下的工程结构物，为岩土体所包围，其受力状态不同于地面结构，而且结构物的变形要受到岩土体的约束，受力状态较为复杂。隧道有山岭隧道和水工隧道等。隧道一般也被认为是一种抗震结构，然而根据铁路隧道震害情况研究认为：若隧道经历强烈地震、隧道坐落在地震断裂带，并且该隧道有特殊的地质或构造条件，那么隧道仍将可能被破坏。下面介绍我国、美国和日本隧道震害的典型资料。

1.6.1　中国

1970年，我国滇南通海发生7.8级地震，其中位于Ⅶ度地震区的麻栗树的大田山2号隧道（块石衬砌，黏砂土地层）进口边墙开裂。

1976年，河北唐山发生地震，震级7.8级，开滦矿区许多矿山隧道被震坏。

1999年9月21日，台湾地区发生里氏7.3级强烈地震，震中位于日月潭西部12km附近，亦即集集一带，震源深度在地表下7.5km。这次大地震至少造成2300人死亡，近万人无家可归，并于地表发生长达近百千米的地表断层。集集大地震系因车笼埔断层逆冲而引起，依其震动强度可以车笼埔断层为界，划分成断层错动区、上盘、下盘及其他地区等三大震区，其中以断层错动区所受震动强度为最大，上盘次之，下盘及其他地区则较小。集集大地震造成台湾地区中部地区许多山岭隧道大小不一的损害，位于车笼埔断层错动区的石岗坝引水隧道遭剪断错动；位于断层东侧（上盘）的受损隧道中以公路隧道居多，计有44座。其中受损轻微者约24座，占55%，受损中等者约9座，占20%，受损严重者约11座，占25%，以衬砌龟裂为最多，其次为洞口边坡坍塌；而位于车笼埔断层西侧（下盘）及其他地区的受损隧道中以三义一号铁路隧道为最严重，造成轨道扭曲变形、衬砌龟裂、掉落的现象，导致山区铁路中断达17天之久。

1.6.2　美国

1952年加利福尼亚州克恩郡发生地震，震级7.6级，南太平洋铁路3～6号隧道严重受损，洞身都发生错移，这4座隧道洞身均穿过风化破坏岩层和活动断裂带。

1971年圣佛南部发生地震，震级6.4级，5座隧道遭到不同程度的破坏。

1.6.3　日本

日本是世界上地震最多的国家，在历次大地震中，隧道和其他地下结构多有破坏，有

· 11 ·

的震害十分严重。

（1）1923 年关东大地震。震级 7.8 级，震中位于东京和横滨两大城市附近。地震受灾区内一百几十座铁路隧道 80% 以上不同程度受灾，其中 25 座隧道破坏严重，洞身破坏 14 座。小峰隧道（钢筋混凝土衬砌，埋深 1.5～61m）完全破坏，钢筋混凝土歪斜、撕裂，洞顶坍塌，成段开裂；米神山 2 号隧道（石砌，埋深 29m）洞口为崩土所封住，洞内圬工严重变形。

（2）1930 年伊震地震。震级 7.0 级，当时丹那第一线铁路隧道正在施工。该隧道通过安山岩和凝灰岩，地震使隧道在横穿丹那山断层处水平错位 2.39m，竖向错位 0.6m，边墙数处开裂。

（3）1978 年伊豆尾岛地震。震级 7.0 级，地震时出现一条横贯隧道的断层，隧道衬砌及仰拱严重裂缝，拱顶混凝土剥落穿顶，坍入大量土石，钢筋被拉断。

（4）1995 年兵库县南部地震。震级 7.2 级，许多铁路隧道、公路隧道和地铁车站发生破坏。神户高速铁路大开站隧道中的支柱大部分崩裂，隧道墙体上到处是裂缝。在地震受灾范围内有 100 多座用矿山法修建的隧道，震害严重，需加固、整修的隧道 12 座；震害影响较轻的隧道约 30 座。调查发现，隧道内损坏部位多为在施工时存在集中涌水和断层泥的断层和破碎带施工困难地段。本次地震中隧道震害的主要表现形式有：①新增裂缝和原有裂缝发展、延伸，以拱顶、拱肩居多；②接缝错开、张开和剥落，以施工缝居多；③钢筋压屈；④仰拱隆起，公路路面开裂。

1.7 地下结构震害特点

地震对于地下结构造成的震害，基本上可以分为两大类：①由地质因素引起，造成地层的大位移、滑移和错动，致使地下结构遭到严重破坏；②由地震振动导致地层产生过大的位移和地震力，作用到地下结构上使地下结构产生过大的应力和变形而出现破坏。

神户高速铁路大开站的破坏开创了城市地铁遭受严重震害的先例，尤其是其破坏程度前所未有。探究发生地铁震害的原因，有的是因为地震烈度超过了设防烈度，有的则是进行设计时忽略了抗震设计。阪神地震地下铁道车站及区间隧道的震害主要形式可归纳为中柱开裂、坍塌，顶板开裂、塌陷以及侧墙开裂等。震害带给人们的经验教训是：提高结构的抗震性能仅凭加强结构强度是不够的，因为地震作用受振幅、频谱、持时等因素的影响，随机性很强，无法准确预料其强度的大小。因此，在保证结构承载力前提下，更应重视加强结构及其构件的变形、延性与耗能能力。框架柱是地下车站的主要承载构件，控制其轴压比，加强箍筋对混凝土的约束，防止出现剪切破坏是提高其延性的基本措施。

隧道在地震中亦有破坏，主要现象为二次衬砌混凝土表面出现裂缝，竖井附近管片发生破坏等。隧道震害规律可以总结为：抗震不利地段隧道比基岩处隧道的震害严重，例如软弱土、液化土、岩性土性不均匀地层，地震时可能发生滑移、地裂，发震断裂带上可能发生地表错位的地段等都是隧道震害严重的部位。因此，地层地震变形是隧道破坏的主要因素，并且衬砌接头是提高地下隧道抗震性能的重要因素之一。

地下街、地下停车场的主体结构在地震中损坏轻微，但在它和附属设施的接合部分、侧墙和顶板仍发生有混凝土剥落，并有露出钢筋的现象，但整体破坏仍较轻。

总结地下结构在以往地震中的表现，以整理地下结构地震损坏的情况，不仅可以评价和预测地下结构在将来受到某种程度的地震袭击时的抗震性能，而且还可以对抗震设计和研究指明重点考虑的方向和处理措施。通过以上分析可以总结，地下结构震害影响因素主要有：①地质构造；②地层结构；③地下水位；④地震波入射方向、垂直及水平震动的影响；⑤覆盖土层厚度影响；⑥地基软弱土质影响；⑦地下结构型式。

一方面，地下结构的存在对周围地基地震动的影响一般很小；另一方面，地下工程由于受其周围岩土介质的约束作用，在地震作用下的自振特性表现不是很显著，尤其是深埋的地下工程，其地震反应主要由周围的岩层、土层的变形控制，因此也不会产生比岩土层更为强烈的振动。地下工程的地震破坏与它所存在的岩土介质的变形密切相关，地下结构在振动中各点的相位差别十分明显，地下工程震害主要由地震导致的在各种因素条件下地层过大变形引起，地层与地下结构动力相互作用表现为典型的运动相互作用。因此，地下工程的地震震害机制和相应的防震、抗震设计方法与地面结构有着明显的不同。

复习思考题

1. 什么是地下结构？
2. 地下结构与地面在遇到地震时的反应有什么不同？
3. 地震引起地下管道破坏的原因可分为哪两类？
4. 管道接口的破坏形式有哪些？管段破坏形式有哪些？
5. 1995 年日本兵库县南部地震中隧道震害的主要表现形式有哪些？
6. 地震对于地下结构造成的震害，一般分为哪两大类？
7. 地下结构震害影响因素主要有哪些？

参考文献

［1］ 郑永来，杨林德，李文艺，等. 地下结构抗震［M］. 上海：同济大学出版社，2005.
［2］ 日経アーキテクチュア. 阪神大震災の教訓［M］. 日本：日経 BP 社，2002.
［3］ 陈国兴. 岩土地震工程学［M］. 北京：科学出版社，2007.
［4］ 龙驭球. 弹性地基梁的计算［M］. 北京：人民教育出版社，1981.
［5］ 黄义，何芳社. 弹性地基上的梁、板、壳［M］. 北京：科学出版社，2005.
［6］ 周小文. 盾构隧道土压力离心模型试验及理论研究［D］. 北京：清华大学，1999.
［7］ 陈正发. 粘性土地基中地铁隧道动力离心模型试验系统开发［D］. 北京：清华大学，2005.
［8］ 周健，白冰，徐建平. 土动力学理论与计算［M］. 北京：中国建筑工业出版社，2001.
［9］ 徐植信，孙钧，石洞，等. 土木工程结构抗震设计［M］. 上海：同济大学出版社，1994.
［10］ 郑颖人，朱合华，方正昌，等. 地下工程围岩稳定性分析与设计理论［M］. 北京：人民交通出版社，2012.
［11］ 张庆贺，朱合华，黄宏伟. 地下工程［M］. 上海：同济大学出版社，2004.
［12］ 王显利，孟宪强，李长凤，等. 工程结构抗震设计［M］. 北京：科学出版社，2008.

[13]　杨新安，黄宏伟. 隧道病害与防治 ［M］. 上海：同济大学出版社，2003.

[14]　GB 50011—2010 建筑抗震设计规范 ［S］. 北京：中国建筑工业出版社，2010.

[15]　李荣建，邓亚虹. 土工抗震 ［M］. 北京：中国水利水电出版社，2014.

[16]　宋焱勋，李荣建，邓亚虹，等. 岩土工程抗震及隔振分析原理与计算 ［M］. 北京：中国水利水电出版社，2014.

第 2 章　地震特性与设计地震动

2.1　地震活动与特性

2.1.1　世界地震活动

全世界每年要发生 500 万次地震，但其中大部分是人们感觉不到的小震，人们能感觉到的地震（有感地震）仅占 1%。5.0 级以上的破坏性地震全球每年 1000 次左右，6 级以上地震每年 100 次左右，7.0 级以上的地震每年只有十几次，而 8 级以上的强震则每年仅有 1～2 次。这些地震以地震波形式释放出来的能量估计每年可达 9×10^{17} J，但主要是由少数大地震释放出来的，其中约 85% 是浅源地震释放的。

地震在全球的分布是相当不均匀的，但又表现出某种规律性。根据历史地震的震中分布，可以发现全球主要有两大地震活动带，即环太平洋地震带和欧亚地震带（又称地中海—喜马拉雅地震带）。环太平洋地震带沿南北美洲西海岸、阿留申群岛，转向西南到日本列岛，再经我国台湾地区达菲律宾、巴布亚新几内亚和新西兰，全球约 80% 浅源地震和 90% 中深源地震，以及几乎所有的深源地震都集中在这一地带。除分布在环太平洋地震活动带的中深源地震以外，几乎所有的其他中深源地震和一些大的浅源地震都发生在欧亚地震带。它西起大西洋的亚速岛，经意大利、土耳其、伊朗、印尼北部、我国西部和西南地区，过缅甸至印度尼西亚与上述环太平洋带相衔接。

2.1.2　中国地震特点

我国是一个多地震国家，地震活动频度高、强度大、分布广，灾害严重。我国的绝大部分地区都受到地震的威胁，除浙江和贵州两省之外，其余各省均发生过 6 级以上强震。抗震设防烈度在 7 度以上的高烈度区覆盖了一半以上的国土，其中包括 3 个直辖市、23 个省会城市（含台北）和 2/3 的百万以上人口大城市。而目前居住在农村地区的人口中，超过 80% 居住在地震高烈度区。1900 年以来，我国发生的 7 级以上大震就达 80 余次，约占全世界的 1/3。20 世纪全球 8.5 级以上的大地震共 3 次，其中有 2 次发生在我国。全国平均每年发生 5 级以上地震 30 次，6 级以上强震 6 次，7 级以上大地震 1 次。

1555 年（明嘉靖三十四年）发生在今陕西省华县的"关中大地震"，震级超过 8 级，死者不计其数，奏报有名者就达 83 万人，是现今文献记载死亡人数最多的一次地震。1668 年（康熙七年）山东省郯城发生 8.5 级大地震，这次地震破坏区域纵长千余千米，面积达 50 多万平方千米。当时，蒲松龄出游在山东省临淄县，亲身经历了这一次地震，蒲松龄把自己的这些亲身体验和见闻，记录在《聊斋志异》中的《地震》一文中。而现代死亡人数最多的 2 次地震也发生在我国（1920 年宁夏海原 8.5 级地震，死亡 23.4 万余人；1976 年唐山 7.8 级地震，死亡 24.2 万多人，重伤 16.4 万余人）。据统计，20 世纪以来，全球因地震而死亡的人数超过 120 万人，其中我国就占一半以上。据新中国成立以来 70 多年的统计资料，地震所造成的人口死亡数量位居各种自然灾害之首。特别是 1976 年的唐山大地震和 2008 年的汶川大地震，其灾害损失在中国乃至全世界都是史无前例的。

2008 年 5 月 12 日 14 时 28 分，四川省汶川县发生 8.0 级强烈地震（震中位于映秀镇西南，地理位置为东经 103.4°、北纬 31.0°），极震区破坏烈度高达 11 度，曾经山清水秀的北川县城、汶川县映秀镇等城镇被夷为平地，青川县城及多个乡镇基本变为废墟，茂县、绵阳、德阳、都江堰等地遭受重创。地震发生时，全国 25 个省（自治区、直辖市）有明显震感，其中又以四川、甘肃、陕西、重庆四地受灾最为严重。汶川地震全国直接经济损失达 8451 亿元，是新中国成立以来破坏性最强、波及范围最广、诱发地质灾害最多、救灾难度最大的一次地震，造成大面积房屋倒塌、山体滑坡、道路、桥梁、通信和电力中断、重灾区面积超过 10 万 km^2，受灾人口近 4000 万人，共造成 37 万余人受伤，87000 多人死亡。汶川地震后，国务院将每年的 5 月 12 日定为全国防灾减灾日。

我国地震在空间上分布不均匀，呈带状分布。新编的《中国及邻区地震区、带划分图》将中国及邻近地区划分为 7 个地震区、4 个地震亚区和 23 个地震带。7 个地震区分别为天山地震区、青藏地震区、东北地震区、华北地震区、华南地震区、台湾地区地震区和南海地震区。地震区下又分若干地震亚区或地震带。如 2008 年的汶川地震就发生在青藏地震区的龙门山地震带上。

总体来说，由于我国夹于世界两大地震带（环太平洋地震带和欧亚地震带）之间，因而地震频发，灾害严重，全国除个别省份外，绝大部分地区都发生过较强的破坏性地震，且现今地震活动仍相当强烈。据统计，我国国土面积占全世界的 7%，人口占全世界的 22%，但地震和地震灾害却分别占到全世界的 33% 和 52%，可以说是世界上地震灾害最为严重的国家。

2.1.3　地震灾害

地震是一种突发式地质灾害，地震发生时巨大的能量释放，强烈的地面震动，往往造成地表形态的巨大改变，工程结构的损毁倒塌，并可能诱发诸如火灾、水灾、毒气泄漏、海啸、瘟疫等次生灾害。因此，从地震工程学的角度出发，地震灾害又可以分为直接灾害和间接灾害两大类。直接灾害主要包括地震直接导致的地表形变和工程结构破坏，而间接灾害则指上述地震后诱发的各种次生灾害。

2.1.3.1　直接灾害

强烈的地震常常伴生许多地表宏观破坏现象，如震中区的地面，在几十甚至几百千米长的区域，会沿发震断层产生相对水平或竖向错动并形成永久性位移；会造成大量的山体崩塌、滑坡和泥石流，严重的还会堵塞河道，形成堰塞湖而使山河改观。此外，地震时地下饱和砂土和粉土等会出现喷砂冒水等液化现象，也会造成地表塌陷、不均匀沉降和开裂等破坏。

1. 地表破裂

一般来说，6 级以上的浅源地震就能在震中附近区域形成明显的地表断层和位错，断层的长度、错距等与震级密切相关，8 级以上的地震形成的地表断层长度可达数百公里，断层两侧地表垂直位错可达数米甚至十几米。如我国 1970 年的云南通海 7.7 级地震，震后沿曲江形成了全长 54km、断距 2m 的地表新断层；2001 年青海与新疆交界处昆仑山 8.1 级强烈地震所产生的地面破裂带全长 426km，宽数米至数百米，是近 50 年来我国大陆发生的震级最大、地表破裂最长的地震；2008 年汶川 8.0 级大地震形成长 300km、宽 30km 的地表断裂带，最大垂直和水平错距分别达 6.8m 和 4.8m。

2. 崩塌滑坡、堰塞湖

地震时的强烈震动往往在高山峡谷区引发大量的崩塌和滑坡灾害，当崩滑体体积较大时，还有可能阻塞河道，形成堰塞湖。如 1933 年四川迭溪地震后，巨大的山崩体堵塞了岷江河道，形成堰塞湖，并于 45 天后溃坝，造成严重水灾；1974 年云南昭通地震使手扒崖山崩，岩体沿层状结构向木杆河崩塌，使木杆河断流形成地震堰塞湖；2008 年的汶川大地震引发的崩塌和滑坡随处可见，数以万计，是造成财产损失和人员伤亡最为严重的灾害之一。据统计，由崩塌滑坡造成的人员死亡近 2 万人，如北川县城王家崖滑坡就直接导致 1600 多人丧生。此外，山体滑坡在四川境内共形成了具有一定规模的堰塞湖 34 座，如北川县城上游的唐家山堰塞湖，堰体长 803m、宽 612m，最大堰高 124m，堰体体积 2037 万 m³，极易形成溃坝洪灾。

3. 地震液化

地震液化是指地震时饱和的砂土等由于振动丧失剪切承载力而类似液体的现象。此时，含水层受到挤压，地下水带着砂土沿裂缝一起冒出地面，形成喷砂冒水现象。地震液化会造成地面倾斜、不均匀沉降甚至开裂，继而因地基失效引起建筑物下沉、倾斜甚至坍塌损毁。如 1964 年日本新潟地震就引发砂土层广泛液化，大量建筑物倾斜、下沉，数千建筑物坍塌或严重损毁。我国 1975 年的海城地震和 1976 年的唐山地震均引发了较大规模的液化现象，唐山地震时，天津市区有近 50 处发生喷砂冒水现象。海城地震后，地面到处喷砂冒水，造成道路、建筑受损，堤防沉陷。

4. 工程结构破坏

地震时，各种工程建（构）筑物的破坏和坍塌是最为常见的宏观灾害现象。工程结构破坏的最直接原因是地震诱发的强烈振动，当这种振动产生的附加荷载超过工程结构所能承受的极限时便发生破坏。此外，地震诱发的地表断层错动、崩塌、滑坡及地震液化等地表形变也可直接导致筑于其上或位于附近的工程结构的损毁和破坏。

砖混结构的建筑主要表现为承重砖墙的剪切破坏，如形成交叉剪切裂缝，或水平剪断而引起坍塌。钢筋混凝土框架结构的建筑主要表现为梁柱节点的塑性破坏或立柱在竖向地震荷载下的屈服和压溃等破坏形态。钢筋混凝土厂房的破坏多表现为由构件连接不牢而导致的屋顶塌落等形态。除各种房屋建筑外，其他工程结构，如道路、桥梁、大坝、管道、港口码头等也会在地震中由于振动或地表形变而产生破坏，其破坏程度和破坏模式决定于地震荷载大小、作用方式、结构自身抗震能力以及工程结构所处场地环境等诸多因素的综合效应。

2.1.3.2 间接灾害

地震除了直接导致地表形变和工程结构破坏外，还可能引发诸如火灾、水灾、毒气泄漏、海啸、瘟疫等次生灾害。地震灾害统计表明，由火灾、海啸和瘟疫等次生灾害造成的财产损失或人员伤亡有时比直接灾害还要大，甚至大得多。

　　地震引起火灾的典型案例当属 1923 年的日本关东大地震。1923 年 9 月 1 日，日本关东地区以东京-横滨为中心的广阔都市地带发生 8.3 级强烈地震，地震将煤气管道破坏，引发大火。由于当时日本的许多房屋是木质结构，且街道狭窄，再加上自来水系统在地震中遭受破坏，从而引起大火蔓延。这次地震共死亡和失踪 14.2 万余人，其中约 12 万人是被大火烧死的。

　　海啸也是一种能够引起巨大破坏的地震次生灾害。在海中或海岸发生大地震时，由于海底构造位移可能在海面形成巨浪，当这种巨浪涌上陆岸时就会形成海啸。高达数米甚至数十米的巨浪席卷海岸，将岸上的一切洗劫一空，常常造成巨大的财产损失和人员伤亡。环太平洋地震带是世界上海啸的集中发生区，这一区域的日本、智利、美国等均遭受过海啸的袭击，造成数亿美元的损失，并使数万人丧生。最近的一次伤亡惨痛的海啸灾害则发生在印度洋沿岸。2004 年 12 月 26 日，印度尼西亚苏门答腊岛西北海岸发生 8.9 级强烈地震，震中位于苏门答腊岛以西约 160km 处，地震掀起的巨大海浪高达十几米，以极快的速度冲向陆地。这场灾害波及印度尼西亚、泰国、印度、斯里兰卡等 11 个国家，海啸遇难总人数超过 29 万人。

2.2　地震机制与传播

2.2.1　震源与震中

　　如图 2.1 所示，地球内部首先发生破裂并引发地震的地方称为"震源"，震源是地震能量的主要释放区域。震源正上方的地表位置，或者说震源在地表的垂直投影称为"震中"，震中一般是地表振动最为强烈的区域。震源与震中在理论上是一点，实际上是一个区。震源到地面的垂直距离叫作"震源深度"（图 2.1 中 h），一般来说，大震的震源深度较大，小震的震源深度较浅，7 级左右的破坏性地震的震源深度通常在 $10 \sim 15 km$ 左右。建筑场地到震中的距离叫"震中距"，（图 2.1 中 Δ），震中距越大，则场地受地震的影响越小。建筑场地到震源的距离叫"震源距"（图 2.1 中 R）。建筑场地到发震断层的垂直距离叫"断层距"（图 2.1 中 Δ_1）。

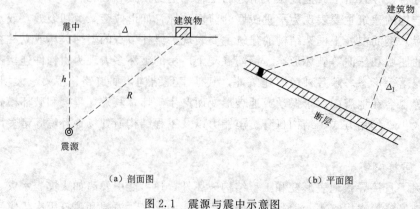

（a）剖面图　　　　　　　　　　　　　　（b）平面图

图 2.1　震源与震中示意图

2.2.2 地震序列

在一定时间内相继发生在相近地区的一系列大小地震称为"地震序列"。某一系列地震中最强烈的那次称为"主震";发生在主震前的地震,称为"前震";发生在主震后的称为"余震"。主震刚发生后余震是很频繁的,随时间逐渐减少,大震的余震有时会延续相当长的时间。

根据主震、余震和前震的特点,即地震能量释放特征,地震序列可以分为3种类型:

(1)主震余震型。主震释放的能量占全序列的大部分,同时伴随着相当数量的余震和不完整的前震,是破坏性地震中常见的一种类型。

(2)震群型。没有明显的主震,主要能量是通过多次震级相近的地震释放出来的。

(3)单发型。前震和余震均很少,而且与主震的震级相差很大,能量基本上是通过主震一次释放出来的。

2.2.3 地震波

地震时震源产生的震动在岩土介质中是以弹性波的形式向四面八方传播的,这种波称为地震波。同时,地震释放的能量也随着地震波传递到各个地方,从而引起震害。

一定范围内的地球体可视为一个半无限空间,在这个半无限空间传播的地震波又可分为在地球内部传播的体波和沿地球表面传播的面波2种。体波包括纵波(P波、压缩波、无旋波)和横波(S波、剪切波、等体积波)。纵波又称压缩波,其质点的振动方向与波的传播方向一致;横波又称剪切波,其质点振动方向与波的前进方向垂直,由于液体不能传递剪力,所以横波只能在固体中传播。面波又可分为瑞利波(Rayleigh wave)和乐夫波(Love wave)2种,表面波是纵波和横波等体波在地球表面干涉的结果。这4种波如图2.2所示。

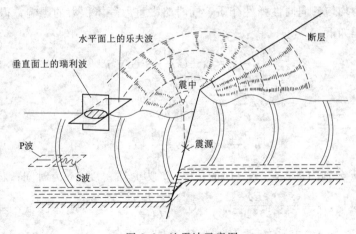

图2.2 地震波示意图

地震波由震源出发,传向四面八方。首先到达建筑场地下的基岩,再向上传播到达地表。由于地震波穿过的岩、土层的性质与厚度不同,震波到达地表时经过土、岩的滤波作用,地震波的振幅与频率特性也变得各不相同,因此,地质条件和距震源的远近不同,场地的地面运动也不一样。

　　由于地震波是在成层的岩、土层中传播的，在经过不同的层面时，波的折射现象使波的前进方向偏离直线。在一般情况下岩、土层的模量与波速都有随深度增加的趋势，从而使波的传播方向形成向地表弯转的形式，故在近地表的相当厚度之内将地震波近似看成是垂直向上传播的（图 2.3）。因此，当纵波到达地表时，会引起地面物体的上下振动；当横波到达地表时，会使地面物体做水平摇摆运动。纵波传播速度最快，横波次之，面波最慢，因此地震时人们先感受到上下的运动，有时甚至被抛起，而后才感到左右摇摆运动，站立不稳。与体波相比，面波一般周期长、振幅大、衰减慢，能将能力传播到很远的地方。地震时，当横波和面波到达时，引起的振动最强烈，是引起工程结构破坏的主要原因。基于这些情况，抗震理论主要考虑横波和面波的剪切作用，而纵波的拉压影响只在某些结构情况下考虑。

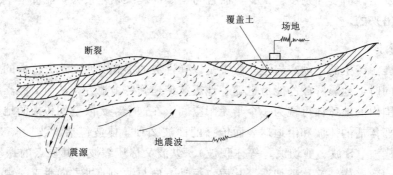

图 2.3　地震波传播路径

　　下面对无限弹性介质中地震波的类型及特性作一个简单的介绍。

2.2.3.1　纵波与横波

　　考虑介质为均匀各向同性弹性介质，同时略去重力等体积力的影响，得到直角坐标系的弹性运动方程如下：

$$\begin{cases} \rho \dfrac{\partial^2 \overline{u}}{\partial t^2} = (\lambda + G)\dfrac{\partial \Theta}{\partial x} + G\, \nabla^2 \overline{u} \\[2mm] \rho \dfrac{\partial^2 \overline{v}}{\partial t^2} = (\lambda + G)\dfrac{\partial \Theta}{\partial y} + G\, \nabla^2 \overline{v} \\[2mm] \rho \dfrac{\partial^2 \overline{w}}{\partial t^2} = (\lambda + G)\dfrac{\partial \Theta}{\partial z} + G\, \nabla^2 \overline{w} \end{cases} \tag{2.1}$$

式中：$\overline{u}$、$\overline{v}$、$\overline{w}$ 分别为 x、y、z 方向的位移；ρ 为介质密度；t 为时间；λ、G 分别为拉梅常数和剪切模量，$\lambda = \dfrac{E\nu}{(1+\nu)(1-2\nu)}$，$G = \dfrac{E}{2(1+\nu)}$，$E$ 为弹性模量，ν 为泊松比；Θ 为体积应变，$\Theta = \dfrac{\partial \overline{u}}{\partial x} + \dfrac{\partial \overline{v}}{\partial y} + \dfrac{\partial \overline{w}}{\partial z}$；$\nabla^2$ 为拉普拉斯算子，$\nabla^2 = \dfrac{\partial^2}{\partial x^2} + \dfrac{\partial^2}{\partial y^2} + \dfrac{\partial^2}{\partial z^2}$。

　　对于纵波，由于其不含旋转分量，故有

$$\omega_x = \frac{\partial \overline{w}}{\partial y} - \frac{\partial \overline{v}}{\partial z} = 0, \quad \omega_y = \frac{\partial \overline{u}}{\partial z} - \frac{\partial \overline{w}}{\partial x} = 0, \quad \omega_z = \frac{\partial \overline{v}}{\partial x} - \frac{\partial \overline{u}}{\partial y} = 0 \tag{2.2}$$

　　从而可得

$$\frac{\partial \Theta}{\partial x}=\nabla^2\overline{u}, \quad \frac{\partial \Theta}{\partial y}=\nabla^2\overline{v}, \quad \frac{\partial \Theta}{\partial z}=\nabla^2\overline{w} \tag{2.3}$$

将式（2.3）代入运动方程式（2.1），得

$$\frac{\partial^2\overline{u}}{\partial t^2}=\frac{\lambda+2G}{\rho}\nabla^2\overline{u} \quad (\overline{u},\overline{v},\overline{w}) \tag{2.4}$$

这是典型的波动方程 $\frac{\partial^2\phi}{\partial t^2}=c^2\nabla^2\phi$ 的形式。c 为波传播速度，所以纵波的传播速度为

$$v_P=\sqrt{\frac{\lambda+2G}{\rho}}=\sqrt{\frac{E(1-\nu)}{\rho(1+\nu)(1-2\nu)}} \tag{2.5}$$

对于横波，由于其等体积特性，故体积应变 $\Theta=0$，这时运动方程式（2.1）简化为

$$\frac{\partial^2\overline{u}}{\partial t^2}=\frac{G}{\rho}\nabla^2\overline{u} \quad (\overline{u},\overline{v},\overline{w}) \tag{2.6}$$

与标准波动方程相比，可知横波的波速为

$$v_S=\sqrt{\frac{G}{\rho}}=\sqrt{\frac{E}{2\rho(1+\nu)}} \tag{2.7}$$

由式（2.5）和式（2.7）可得

$$\frac{v_P}{v_S}=\sqrt{\frac{\lambda+2G}{G}}=\sqrt{\frac{2(1-\nu)}{(1-2\nu)}} \tag{2.8}$$

可见，纵波与横波波速的比值仅与泊松比有关，且随泊松比增大而增大。若 $\nu=0$，则 $v_P/v_S=\sqrt{2}$，这是纵波与横波波速比值的下限；若 $v=0.25$，$v_P/v_S=1.73$。由于纵波总是先到，故常记为 P 波（Primary，即初波），而横波记为 S 波（Secondary，即次波）。

2.2.3.2　瑞利波和乐夫波

面波沿着地球表面传播，是 P 波和 S 波在半无限空间自由面反射、折射形成的干涉波，它又分为瑞利波（R 波）和乐夫波（L 波）2 种。这 2 种波都能产生强烈的地面运动。

瑞利波传播时，质点在波的传播方向和自由面（即地面）法向组成的平面内［图2.4（a），即 $x-z$ 平面内］按逆时针方向旋转做椭圆运动，质点的运动轨迹为一逆进椭圆。瑞利波振幅随深度衰减很快，其有效传播深度约为 1.5 倍波长。

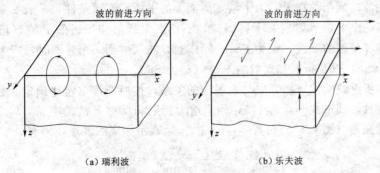

（a）瑞利波　　　　　　　　　　　（b）乐夫波

图 2.4　面波质点运动轨迹

瑞利波波速 v_R 满足式（2.9），即

$$16\left(1-\frac{v_R^2}{v_P^2}\right)\left(1-\frac{v_R^2}{v_S^2}\right)=\left(2-\frac{v_R^2}{v_S^2}\right)^4 \tag{2.9}$$

式（2.9）的解可近似表达为

$$v_R=\frac{0.862+1.14\nu}{1+\nu}v_S \tag{2.10}$$

可见，瑞利波与横波的波速比也仅与泊松比有关，且随泊松比增大而增大，介于
0.874～0.955 之间，如 $\nu=0.25$，则 $v_R\approx0.92v_S$。因此，可知，$v_R<v_S<v_P$。

乐夫波传播时，其质点只是在与波传播方向相垂直的水平方向（y 向）运动，即地面
横向水平运动 ［图 2.4 (b)］。或者说，质点在地面上呈蛇形运动的形式。乐夫波仅当地
表水平覆盖层的横波波速小于下卧半无限层的横波波速时才可能存在，而乐夫波波速一般
介于两者之间，即 $v_{S1}<v_L<v_{S2}$，近似计算时可取两者平均值。乐夫波的波速 v_L 满足
式（2.11），即

$$G_1\left(\frac{v_L^2}{v_{S1}^2}-1\right)^{\frac{1}{2}}\tan\left[kH\left(\frac{v_L^2}{v_{S1}^2}-1\right)^{\frac{1}{2}}\right]=G_2\left(1-\frac{v_L^2}{v_{S2}^2}\right)^{\frac{1}{2}} \tag{2.11}$$

式中：G_1、G_2 分别为覆盖层和下卧层的剪切模量；k 为常数，称波数，$k=\dfrac{2\pi}{\lambda}$，λ 为波
长；H 为覆盖层厚度；v_{S1}、v_{S2} 分别为覆盖层和下卧层的横波波速。

综上所述，地震波的传播以纵波最快，横波次之，面波最慢。所以在地震记录图上，
纵波最先到达，横波次之，面波最后到达（图 2.5）。当横波或面波到达时，地面振动最
强烈。一般认为地震在地表面引起的破坏主要是 S 波的水平震动。

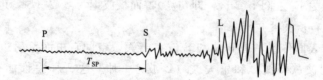

图 2.5　地震波记录图

2.2.3.3　波的折射与反射

体波（P 波和 S 波）在行进中遇到不同弹性介质的交界面和边界面时，都将发生反射
和折射。弹性波的复杂性在于，为了满足界面上的平衡和连续条件，一般要发生波型之间
的转换。即当一个 P 波入射到一个界面时，不仅产生折射和反射的 P 波（记为 PP），而
且还产生折射和反射的 S 波（记为 PS）。同样当 S 波入射到一个界面时，产生折射和反射
的 S 波（记为 SS）以及折射和反射的 P 波（记为 SP）。

反射波和折射波的波速和方向与入射波的关系，按照斯涅尔定律确定。如 θ_{P1} 表示入
射 P 波与交界面法线的夹角，θ_{P2}、θ_{P3} 相应地为折射和反射 P 波的夹角，θ_{S2}、θ_{S3} 为折射
和反射 S 波的夹角（图 2.6），v_{P1}、v_{P2}、v_{S2}、v_{S3} 表示相应的波速，则有

$$\begin{cases}\dfrac{v_{P1}}{\sin\theta_{P1}}=\dfrac{v_{P2}}{\sin\theta_{P2}}=\dfrac{v_{S2}}{\sin\theta_{S2}}=\dfrac{v_{S3}}{\sin\theta_{S3}}\\[2mm]\theta_{P1}=\theta_{P3}\end{cases} \tag{2.12}$$

　　地球是分层结构，一般随着深度的增加，介质波速增大。根据上面的折射原理，当地震波向地球内部传播时，交角 θ 增大，波射线趋于平缓；当地震波向地表传播时，射线逐步向上弯曲，在地表附近，地震波的射线近于垂直方向，如图 2.7 所示。因此，在地表面纵波感觉是上下动，而横波感觉是水平动。通常，覆盖层中的波速远小于基岩的波速，而且波传播过程中的能量损耗也比基岩中的损耗大。因此在一定条件下，离震中稍远处就可认为地震动主要是来自基岩的 S 波垂直向上传播的结果。

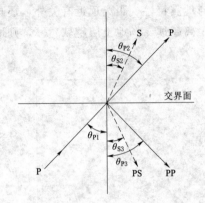

图 2.6　反射波和折射波的波速和方向

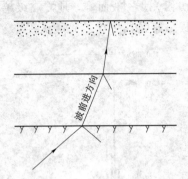

图 2.7　靠近地面的地震波

2.2.4　地面运动

　　地震动即地震引起的地面运动。地震动是一个复杂的随机现象，其特性与震源的特性、地震大小、传播介质特性、距离远近及局部场地条件均有关系。地震动的大小或强烈程度可通过加速度、速度和位移等地震动参数或烈度来表示。地震动的量测有 2 种仪器：地震仪和强震加速度仪。地震仪不间断连续运转，通过位移将各种波的到达时间和初动方向记录下来，可以用很高的放大倍数记录弱震；强震加速仪是自动触发式的，记录一次强地震动的加速度全过程（加速度时程）。图 2.8 即为 1940 年美国埃尔森特罗（El-Centro）地震波南北分量的加速度时程曲线。从工程抗震角度，地震动特性可通过其幅值（强度）、频谱、持时（持续时间）来描述，即通常所说的地震动"三要素"。

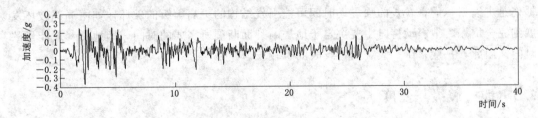

图 2.8　El-Centro 地震波时程曲线（N-S 分量）

　　（1）地震动幅值。地震动幅值用来表征某一给定地点地震地面运动的强度大小，通常可用地震动加速度、速度或位移三者之一的峰值、最大值或某种有效值来表示。如峰值加速度、峰值速度、有效峰值加速度和有效峰值速度等。

　　（2）地震动频谱。地震动是一种复杂的随机振动或无规律振动，但是就给定的地震动而言，总是可以把它看作是由许多不同频率和振幅的简谐波所组成。凡是表示地震动振幅和对应的频率关系的曲线，统称频谱，如傅里叶谱、功率谱、反应谱等。图 2.9 即为 El-Centro 地震波的傅里叶幅值谱。地震动的频谱组成对结构的地震反应具有重要影响。结构都有其自身的振动频率，因此同一地震动对不同的结构会有不同的影响和震害。如果地震动的能量集中于低频段，它将引起像超高层建筑这种长周期结构的巨大反应；反之，如果地震动能量主要集中于高频段，则低矮的、刚度较大的短周期结构影响较大。这就是所谓的共振效应。具体场地的地震动频谱特征除与地震特性、距离远近有关外，还与场地局部条件密切相关。一般而言，地震震级越大、距离越远、场地土层越软越厚，则地震动中的长周期成分越强。

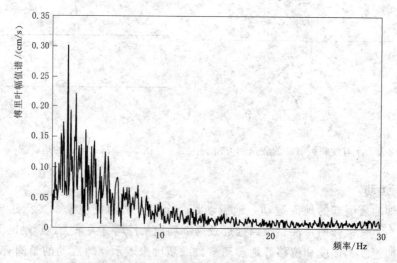

图 2.9　El-Centro 地震波傅里叶幅值谱（N-S 分量）

（3）地震动持时。地震动的持续时间一般是指地震记录中振动强度较大的强震段、全部或部分中强震段所持续的时间。到目前为止，有关地震动持时并没有一个完全统一的标准定义，但地震震害或结构物破坏与地震动持时有关则基本为大家所认同和接受。显然，地震中结构物的破坏程度除与地震动强度有关外，还和地震动持续的时间有关，因为结构损伤是可以累积的，较长的强震动时间可能引发结构的更高等级的破坏，如由局部破坏发展到完全坍塌。地震动持时主要决定于地震断裂面断裂所需要的时间，即地震释放能量的时间。因此，一般来讲，大震的持续时间也较长。

2.3　地震震级与烈度

对地震大小、强度（强弱程度）的描述或量测可以通过两种基本方式进行：①基于地震震级；②基于破坏烈度。

2.3.1　地震震级

震级是用来衡量地震释放能量大小的定量指标，从这个意义上来说，一次地震只有一个震级，其释放出来的能量越大，则震级越高。由于一次地震释放的能量很难直接进行精确计算,所以普遍采用仪器(地震仪)观测来确定地震震级的大小。下面介绍两种最常用的震级定义。

(1)里氏(地方)震级 M_L。1935 年,美国加州理工学院的 Charles Richter 教授首先引入里氏震级的概念来衡量加利福尼亚州南部当地的浅源地震的大小。其震级 M_L 的计算公式为

$$M_L = \lg A - \lg A_0 \tag{2.13}$$

式中:A 为距离震中 100km 处、标准伍德-安德森(Wood - Anderson)地震仪记录到的最大水平地动位移(最大振幅),μm。

标准伍德-安德森地震仪是指固有周期 0.8s、阻尼系数 0.8、静态放大倍数为 2800 的地震仪。$\lg A_0$ 为起算函数,由当地经验确定。

(2)面波震级 M_S。由于上述用于测定里氏震级的标准地震仪是一种短周期地震仪,因此只适合于记录浅源近震的短周期地震动分量。因此,Gutenberg 在 1936 年根据里氏震级的定义提出了面波震级的概念,并定义为

$$M_S = \lg A_S - \lg A_0 \tag{2.14}$$

式中:A_S 为记录到的面波最大水平地面位移,μm,一般取两水平分量矢量和的最大值;$\lg A_0$ 为起算函数,由经验确定。

面波震级适用于浅源远震($\Delta > 1000km$)。我国规定的面波震级的计算公式为

$$M_S = \lg \frac{A_S}{T} + \sigma(\Delta) + C \tag{2.15}$$

式中:T 为 A_S 对应的面波周期,一般为 20s;$\sigma(\Delta)$ 为起算函数,为震中距 Δ 的函数;C 为台站校正值。

我国地震部门为统一起见,规定一律使用面波震级 M_S 来表示地震大小。根据我国资料,M_L 与 M_S 的换算公式为

$$M_S = 1.13 M_L - 1.08 \tag{2.16}$$

同一次地震中,不同地方的地震台站测定的震级往往并不一样,差异常达 0.5,甚至超过 1.0。通常,小于 2 级的地震人们没有感觉,只有仪器能够测出来,称为微震;2~4 级的地震,人能感觉到,称有感地震;5 级以上的地震就引起不同程度的破坏,称为破坏性地震;7 级以上的地震称为强烈地震。

震级是表征地震释放能量大小的物理量,至今,震级 M 与释放能量 E(焦耳)之间的经验关系已有不少,最常用的是 Gutenberg 和 Richter 的经验公式:

$$\lg E = 4.8 + 1.5 M \tag{2.17}$$

上式表明,震级每增加一级,能量增大约 32 倍($10^{1.5}$)。

2.3.2 地震烈度

地震烈度一词的使用非常广泛,而且很早,已有 170 余年的历史,早于震级和加速度等地震动参数的使用。我国国家标准《中国地震烈度表》(GB/T 17742—2020)将地震烈度定义为:地震引起的地面振动及其影响的强弱程度。从上述定义可以看出,地震烈度与地震震级是完全不同的两个概念,震级反映地震自身释放能量的大小,而烈度反映地震中某个地方地面振动的强弱程度。因而,一次地震只有一个震级,却在不同的地方表现出不同的烈度。理论上,由于震中离震源最近,所以一次地震中震中的烈度最大,而随着震中

距的增大，地震烈度逐渐衰减。如"5·12"汶川地震，震中烈度高达 11 度，而约 700km
外的西安则只有 5～6 度。同时，震级与烈度也不是完全没有关系，显然，震级越大，烈
度相应也会越高。此外，既然烈度一词的出现要早于震级和加速度等地震动参数，那么人
们又依据什么来评定地震中某地的烈度？即依据什么来评判某地地面振动的强弱程度并划
分等级？要回答这个问题，我们再回到前面对地震烈度的定义。定义中的"强弱程度"除
指"地面振动"外，还包括"及其影响"，这里的影响就是指地震发生后我们所能体会或
观察到的各种宏观现象，如地震中人的感觉、物体的反应，地震后建筑物的破坏以及地表
断裂、崩塌滑坡等自然状态的改变。如此，对于地震烈度概念的完整理解如下：地震烈度
是指依据地震宏观现象对一次地震中某地地面振动强弱程度划分的等级。因此，地震烈度
即是地面振动强度的评判，也可反映某地震后宏观地震灾害的程度，用于指导抗震减灾及
灾后重建工作。

衡量烈度大小所采用的标准是地震烈度表。目前世界上除日本外普遍采用的是划分为
12 度的烈度表。有影响的主要烈度表有：①《中国地震烈度表》（GB/T 17742—2020）；
②《修正的麦卡利地震烈度表》（Modified Mercalli intensity scale，简称 MM 烈度表）；
③《苏联地球物理所烈度表》（GEOFIAN）；④《欧洲地震烈度表》（EMS1992）；⑤《日
本气象厅烈度表》（JMA）。前 4 种烈度表都划分为 12 度，它们的内容相仿，大体相当；
日本气象厅烈度表把烈度划分为 8 度（0～7）。所有的烈度表均以人的感觉、物体的反应、
建筑物破坏和地表现象等地震宏观现象为评定指标，虽然有的附加有地震动参数指标，但
在实际烈度评定中一般是不用的。

我国颁布实施的国家标准《中国地震烈度表》（GB/T 17742—2020）将地震烈度划分
为 12 个级别，采用宏观现象作为评定指标，同时附有对应的水平地震动参数，如表 2.1
所列。评定烈度时，Ⅰ～Ⅴ度以地面上人的感觉为主；Ⅵ～Ⅹ度以房屋震害为主，人的感
觉仅供参考；Ⅺ～Ⅻ度以地表现象为主。

表 2.1　　　　　　　　　中国地震烈度表（GB/T 17742—2020）

地震烈度	房屋震害			人的感觉	其他震害现象	合成地震动的最大值	
	类型	震害程度	平均震害指数			加速度 /(m/s²)	速度 /(m/s)
Ⅰ(1)	—	—	—	无感	—	1.80×10^{-2} $(<2.57 \times 10^{-2})$	1.21×10^{-3} $(<1.77 \times 10^{-3})$
Ⅱ(2)	—	—	—	室内个别静止中人有感觉，个别较高楼层中的人有感觉	—	3.69×10^{-2} $(2.58 \times 10^{-2} \sim 5.28 \times 10^{-2})$	2.59×10^{-3} $(1.78 \times 10^{-3} \sim 3.81 \times 10^{-3})$
Ⅲ(3)	—	门、窗轻微作响	—	室内少数静止中人有感觉，少数较高楼层中的人明显感觉	悬挂物微动	7.57×10^{-2} $(5.29 \times 10^{-2} \sim 1.08 \times 10^{-1})$	5.58×10^{-3} $(3.82 \times 10^{-3} \sim 8.19 \times 10^{-3})$

地震烈度	房屋震害			人的感觉	其他震害现象	合成地震动的最大值	
	类型	震害程度	平均震害指数			加速度 /(m/s²)	速度 /(m/s)
Ⅳ(4)	—	门、窗作响	—	室内多数人、室外少数人有感觉，少数人梦中惊醒	悬挂物明显摆动，器皿作响	1.55×10⁻¹ (1.09×10⁻¹～ 2.22×10⁻¹)	1.20×10⁻² (8.20×10⁻³～ 1.76×10⁻²)
Ⅴ(5)	—	门窗、屋顶、屋架颤动作响，灰土掉落，抹灰出现微细裂缝，个别老旧A1类或A2类房屋墙体出现轻微裂缝或原裂缝扩展，个别屋顶烟囱掉砖，个别檐瓦掉落	—	室内绝大多数、室外多数人有感觉，多数人梦中惊醒，少数人惊逃户外	悬挂物大幅度晃动，少数架上小物品、个别顶部沉重或放置不稳定器物摇动或翻倒，水晃动并从盛满的容器中溢出	3.19×10⁻¹ (2.23×10⁻¹～ 4.56×10⁻¹)	2.59×10⁻² (1.77×10⁻²～ 3.80×10⁻²)
Ⅵ(6)	A1	少数轻微破坏和中等破坏，多数基本完好	0.02～0.17	多数人站立不稳，多数人惊逃户外	河岸和松软土地出现裂缝，饱和砂层出现喷砂冒水；个别独立砖烟囱轻度裂缝	6.53×10⁻¹ (4.57×10⁻¹～ 9.36×10⁻¹)	5.57×10⁻² (3.81×10⁻²～ 8.17×10⁻²)
	A2	少数轻微破坏和中等破坏，大多数基本完好	0.01～0.13				
	B	少数轻微破坏和中等破坏，大多数基本完好	≤0.11				
	C	少数或个别轻微破坏，绝大多数基本完好	≤0.06				
	D	少数或个别轻微破坏，绝大多数基本完好	≤0.04				
Ⅶ(7)	A1	少数严重破坏和毁坏，多数中等破坏和轻微破坏	0.15～0.44	大多数人惊逃户外，骑自行车的人有感觉，行驶中的汽车驾乘人员有感觉	河岸出现坍方，饱和砂层常见喷水冒砂，松软土地上裂缝较多；大多数独立砖烟囱中等破坏	1.35 (9.37×10⁻¹～ 1.94)	1.20×10⁻¹ (8.18×10⁻²～ 1.76×10⁻¹)
	A2	少数中等破坏，多数轻微破坏和基本完好	0.11～0.31				
	B	少数中等破坏，多数轻微破坏和基本完好	0.09～0.27				
	C	少数轻微破坏和中等破坏，多数基本完好	0.05～0.18				
	D	少数轻微破坏和中等破坏，大多数基本完好	0.04～0.16				

续表

地震烈度	房屋震害			人的感觉	其他震害现象	合成地震动的最大值	
	类型	震害程度	平均震害指数			加速度/(m/s²)	速度/(m/s)
Ⅷ(8)	A1	少数毁坏,多数中等破坏和严重破坏	0.42~0.62	多数人摇晃颠簸,行走困难	干硬土地上亦出现裂缝,饱和砂层绝大多数喷砂冒水;大多数独立砖烟囱严重破坏	2.97 (1.95~4.01)	2.58×10⁻¹ (1.77×10⁻¹~3.78×10⁻¹)
	A2	少数严重破坏,多数中等破坏和轻微破坏	0.29~0.46				
	B	少数严重破坏和毁坏,多数中等和轻微破坏	0.25~0.50				
	C	少数中等破坏和严重破坏,多数轻微破坏和基本完好	0.16~0.35				
	D	少数中等破坏,多数轻微破坏和基本完好	0.14~0.27				
Ⅸ(9)	A1	大多数毁坏和严重破坏	0.60~0.90	行动的人摔倒	干硬土地上有许多地方出现裂缝,可见基岩裂缝、错动,滑坡、塌方常见;独立砖烟囱出现倒塌	5.77 (4.02~8.30)	5.55×10⁻¹ (3.79×10⁻¹~8.14×10⁻¹)
	A2	少数毁坏,多数严重破坏和中等破坏	0.44~0.62				
	B	少数毁坏,多数严重破坏和中等破坏	0.48~0.69				
	C	多数严重破坏和中等破坏,少数轻微破坏	0.33~0.54				
	D	少数严重破坏,多数中等破坏和轻微破坏	0.25~0.48				
Ⅹ(10)	A1	绝大多数毁坏	0.88~1.00	骑自行车的人会摔倒,处不稳状态的人会摔离原地,有抛起感	山崩和地震断裂出现;大多数独立砖烟囱从根部破坏或倒毁	1.19×10¹ (8.31~1.72×10¹)	1.19 (8.15×10⁻¹~1.75)
	A2	大多数毁坏	0.60~0.88				
	B	大多数毁坏	0.67~0.91				
	C	大多数严重破坏和毁坏	0.52~0.84				
	D	大多数严重破坏和毁坏	0.46~0.84				
Ⅺ(11)	A1	绝大多数毁坏	1.00	—	地震断裂延续很长;大量山崩滑坡	2.47×10¹ (1.73×10¹~3.55×10¹)	2.57 (1.76~3.77)
	A2		0.86~1.00				
	B		0.90~1.00				
	C		0.84~1.00				
	D		0.84~1.00				
Ⅻ(12)	各类	几乎全部毁坏	1.00	—	地面剧烈变化,山河改观	>3.55×10¹	>3.77

　　一般情况下,随着距离的增加,地震波能量逐渐耗散,烈度不断衰减。一次地震中,烈度相等的各点的连线称为等震线图或地震烈度分布图。由于受震源特性和发震断层影响,等震线大多近似于椭圆形,长轴一般沿断裂走向延伸,烈度在长、短轴方向内的衰减

速度是不同的。烈度衰减规律受很多因素的影响，有时局部场地条件可能形成烈度异常区，比如在高烈度区内，局部地方烈度比附近区域低 1～2 度；而在低烈度区，也可出现某些地方比附近的烈度高 1～2 度的情况。

理论上，一次地震中震中烈度最大，震中烈度主要决定于地震震级和震源深度。但考虑到具有较大影响或产生较大震害的地震其震源深度一般在 10～20km 左右，差别不大，因此可将震中烈度仅表示为震级的函数。根据我国 1900 年以来的地震统计资料，震中烈度 I_0 与震级 M 有下列近似关系：

$$M = 0.66I_0 + 0.98 \tag{2.18}$$

世界上最早的震中烈度与地震震级关系是由美国的 Gutenberg 和 Richter 于 1956 年提出的，他们通过对美国南加州历史地震资料的研究，提出了如下关系式：

$$M = \frac{2}{3}I_0 + 1.00 \tag{2.19}$$

可以看出，两式的差别很小，基本一致。而且采用历史中的 2 次地震的震级和震中烈度进行验算可以发现，计算值与实际情况吻合较好。

2.4　抗震地段划分与场地分类

2.4.1　抗震地段划分

既然地震造成的各种破坏和灾害的严重程度与场地的工程场地条件密切相关，那么在工程建设初期即规划选址阶段，在勘察和评价基础上，有目的性地选择对抗震有利的场地和避开不利的地段进行工程建设，就能大大减轻地震时的震害，较少财产损失和人员伤亡。

《建筑抗震设计规范》（GB 50011—2010）规定以场地地质、地形和地貌特征及震害影响为依据，按表 2.2 将场地抗震性能划分为有利、一般、不利及危险 4 种地段，并规定，选择建筑物场地时，应根据工程需要和地震活动情况、工程地质和地震地质的有关资料，对抗震有利、一般、不利和危险地段作出综合评价。对不利地段，应提出避开要求；当无法避开时，应采取有效的措施。对危险地段，严禁建造甲类、乙类建筑，不应建造丙类建筑。国家标准《构筑物抗震设计规范》（GB 50191—2012）同样以地质、地形、地貌特征来划分场地地段类型，其划分标准、类别及场地选择相关规定与《建筑抗震设计规范》（GB 50011—2010）一致。

表 2.2　　　　　　　　建筑抗震有利、一般、不利与危险地段的划分

地段类型	地质、地形、地貌
有利地段	稳定基岩，坚硬土，开阔、平坦、密实、均匀的中硬土等
一般地段	不属于有利、不利和危险的地段
不利地段	软弱土，液化土，条件突出的山嘴，高耸孤立的山丘，陡坡，陡坎，河岸和边坡的边缘，平面分布上成因、岩性、状态明显不均匀的土层（如故河道、疏松的断层破碎带、暗埋的塘浜沟谷和半填半挖地基）；高含水量的可塑黄土，地表存在结构性裂缝等
危险地段	地震时可能发生滑坡、崩塌、地陷、地裂、泥石流等及发震断裂带上可能发生地表错位的部位

抗震不利地段的地震反应与抗震有利地段相比，则往往更为强烈与更为复杂，也不易预测；此外，地质体在地震作用下也更容易失稳、液化或震陷，从而加重震害（表 2.3）。

表 2.3　　　　　　　　　　地质、地形、地貌与震害的关系

地质、地形、地貌	可能产生的震害
形状突出的山脊，孤凸的山丘，非岩质陡坡	岩土失稳；山坡与山顶地震作用加强
软土、液化土	液化或震陷引起的地下结构上浮；地基、边坡失稳；侧向扩展与流滑
河岸与边坡边缘、海滨、古河道	地裂与边坡失稳；不均匀震陷
不均匀地基（断层破碎带、半填半挖地基、老的塘坑等）	土层变化处地震作用增强且复杂；不均匀震陷
采空区	塌陷；地震反应异常

水利行业标准《水工建筑物抗震设计规范》（SL 203—1997）和能源行业标准《水电工程水工建筑物抗震设计规范》（NB 35047—2015）均以构造活动性、边坡稳定性和场地地基条件为依据进行综合评价，根据表 2.4 划分各类地段。并规定：宜选择对建筑物抗震相对有利地段，避开不利地段，未经充分论证不得在危险地段进行建设。

表 2.4　　　　　　　　　　水工建筑各类地段的划分

地段类型	构 造 活 动 性	边坡稳定性	场地地基条件
有利地段	距坝址 8km 范围内无活动断层、库区无大于等于 5 级地震活动	岩体完整，边坡稳定	抗震稳定性好
不利地段	枢纽区内有长度小于 10km 的活动断层，库区有长度大于 10km 的活动断层，或有过大于等于 5 级但小于 7 级的地震活动，或有诱发水库地震的可能	枢纽区、库区边坡稳定条件较差	抗震稳定性差
危险地段	枢纽区内有长度大于等于 10km 的活动断层，库区有过大于等于 7 级的地震活动，有伴随地震产生地震断裂的可能	枢纽区边坡稳定条件极差，可产生大规模崩塌、滑坡	地基有可能失稳

交通行业标准《公路工程抗震规范》（JTG B02—2013）规定，选择路线、桥位和隧址时，应搜集基本烈度、地震活动情况和区域性地质构造等资料，并加强工程地质、水文地质和历史震害情况的现场调查和勘察工作，查明对公路工程抗震有利、不利和危险的地段。应充分利用对抗震有利的地段。对抗震不利的地段系指：①软弱黏性土层、液化土层和地层严重不均的地段；②地形陡峭、孤突、岩土松散、破碎的地段；③地下水位埋藏较浅、地表排水条件不良的地段。抗震危险地段系指：①发震断层及其邻近地段；②地震时可能发生大规模滑坡、崩塌、岸坡滑移等地段。同时规定，路线和桥位宜绕避下列地段：①地震时可能发生滑坡、崩塌地段；②地震时可能塌陷的暗河、溶洞等岩溶地段和已采空的矿穴地段；③河床内基岩具有倾向河槽的构造软弱面被深切河槽所切割的地段；④地震时可能坍塌而严重中断公路交通的各种构造物。

2.4.2　场地类别划分

场地是指工程（群）所在地，同一场地具有相似的地震反应谱特征，应按表 2.5 划分

对抗震有利、一般、不利和危险地段。地下结构所在地段的场地类别划分，应以地层等效剪切波速和场地覆盖层厚度为准。场地地震作用引起的工程结构破坏与场地的工程地质条件有很大关系。所以，在工程抗震设计中，应对场地进行合理的选择和分类。对工程场地进行抗震分类是处理场地工程地质条件对场地地震动及震害影响的实用且简便的方法。在《地下结构抗震设计标准》（GB/T 51336—2018）中，依据场地类型和设计地震分组就可以根据第 3 章表 3.3 确定设计反应谱曲线的特征周期值。

表 2.5　　《地下结构抗震设计标准》中关于有利、一般、不利和危险地段的划分

地段类别	地质、地形、地貌
有利地段	稳定基岩，坚硬土，开阔、平坦、密实、均匀的中硬土等
一般地段	不属于有利、不利和危险的地段
不利地段	软弱土，液化土，条状突出的山嘴，高耸孤立的山丘，陡坡，陡坎，河岸和边坡的边缘，平面分布上成因、岩性、状态明显不均匀的土层（含古河道、疏松的断层破碎带、暗埋的塘浜沟谷和半填半挖地基），高含水率的可塑黄土，地表存在结构性裂缝等
危险地段	地震时可能发生滑坡、崩塌、地陷、地裂、泥石流等及发震断裂带上可能发生地层错位的地段

国内外抗震规范的场地分类都经历了一个由粗到细、由定性到定量、由单一指标到多指标的发展过程。我国现行抗震设计规范的场地类别划分主要依据岩性、土层刚度和厚度等参数。其中土层刚度又多以土体剪切波速来代表；土层厚度多以场地覆盖层厚度来表征。场地覆盖层厚度是指从地面至坚硬场地土（基岩或其他坚硬土）顶面的距离，通常震害的严重程度随覆盖层厚度的增加而加重。

（1）地层剪切波速的测量，应满足下列要求：

1）在场地初步勘察阶段，对大面积的同一地质单元，测试地层剪切波速的钻孔数量不宜少于 3 个。

2）在场地详细勘察阶段，应按有关设计规范进行勘察，确定地层的剪切波速。无实测剪切波速的丙类构筑物，可根据岩土名称和性状，按表 2.6 划分土的类型，并结合当地经验，在表 2.6 的剪切波速范围内对各地层的剪切波速进行估计插值。

表 2.6　　　　　　　　　　　　　　　土的类型与波速范围

土的类型	岩土名称和性状	$v_s/(m/s)$
岩石	坚硬、较硬且完整的岩石	$v_s > 800$
坚硬土或软质岩石	破碎和较破碎的岩石或软和较软的岩石，密实的碎石土	$800 \geqslant v_s > 500$
中硬土	中密、稍密的碎石土，密实、中密的砾、粗、中砂，$f_{ak} > 150$ 的黏性土和粉土，坚硬黄土	$500 \geqslant v_s > 250$
中软土	稍密的砾、粗、中砂，除松散外的细、粉砂，$f_{ak} \leqslant 150$ 的黏性土和粉土，$f_{ak} > 130$ 的填土，可塑新黄土	$250 \geqslant v_s > 150$
软弱土	淤泥和淤泥质土，松散的砂，新近沉积的黏性土和粉土，$f_{ak} \leqslant 130$ 的填土，流塑黄土	$v_s \leqslant 150$

注　f_{ak} 为由载荷试验等方法得到的地基承载力特征值，kPa；v_s 为岩土剪切波速。

（2）场地覆盖层厚度的确定，应满足下列要求：

1）一般情况下，应按地面至剪切波速大于 500m/s 且其下卧各层岩土的剪切波速均

不小于 500m/s 的土层顶面的距离确定。

2）当地面 5m 以下存在剪切波速大于其上部各土层剪切波速 2.5 倍的土层，且该层及其下卧各层岩土的剪切波速均不小于 400m/s 时，可按地面至该土层顶面的距离确定。

3）剪切波速大于 500m/s 的孤石、透镜体，应视同周围地层。

4）地层中的火山岩硬夹层应视为刚体，其厚度应从覆盖地层中扣除。

地层的等效剪切波速应按下列公式计算：

$$v_{se} = d_0/t \qquad (2.20)$$

$$t = \sum_{i=1}^{n} (d_i/v_{si}) \qquad (2.21)$$

式中：v_{se} 为地层等效剪切波速，m/s；d_0 为计算深度，m，取覆盖层厚度和 20m 二者的较小值；t 为剪切波在地面至计算深度之间的传播时间，s；d_i 为计算深度范围内第 i 地层的厚度，m；v_{si} 为计算深度范围内第 i 地层的剪切波速，m/s；n 为计算深度范围内地层的分层数。

场地类别，应根据地层等效剪切波速和场地覆盖层厚度按表 2.7 划分为 4 类，其中 I 类分为 I_0、I_1 两个亚类。当有可靠的剪切波速和覆盖层厚度且其值处于表 2.7 所列场地类别的分界线附近时，可按插值方法确定地震作用计算所用的设计特征周期。

表 2.7   **各类场地的覆盖层厚度**

岩石的剪切波速或土的等效剪切波速/(m/s)	场 地 类 别				
	I_0	I_1	II	III	IV
	覆盖层厚度/m				
$v_{se} > 800$	0				
$800 \geqslant v_{se} > 500$		0			
$500 \geqslant v_{se} > 250$		<5	≥5		
$250 \geqslant v_{se} > 150$		<3	3~50	>50	
$v_{se} \leqslant 150$		<3	3~15	15~80	>80

注 表中 v_{se} 为岩石的剪切波速。

场地内存在发震断裂时，应尽量避开主断裂带。其避让距离不宜小于表 2.8 对发震断裂最小避让距离的规定。如果不能避开主断裂带，则应对其影响进行专门研究并采取预留足够的抗变形措施。

表 2.8   **发震断裂的最小避让距离**

烈度	抗 震 设 防 类 别		
	甲	乙	丙
	最小避让距离		
8	专门研究论证并不低于乙类的要求	200m	100m
9	专门研究论证并不低于乙类的要求	400m	200m

对处于抗震不利和危险地段的各类场地的地下结构，需进行考虑结构与土体动力相互

作用的抗震验算。如需要采用时程分析法进行场地地震反应分析,应根据设计要求提供地层剖面、场地覆盖层厚度和有关的动力参数。

对下沉式挡土结构和复建式地下结构天然地基的抗震承载力应按下式计算:

$$f_{aE} = \zeta_a f_a \tag{2.22}$$

式中:f_{aE} 为调整后的地基抗震承载力,kPa;ζ_a 为地基抗震承载力调整系数,应按表 2.9 采用;f_a 为深宽修正后的地基承载力特征值,应按现行国家标准《建筑地基基础设计规范》(GB 50007—2011) 采用。

表 2.9　　　　　　　　　　　　　地基土抗震承载力调整系数

岩土名称和性状	ζ_a
岩石,密实的碎石土,密实的砾、粗、中砂,$f_{ak} \geqslant 300\text{kPa}$ 的黏性土和粉土	1.5
中密、稍密的碎石土,中密和稍密的砾、粗、中砂,密实和中密的细、粉砂,$150\text{kPa} \leqslant f_{ak} < 300\text{kPa}$ 的黏性土和粉土,坚硬黄土	1.3
稍密的细、粉砂,$100\text{kPa} \leqslant f_{ak} < 150\text{kPa}$ 的黏性土和粉土,可塑黄土	1.1
淤泥,淤泥质土,松散的砂,杂填土,新近堆积黄土及流塑黄土	1.0

验算天然地基地震作用下的竖向承载力时,按地震作用效应标准组合的基础底面平均压力和边缘最大压力应满足下列各式要求:

$$p \leqslant f_{aE} \tag{2.23}$$

$$p_{max} \leqslant 1.2 f_{aE} \tag{2.24}$$

式中:p 为地震作用效应标准组合的基础底面平均压力,Pa;p_{max} 为地震作用效应标准组合的基础边缘的最大压力,Pa。

2.5　设计地震动

设计地震动是抗震设计中实际考虑的地震地面运动参数,它是根据在一定时间、空间内可能发生的地震程度、频度,结合抗震设计的具体条件和要求而推断的一种地震动。

为确保建筑物在地震时的安全,提供结构在使用期间可能遭遇到的地震地面运动,把未知性和不确定性相当大的地震作用,以比较简单的形式加以明确定量,以便设计出可以抵抗相应地震破坏作用的结构,就是设计地震动的目的。设计地震动的确定必须在充分考虑了结构在未来地震中的安全可靠性和建造时投资的经济合理性之后,进行决策和选择。

目前国际上通用的做法是构造一个将来可以应用的设计地震,从震源参数、震中距和场地条件推算地面运动,作为工程设计的依据。

2.5.1　选波原则

地震波具有强烈随机性。观测结果表明,即便是同次地震在同一场地上得到的地震记录也不尽相同,而结构的弹塑性时程分析表明,结构的地震反应随输入地震波的不同而差距很大,相差高达几倍甚至几十倍之多。故要保证时程分析结果的合理性,必须合理选择输入地震波。一般而言,可供结构动力时程分析使用的地震波有 3 类:①拟建场地的实际地震记录;②典型的历史强震记录;③人工地震波。

理想的情况是选择第一种地震波。但鉴于拟建场地常无实际强震记录可供使用，故实践中难以进行。此外，即便拟建场地存在实际的强震记录，考虑到地震的强烈随机性，此实际记录也不能完全反映未来地震情况。

典型的历史强震记录是指类似于拟建场地状况的场地上的实际强震记录，鉴于国内外已收集了较多的强震记录，故目前实际工程中应用较多的是第二种地震波。

人工地震波是根据拟建场地的具体情况，按概率方法人工产生的一种符合某些指定条件（如地面运动加速度峰值、频谱特性、震动持续时间、地震能量等）的随机地震波。显然，这是获取时程分析所用地震波的一种较合理途径。

地震地面运动特征取决于震源机制、传播途径、场地条件等因素，因此不同地震、不同地点、不同场地条件其特征差异是很大的。为了便于工程应用，通常在占有一定资料的基础上对其加以统计，以给出建筑物所在场地处地面运动的平均特性。因此，考虑到不同的地震波对结构产生的影响差异很大，故选择使用典型的历史强震记录时应保证一定数量并应充分考虑地震动三要素（振幅、频谱特性与持时）。选择地震波应考虑以下 4 个方面因素。

1. 振幅选择

要求所选地震记录的加速度峰值与设防烈度要求的多遇地震与罕遇地震的加速度峰值相当，否则应按下式对所选地震记录的加速度峰值进行调整：

$$a'(t) = \frac{a'_{\max}}{a_{\max}} a(t) \qquad (2.25)$$

式中：$a'(t)$、$a'_{\max}$ 分别为调整后的地震加速度时程曲线与峰值，$a'_{\max}$ 取设防烈度要求的多遇地震与罕遇地震的加速度峰值；$a(t)$、$a_{\max}$ 分别为原地震加速度时程曲线及峰值。

2. 频谱特性

频谱特性包括谱形状、峰值、卓越周期等因素。研究表明，震中距不同，则加速度反应谱曲线不同。且强震时，场地地面运动卓越周期与场地土的自振周期相近。故合理的地震波选择应从下述两方面着手：

（1）所选地震波的卓越周期应尽可能与拟建场地的特征周期一致。

（2）所选地震波的震中距应尽可能与拟建场地震中距一致。

3. 地震动持续时间

地震动持续时间不同，地震能量损耗不同，结构地震反应也不同。工程实践中确定持续时间的原则如下：

（1）地震记录最强烈部分应包含在所选持续时间内。

（2）若仅对结构进行弹性最大地震反应分析，持续时间可取短些；若对结构进行弹塑性最大地震反应分析或耗能过程分析，持续时间可取长些。

（3）一般可考虑取持续时间为结构基本周期的 5～10 倍。

4. 输入地震波数量

输入地震波数量太少，不足以保证时程分析结果的合理性。输入地震波数量太大，则工作量巨大。研究表明，在充分考虑地震动三要素情况下，采用 3～5 条地震波可基本保证时程分析结果的合理性。我国国家标准《建筑抗震设计规范》［GB 50011—2010（2016

年版）〕规定至少取 2 条实际地震波与 1 条人工波。

2.5.2 确定设计地震动的方法

1. 估算设计地震动的统计方法

（1）收集场地周围适当范围内的历史地震资料，确定各次地震的震级和震中位置。

（2）根据当地烈度衰减关系，计算在各次历史地震中场地的地震烈度。

（3）对场地的地震烈度的计算结果作统计分析，得出烈度超过给定值 I 的事件的年发生率

$$v(I) = n(I)/T$$

式中：$n(I)$ 为烈度超过 I 的事件发生次数；T 为历史地震资料跨越的时间（年）。那么在 t 年内场地超过 I 的事件发生次数为 $N(I) \cdot t = v(I) \cdot t$。

（4）给定 t 的数值，令 $N(I_t) = 1$，可得相应的烈度值 I_t，I_t 为未来 t 年内可望发生一次的地震烈度，再由地震烈度与地震动参数的关系，可得到相应的地震动参数。

2. 估算地震动的构造法

（1）对场地周围 250～300km 以内地区的地震活动性、大地构造及地球物理特征作全面分析，划分潜在震源区并确定各区的最大潜在地震。

（2）根据当地历史地震的烈度资料或强震观测资料，确定适用于该地区的地震动衰减规律。

（3）将各潜在震源区距场地最近的地点视为相应震源区中最大潜在地震的震中，分别计算场地地震动参数。

（4）比较场地地震动的计算结果，择其最大者（核电场）作为极限安全地震动。

以上 2 种方法称为定数法，其关键在于对危险区的判定上用 1 或 0 来表达。在这里专家判定起了决定性作用。然而目前对地震孕育发生过程的认识程度达不到用 1 或 0 来表达，专家的判断实际上是一种估计。

3. 估计设计地震动的概率法

概率法是对定数法而言的，它是以超越概率来表示场地的地震危险性，常用的术语是地震危险性分析。其基本出发点是考虑如下一些因素：

（1）目前人们对地震的认识和预测尚不能达到准确的程度。同样，对地震危险性的估计，由于种种原因，其中包括各种经验和理论的模型、关系式等都存在着不确定性。因此，对地震事件发生的时间、空间、强度及其影响，尚不能作为确定性事件处理，而把其当着随机事件来处理是更合理的。

（2）地震作为一个危险事件，其大小固然直接关系到结构安全的评价，但也有必要根据大震低频率（低概率）和小震高频率（高概率）的特点，根据具体情况采用不同的风险程度标准，从而做到建筑物"小震不坏、中震可修、大震不倒"，以概率的方式提供场地地震危险性，从而给工程师们决策和选择留有余地。

不论采用哪种方法，场地地震危险性评价水平的高低，主要还是取决于地震预测、预报水平的提高，决定于地震地质等基础研究的水平。在实际工作中，应当是概率法和定数法的结合，取长补短。

2.5.3 由比例外推法得到的设计地震波

地震动时程是振幅（加速度、速度和位移）和频率随时间变化的不规则函数，为了适应各类工程反应谱和直接动力分析方法的要求，必须以建筑物地点的地震加速度时程曲线作为输入，即在作非线性动力分析以及试验时必须规定输入的地震动时程。

用得最多、最简单的方法是用比例系数来修改某一选定的地震加速度时程曲线。以定数法确定设计地震动时，根据场区地震地质环境按照类比方法选用与该处未来地震动强度大小和特性比较相近的加速度记录作为输入运动。如果某一实际记录与场地预测的运动不完全相同，还可以将选定的记录加速度峰值乘上比例系数作某些修改，得到从衰减曲线确定的最大加速度值。其中也包括幅值和周期特性的调整，使之更符合要求。当然最好还是选择与实际场地条件相近的记录。

1. 推算设计加速度时程曲线的步骤

（1）首先对场地周围 250～300km 范围内做地震地质调查，查明新的活动断层、历史地震震中的分布和震级，并对每个震中用数理统计法和地震地质法分析推算今后 100 年内可能发生的最大地震震级，即这些震中的设计震级。

（2）按各震中的设计震级，计算各震中的基岩最大加速度。再根据场地到各震中的距离或到发震断层的距离计算场地的基岩运动加速度。由各震中算得的场地的基岩加速度各不相同，取其最大值作为场地的基岩运动加速度的设计值。同时要考虑用较远的震中计算得到的设计值作为比较方案。再根据这个采用的设计值和比较方案设计值的相应震中的震级和震中距，计算场地基岩地震动加速度时程曲线的卓越周期以及强震的持续时间。

（3）收集场地周围地震台站测得的基岩面地震运动加速度时程曲线，按场地的设计加速度和卓越周期把这些时程曲线放大或缩小成为场地的设计加速度时程曲线，方法见（3）。并按场地的计算强震持续时间截取或延长此时程曲线，供动力分析用。

2. 场地的基岩运动最大加速度、卓越周期和持时

根据实际观测资料进行统计分析，求得的一些经验公式，可用来推算场地的基岩运动最大加速度、卓越周期和持时。但这些公式只适用于基岩地面运动，不适用于一般地面运动。因为基岩面上部土层性质复杂，对地震波的传播、吸收、反射极不一致，故地面运动与震级之间缺乏规律性的相关关系。因此，一般都用基岩面运动加速度时程曲线进行建筑物动力分析。把建筑物及其地基土层一起划分单元，成为一个抗震结构系统。把地震加速度作用在土层底（基岩面），进行有限单元法计算。因为动力反应的大小，不但与加速度大小有关，而且还与周期和历时有关，所以应当选用远震和近震得到的场地加速度时程曲线分别作动力分析，以便比较。因此，应选择离场地近的震中和震级大的远震震中推算场地的加速度时程曲线。

3. 场地设计地震加速度时程曲线

场地的设计最大加速度、卓越周期、持续时间确定后，就可以把附近地震台站实测的地震加速度时程曲线调整成场地的设计加速度时程曲线。

首先，收集较近地震台站及较远地震台站的实测地震加速度时程曲线，选择其中有代表性的曲线各一条。代表性的含义就是实测曲线上的最大加速度、卓越周期、持时与所述

推算的设计值较接近。先命 $\lambda = a/a_{\max}$，$\tau = T_g/T_{gM}$，其中 a 为设计最大加速度，$a_{\max}$ 为模型曲线上的最大加速度，T_g 为设计卓越周期，T_{gM} 为模型曲线上的卓越周期。然后以实测曲线为模型，按加速度比值 λ、卓越周期比值 τ 把模型曲线调整为设计曲线。最后，模型曲线上任一时期 t_M 处的加速度值为 a_{tM}，则设计曲线上相应的时间 t 为 $t = \tau t_M$，在时间 t 时刻的加速度值为 $a_t = \lambda a_{tM}$。如此可以把模型曲线上的所有加速度幅值及时间都进行放大或缩小，便得到设计加速度的时程曲线。

2.5.4 人工合成的设计地震波

在现有的记录中，有时找不到适合的时程曲线，因此需要用人工合成方法得到一组满足设计要求的加速度时程曲线，作为结构的输入进行动力分析。人工合成地震动时程曲线可以补充地面运动记录单独提供的资料，特别是可以满足设计方面的要求（峰值、频谱、时程等）的随意性。这一方法首先是 Housner 提出的，该法认为地震波的不规则性可以采用一串在时间上随机发生的正弦波列来合成，这些正弦波列的幅值和周期作为可变参数，调节到其反应谱和预先指定的反应谱相一致。

工程中常用的人工地震波合成方式有两种：一种是模拟规范反应谱的人工波，另一种是模拟震源、震中距及场地参数的人工波。

1. 模拟规范反应谱的人工地震波

设地震地面运动加速度 $a_g(t)$ 可表示为

$$a_g(t) = I(t) \sum_{j=1}^n A(\omega_j) \sin(\omega_j t + \varphi_j) \qquad (2.26)$$

其中：

$$I(t) = \begin{cases} \left(\dfrac{t}{t_1}\right)^{\lambda_1} & 0 \leqslant t < t_1 \\ 1 & t_1 \leqslant t < t_2 \\ e^{-\lambda_2(t-t_2)} & t_2 \leqslant t \end{cases} \qquad (2.27)$$

$$A(\omega_j) = \sqrt{4 S_{A_0}(\omega_j) \Delta\omega} \qquad (2.28)$$

$$\omega_j = \omega_l + \left(j - \frac{1}{2}\right)\Delta\omega \quad (j = 1, 2, \cdots, n) \qquad (2.29)$$

$$\Delta\omega = \frac{\omega_u - \omega_l}{n} \qquad (2.30)$$

式中：$I(t)$ 为强度包线函数，用以描述地震地面运动从出现、增强到减弱的过程，见图 2.10；$A(\omega_j)$ 为与 ω_j 有关的振幅；ω_j 为频率；$S_{A_0}(\omega_j)$ 为地震地面运动加速度功率谱密度函数；φ_j 为 $0 \sim 2\pi$ 范围内相互独立、均匀分布的随机相角；ω_u、ω_l 分别为地震波频率上、下限；λ_1、λ_2 为系数，一般取 $\lambda_1 = 2$，$\lambda_2 = 0.2 \sim 2.0$。

根据我国强震资料分析，可取 $t_1 = 0.15T$，$t_2 = 0.5T$。T 表示地震持续时间，对近场地震，可取 $T = 10 \sim 16\mathrm{s}$；对中远场地震，可取 $T = 16 \sim 20\mathrm{s}$。

由式（2.26）～式（2.30）可知，要合成模拟规范反应谱的人工地震波，应先确定对应于规范加速度反应谱的地面运动加速度功率谱密度函数 $S_{A_0}(\omega)$。以下介绍由

M. K. Kaul 提出的 $S_{A_0}(\omega)$ 的确定方法，其优点是考虑了反应谱的超越概率水平。

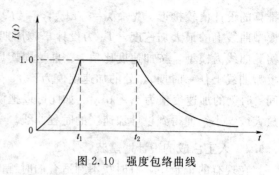

$$S_{A_0}(\omega)=\dfrac{\dfrac{\xi}{\pi\omega}S_A^2(\omega)}{\ln\left[-\dfrac{\pi}{\omega T}\ln(1-r)\right]} \qquad (2.31)$$

式中：ξ 为阻尼比；r 为反应谱的超越概率水平；$S_A(\omega)$ 为目标加速度反应谱，可取为规范加速度反应谱或其他指定的加速度反应谱。

图 2.10　强度包络曲线

2. 模拟震源、震中距和场地土参数的人工地震波

根据对实际地震记录的统计分析，建立震源、震中距、场地土参数等与地震波特性（如功率谱密度函数、强度、持续时间等）的统计关系。再根据拟建场地的具体地震参数资料，利用已建立的统计关系可确定拟建场地的地震波特性参数。采用式（2.26）即可合成人工地震波。

复习思考题

1. 全球的主要的两大地震活动带是什么？

2. 新编的《中国及邻区地震区、带划分图》将中国及邻近地区划分为几个地震区，几个地震亚区和几个地震带？

3. 地震灾害中的直接灾害和间接灾害分别是什么？

4. 地震液化指的是什么？

5. 震源、震中以及地震深度分别指的是什么？

6. 什么是地震序列？

7. 什么是"主震"？

8. 根据主震、余震和前震的特点，地震序列可以分为哪三种类型？

9. 什么是地震波？

10. 什么是体波？什么是面波？这两种波各自可以细分为哪两种波？

11. 为什么地震时人们先感受到上下的运动，有时甚至被抛起，而后才感到左右摇摆运动，站立不稳？

12. 什么是地震动？地震动的特性与哪些因素或条件相关？

13. 地震动的"三要素"分别是什么？

14. 什么是地震动幅值？

15. 什么是地震动频谱？

16. 什么是地震动持时？

17. 对地震大小、强度（强弱程度）的描述或量测可以通过哪两种基本方式？

18. 震级是什么的定量指标？

19. 什么是烈度？

20. 土层等效剪切波速如何计算？

21. 什么是设计地震动？

22. 可供结构动力时程分析使用的地震波有哪三类？

23. 选择地震波的原则主要有哪四个方面？

24. 合理的地震波选择应考虑哪两个方面？

25. 工程实践中确定地震动持续时间的原则是什么？

26. 确定设计地震动的方法有哪些？

27. 什么是地震动时程？

28. 按表 2.10 计算场地的等效剪切波速，并判断场地类别。

表 2.10 土 层 剪 切 波 速

土层厚度/m	2.0	5.8	8.1	4.3	4.5
v_s/(m/s)	180	200	250	420	520

29. 表 2.11 为某工程场地地址钻孔地质资料，试确定该场地的建筑场地类别。

表 2.11 某工程钻孔地质资料

土层底部深度/m	土层厚度/m	岩土名称	土层剪切波速 v_{si}/(m/s)
2.20	2.20	杂填土	130
8.00	5.80	粉土	140
12.50	4.50	黏土	160
20.70	8.20	中砂	180
25.00	4.30	基岩	—

参考文献

[1] 韩健，方洪银，刘懋现. 地震地质学基础 [M]. 北京：地震出版社，1998.

[2] 刘玉海，陈志新，倪万魁. 地震工程地质学 [M]. 北京：地震出版社，1998.

[3] 李杰，李国强. 地震工程学导论 [M]. 北京：地震出版社，1992.

[4] 胡聿贤. 地震工程学 [M]. 2 版. 北京：地震出版社，2006.

[5] 吴世明. 土介质中的波 [M]. 北京：科学出版社，1997.

[6] 胡聿贤. GB 18306—2001《中国地震动参数区划图》宣贯教材 [M]. 北京：中国标准出版社，2001.

[7] 陈国兴. 岩土地震工程学 [M]. 北京：科学出版社，2007.

[8] 叶耀先，岡田憲夫. 地震灾害比教学 [M]. 北京：中国建筑工业出版社，2008.

[9] 殷跃平. 汶川地震地质与滑坡灾害概论 [M]. 北京：地质出版社，2009.

[10] 顾淦臣，沈长松，岑威军. 土石坝地震工程学 [M]. 北京：中国水利水电出版社，2009.

[11] 柳炳康，沈小璞. 工程结构抗震设计 [M]. 武汉：武汉理工大学出版社，2012.

[12] 李爱群，高振世，张志强. 工程结构抗震与防灾 [M]. 北京：中国水利水电出版社，2009.

[13] Kramer S L. Geotechnical earthquake engineering [M]. New Jersey：Prentice Hall，1995.

[14] Day R W. Geotechnical earthquake engineering handbook [M]. New York：McGraw-Hill，2001.

[15] 王钟琦，谢君斐，石兆吉. 地震工程地质导论 [M]. 北京：地震出版社，1983.

[16] 袁一凡，田启文. 工程地震学 [M]. 北京：地震出版社，2012.

[17] GB 50011—2010 建筑抗震设计规范 [S]. 北京：中国建筑工业出版社，2010.

[18] GB 50191—2012 构筑物抗震设计规范 [S]. 北京：中国建筑工业出版社，2012.

[19] SL 203—97 水工建筑物抗震设计规范 [S]. 北京：中国水利出版社，1998.

[20] NB 35047—2015 水电工程水工建筑物抗震设计规范 [S]. 北京：中国电力出版社，2015.

[21] JTG B02—2013 公路工程抗震规范 [S]. 北京：人民交通出版社，2013.

[22] GB 50111—2006 铁路工程抗震设计规范 [S]. 北京：中国计划出版社，2006.

[23] 胡聿贤. 地震安全性评价技术教程 [M]. 北京：地震出版社，1999.

[24] 张新培. 钢筋混凝土抗震结构非线性分析 [M]. 北京：科学出版社，2005.

[25] 李英民，刘立平. 工程结构的设计地震动 [M]. 北京：科学出版社，2011.

[26] 李荣建，邓亚虹. 土工抗震 [M]. 北京：中国水利水电出版社，2014.

[27] 宋焱勋，李荣建，邓亚虹，等. 岩土工程抗震及隔振分析原理与计算 [M]. 北京：中国水利水电出版社，2014.

[28] GB/T 51336—2018 地下结构抗震设计标准 [S]. 北京：中国建筑工业出版社，2018.

第 3 章　结构地震动力学分析基础

3.1　地震分析模型概述

3.1.1　地震作用

地震时由于地面运动使原来处于静止的建筑受到动力作用，产生强迫振动。我们将地震时由地面运动加速度振动在结构上产生的惯性力称为结构的地震作用（Earthquake action）。在建筑抗震设计中，通常采用最大惯性力作为地震作用。根据地震引起的建筑物主要振动方向，地震作用分为水平地震作用和竖向地震作用。其大小与地面运动加速度、结构的自身特性（自振频率、阻尼、质量等）有关。

3.1.2　结构地震反应

结构地震反应是指地震时地面振动使建筑结构产生的内力、变形、位移及结构运动速度、加速度等的统称，可分类称为地震内力反应、地震位移反应、地震加速度反应等。结构地震反应是一种动力反应，其大小与地面运动加速度、结构自身特性等有关，一般根据结构动力学理论进行求解。

结构地震反应又称地震作用效应。结构的地震反应的大小除与地面运动有关外，还与结构本身的动力特征（自振周期、阻尼等）有关。而结构的动力特征与结构上的质量的大小和分布有关，因此在进行结构的地震反应分析时，首先需要将具有连续分布质量的结构体系简化成质量相对集中的质点体系，以便于计算。

3.1.3　计算简图及自由度

1. 计算简图

进行结构地震反应分析时，首先要确定结构动力计算简图。结构的惯性力是结构动力计算的关键之一，结构惯性与结构质量有关。计算简图中的结构质量模拟有 2 种，一种是连续化分布，另一种是集中分布。工程上常用集中分布质量的模型进行动力计算，该方法计算简便，精度可靠。根据集中质量的数量多少，结构可分为单质点体系和多质点体系。

工程上某些建筑结构可以简化为单质点体系，如图 3.1（a）所示的等高单层厂房，其质量绝大部分都集中在屋盖，可将该结构质量集中至屋盖标高处，将柱视为一无质量但有刚度的弹性杆，形成一个单质点弹性体系等高单层厂房计算简图。若忽略杆的轴向变形，当体系只做水平振动时，质点只有一个自由度，故为单自由度体系。质量大部分集中在塔顶水箱处的水塔也可按一个单自由度体系 [图 3.1（b）] 进行地震反应分析。

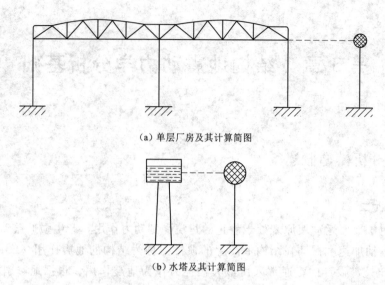

（a）单层厂房及其计算简图

（b）水塔及其计算简图

图 3.1　单质点弹性体系

　　多质点体系的结构动力计算简图通常是一个具有若干个集中质量的竖向悬臂剪切梁模型（图 3.2）。采用集中质量方法确定计算简图时，需要确定结构质量的集中位置，对多、高层建筑可取结构楼层标高处，其质量等于该楼层上、下各半的区域质量（楼盖、墙体等）之和 [图 3.2（a）]；当结构无明显主要质量时（如烟囱），可将结构分成若干区域，而将各区域的质量集中于质心处 [图 3.2（b）]；对水平多层地基，可按层将各层质量集中于质心处 [图 3.2（c）]。

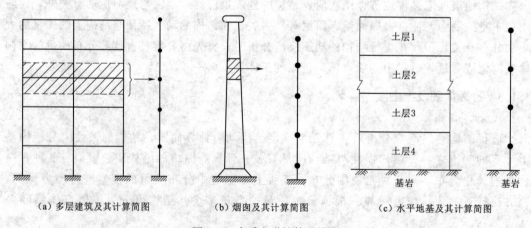

（a）多层建筑及其计算简图　　（b）烟囱及其计算简图　　（c）水平地基及其计算简图

图 3.2　多质点弹性体系模型

2. 结构自由度

　　计算简图中各质点可以运动的独立参数称为结构体系的自由度。空间中一个自由质点可有三个独立的平动位移（忽略转动），因此它具有三个平动自由度。若限制质点在平面内运动，则一个质点有两个自由度。根据结构自由度的数量多少，可分为单自由度体系和多自由度体系。结构体系中的质点数和自由度数可以相同，也可以不同。

3.2 单自由度结构的地震反应

3.2.1 单自由度地震运动方程

为了抗御地震的破坏作用，需要了解建筑物及其地基在地震作用下的振动反应过程，这是一个动力学问题。为了叙述方便，先讨论单质点系的地震反应是有必要的。

为了研究单自由度弹性体系的地震反应，首先要建立结构体系在地震地面运动作用下的运动方程。单自由度（单质点）弹性体系指可将结构参与振动的全部质量集中于一点，用无重量的弹性直杆支承于地面上的机构。如图 3.3（a）为单自由度体系在地震作用下的计算简图，其基本假定是：

（1）地面运动水平加速度 $\ddot{\delta}_g(t)$ 记录地震时地面运动过程。

（2）地基为一刚性盘体不产生转动，各点的水平运动带动建筑物基础一起运动，于是引起上部结构的振动，从而使质点产生位移、速度和加速度。图 3.3 表示单自由度弹性体系在地震时地面水平运动分量作用下的变形情况。其中 $\delta_g(t)$ 表示水平位移，它是时间 t 的函数，它的变化可从地震时地面运动实测记录求得。$\delta(t)$ 是质点相对地面的相对弹性变位或相对位移反应，它也是时间 t 的函数，是待求的未知量。$\dot{\delta}$ 和 $\ddot{\delta}$ 分别表示速度和加速度。

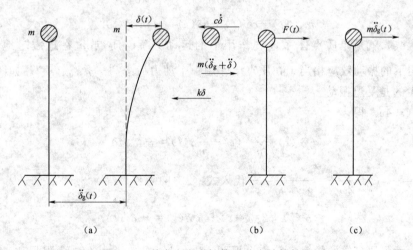

图 3.3 单自由度弹性体系动力计算简图

为了确定当地面水平位移按 $\delta_g(t)$ 的规律运动时，单自由度弹性体系的相对位移反应 $\delta(t)$，我们首先建立运动方程并讨论其求解方法。

如图 3.3 所示的是一个理想的单自由度体系，先取质点 m 为隔离体［图 3.3（b）］，由结构动力学可知，作用在它上面有 3 个力：弹性恢复力、阻尼力和地震惯性力。

1. 弹性恢复力 S

它是使质点从振动位置回到平衡位置的力，是由弹性杆的变形而产生的，其大小与质点 m 的相对位移 $\delta(t)$ 成正比。

$$S = -k\delta(t) \tag{3.1}$$

式中：k 为弹性直杆的刚度，表示质点发生单位位移时在质点处所施加的力，负号表示恢复力的指向总是指向平衡位置与位移的方向相反。

2. 阻尼力 R

阻尼力是指使结构的振动逐渐衰减的力。结构在振动过程中，由于结构构件在连接处的摩擦，材料的内摩擦，各构件接头、地基及其附近土壤的摩擦，空气、液体等介质的阻力等原因，将使结构振动逐渐衰减，按照黏性阻尼理论，阻尼力与质点速度成正比。

$$R = -c\dot{\delta}(t) \tag{3.2}$$

式中：c 为阻尼系数；$\dot{\delta}(t)$ 为质点的速度，负号表示阻尼力的方向与质点运动速度的方向相反。

3. 地震惯性力 I

惯性力是质点的质量 m 与绝对加速度 $[\ddot{\delta}_g(t) + \ddot{\delta}(t)]$ 的乘积。

$$I = -m[\ddot{\delta}_g(t) + \ddot{\delta}(t)] \tag{3.3}$$

负号表示惯性方向与质点加速度方向相反。

根据达朗贝尔原理，物理运动在任一瞬时，作用在物体上的外力和惯性力相互平衡，所以

$$-m[\ddot{\delta}_g(t) + \ddot{\delta}(t)] - c\dot{\delta}(t) - k\delta(t) = 0 \tag{3.4}$$

$$m\ddot{\delta}(t) + c\dot{\delta}(t) + k\delta(t) = -m\ddot{\delta}_g(t) \tag{3.4a}$$

式（3.4a）就是单质点体系地震作用下的运动方程。质点 m 在地震时地面加速度 $\ddot{\delta}_g(t)$ 作用下的振动效应相当于在质点上作用一个动力荷载 "$-m\ddot{\delta}_g(t)$"。如图 3.3（c）所示，产生的是受迫振动。

由式（3.4a）得

$$\ddot{\delta}(t) + \frac{c}{m}\dot{\delta}(t) + \frac{k}{m}\delta(t) = -\ddot{\delta}_g(t) \tag{3.4b}$$

令 $\omega^2 = \dfrac{k}{m}$，$\xi = \dfrac{c}{2\omega m} = \dfrac{c}{2\sqrt{km}} = \dfrac{c}{c_r}$ 代入式（3.4b）得

$$\ddot{\delta}(t) + 2\xi\omega\dot{\delta}(t) + \omega^2\delta(t) = -\ddot{\delta}_g(t) \tag{3.5}$$

式中：ω 为无阻尼自振圆频率，简称自振频率，rad/s，$\omega = \sqrt{\dfrac{k}{m}}$；$\xi$ 为阻尼比，它是阻尼系数 c 与临界阻尼系数 c_r 的比。

式（3.5）是一个常系数二阶非齐次线性微分方程，它的解包含 2 部分：一个是与式（3.5）相对应的齐次方程的通解；另一个是与式（3.5）相对应的特解，前者代表自由振动，后者代表强迫振动。

3.2.2 单自由度结构的自由振动

式（3.5）所对应的齐次方程即为单质点弹性体自由振动方程，即

$$\ddot{\delta}(t) + 2\xi\omega\dot{\delta}(t) + \omega^2\delta(t) = 0 \tag{3.6}$$

齐次方程的特解为

$$\delta = e^{-\xi\omega t}(A\cos\omega' t + B\sin\omega' t) \tag{3.7}$$

式中：A、B 为常数，其值可由问题的初始条件确定。ξ 为阻尼比，当 $\xi > 1$ 时为强阻尼，$\xi < 1$ 时称弱阻尼，$\xi = 1$ 时称临界阻尼，对于 $\xi > 1$ 时由微分方程解表明体系将不发生振动，$\xi < 1$ 时微分方程表明体系将发生衰减振动；ω' 为有阻尼体系的频率。$\omega' = \omega\sqrt{1-\xi^2}$ 对于一般结构而言阻尼比通常小于 0.1，因而 $\omega' \approx \omega$。

当阻尼为 0 时，即 $\xi = 0$ 式（3.7）变成：

$$\delta = A\cos\omega t + B\sin\omega t \tag{3.8}$$

式（3.8）是无阻尼的单质点体系自由振动的通解，它表示质点作简谐振动。比较式（3.7）、式（3.8）可知，有阻尼单质点体系的自由振动为按指数函数衰减的简谐振动。

下面根据初始条件确定 A、B：

设 $t=0$，$\delta = \delta(0)$，$\dot{\delta} = \dot{\delta}(0)$，$\delta(0)$、$\dot{\delta}(0)$ 分别为初始位移和初始速度，代入式（3.7）求得

$$A = \delta(0)$$

$$B = \frac{\dot{\delta}(0) + \xi\omega\delta(0)}{\omega'}$$

所以式（3.7）为

$$\delta = e^{-\xi\omega t}\left[\delta(0)\cos\omega' t + \frac{\dot{\delta}(0) + \xi\omega\delta(0)}{\omega'}\sin\omega' t\right] \tag{3.9}$$

若式中 $\xi = 0$ 时。$\omega' \approx \omega$，式（3.9）变为单自由度体系无阻尼自由振动方程：

$$\ddot{\delta}(t) + \omega^2\delta(t) = 0 \tag{3.10}$$

其解为

$$\delta(t) = \delta_0\cos\omega t + \frac{\dot{\delta}_0}{\omega}\sin\omega t$$

图 3.4 给出了不同阻尼比时的自由振动曲线。由图可知：$\xi = 0$ 时振动曲线的振幅不变，$\xi \neq 0$ 时振动曲线的振幅逐渐衰减。无阻尼时振幅保持不变，有阻尼时振幅逐渐衰减，阻尼愈大振幅愈小且衰减得愈快。

3.2.3 单自由度结构的强迫振动

强迫振动是指体系在动力荷载作用下的振动。当发生地震时，地震作用 "$-m\ddot{\delta}_g(t)$" 可以看成动力荷载。由于地震动过程是极不

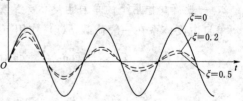

图 3.4 不同阻尼比的振动曲线

规则的振动，通常不可能用数学解析式表达地震加速度里程 $\ddot{\delta}_g(t)$，所以式（3.5）的特解只能通过数值计算方法求解。

1. 单自由度体系在脉冲荷载作用下的振动

脉冲荷载的特点是荷载作用时间与体系的周期相比非常短，假定单自由度体系处于静

止状态，在极短的时间 dt 内作用一脉冲荷载 P 如图 3.5 所示，脉冲荷载 P 与作用时间 dt 的乘积称为冲量。以图 3.5（a）中阴影面积表示，根据动量定律，体系上质点的冲量等于动量的变化，即

$$mv = p\,dt \tag{3.11}$$

因为 dt 是一个极微的量，体系在脉冲荷载移去的瞬间将成为自由振动，振动的位移反应曲线如图 3.5（b）所示。自由振动的初始条件为 $\delta = (0) = 0$，$\dot{\delta}_0 = v = \dfrac{p\,dt}{m}$，于是自由振动的解可从式（3.9）得

$$\delta = \frac{\dot{\delta}(0)}{\omega'} e^{-\xi\omega t} \sin\omega' t = \frac{p\,dt}{m\omega'} e^{-\xi\omega t} \sin\omega' t \tag{3.12}$$

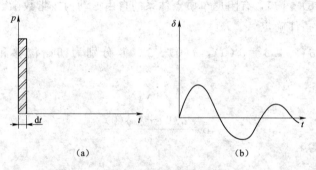

图 3.5　脉冲荷载

上式的脉冲荷载是从 $t = 0$ 开始作用。若系统在单位冲量作用下，则其解为：$\delta = \dfrac{1}{m\omega'} e^{-\xi\omega t} \sin\omega' t$，这种在单位冲量作用下的瞬态响应称脉冲响应函数，用 $h(t)$ 表示。如果脉冲荷载不是从 $t = 0$ 开始作用，而是从 $t = \tau$ 开始作用，如图 3.6 所示，式（3.12）中的脉冲荷载作用时间 dt 应改为 $d\tau$，体系位移的反应时间应改为 $t - \tau$，于是式（3.12）应改写成

$$\delta = \frac{p\,d\tau}{m\omega'} e^{-\xi\omega(t-\tau)} \sin\omega'(t-\tau) \tag{3.13}$$

2. 一般荷载作用下的单自由度体系的振动

单自由度体系在一般荷载 $p(t)$ 作用下的振动方程为

$$m\ddot{\delta}(t) + c\dot{\delta}(t) + k\delta(t) = p(t) \tag{3.14}$$

或

$$\ddot{\delta}(t) + \frac{c}{m}\dot{\delta}(t) + \frac{k}{m}\delta(t) = \frac{p(t)}{m}$$

这种情况下，可以把整个荷载 $p(t)$ 看作是无数的脉冲荷载连续作用之和，如图 3.6、图 3.7 所示。

在 $d\tau$ 时间间隔时，由冲量 $p(\tau)$ 引起的微位移反应 $d\delta(t)$ 根据式（3.13）写成

$$d\delta(t) = \frac{p(\tau)\,d\tau}{m\omega'} e^{-\xi\omega(t-\tau)} \sin\omega'(t-\tau) \tag{3.15}$$

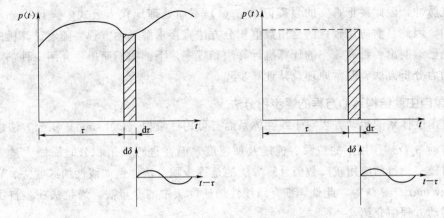

图 3.6 任意脉冲荷载　　　　　图 3.7 一般脉冲荷载

在整个荷载作用下，任意时刻 t 的位移反应可以从时间 $\tau=0$ 到 $t=\tau$，各无数脉冲量引起的位移反应之和。即对式（3.15）从 0 到 t 进行积分。即

$$\delta(t) = -\int_0^t \frac{p(\tau)\mathrm{d}\tau}{m\omega'} \mathrm{e}^{-\xi\omega(t-\tau)} \sin\omega'(t-\tau) \tag{3.16}$$

上式称为杜哈梅（Duhamel）积分，数学上称为卷积。

对比式（3.14）与式（3.5），$-m\ddot{\delta}_\mathrm{g}(t)$ 相当于 $p(t)$，所以式（3.16）很方便地给出方程式（3.5）的特解：

$$\delta(t) = -\frac{1}{\omega'}\int_0^t \ddot{\delta}_\mathrm{g}(\tau)\mathrm{e}^{-\xi\omega(t-\tau)} \sin\omega'(t-\tau)\mathrm{d}\tau \tag{3.17}$$

式（3.5）的通解应是方程的齐次解式（3.9）与特解式（3.17）之和，但当地震作用之前体系处于静止状态（即 $\delta_0 = \dot{\delta}_0 = 0$），其齐次解为 0，所以式（3.5）的通解为

$$\delta(t) = -\frac{1}{\omega'}\int_0^t \ddot{\delta}_\mathrm{g}(\tau)\mathrm{e}^{-\xi\omega(t-\tau)} \sin\omega'(t-\tau)\mathrm{d}\tau \tag{3.18}$$

这是阻尼较小时单自由度体系在地震加速度作用下的相对位移反应，对 $\delta(t)$ 取微分便得弹性体的速度和加速度：

$$\dot{\delta}(t) = \int_0^t \ddot{\delta}_\mathrm{g}(\tau)\mathrm{e}^{-\xi\omega(t-\tau)} \left[\frac{\xi\omega}{\omega'}(t-\tau) - \cos\omega'(t-\tau)\right]\mathrm{d}\tau \tag{3.19}$$

$$\ddot{\delta}(t) = \omega'\int_0^t \ddot{\delta}_\mathrm{g}(\tau)\mathrm{e}^{-\xi\omega(t-\tau)} \left\{\left[1 - \left(\frac{\xi\omega}{\omega'}\right)^2\right]\sin\omega'(t-\tau) + \frac{2\xi\omega}{\omega'}\cos\omega'(t-\tau)\right\}\mathrm{d}\tau - \ddot{\delta}_\mathrm{g}(t)$$

$$\tag{3.20}$$

一般情况阻尼比 ξ 的数值很小时，式（3.20）可简化为

$$\ddot{\delta}(t) = \omega'\int_0^t \ddot{\delta}_\mathrm{g}(\tau)\mathrm{e}^{-\xi\omega(t-\tau)} \sin\omega'(t-\tau)\mathrm{d}\tau - \ddot{\delta}_\mathrm{g}(t) \tag{3.21}$$

分别对式（3.18）、式（3.19）、式（3.20）进行积分，可得到弹性体系的位移、速度和加速度的地震反应。由以上 3 式可知，求解单自由度体系的地震反应进行积分即可。但由于地震作用时地面水平运动加速度 $\ddot{\delta}_\mathrm{g}(t)$ 不是一个规则的函数，而是一系列随时间变

化的随机脉冲，因此要把真实的强震记录 $\ddot{\delta}_g(t)$ 不加处理地代入公式中进行积分几乎是不可能的，因此目前应用较广的是用数值积分方法直接求解运动方程。随着计算机的飞速发展，现已编制出各种高效率的计算机计算法和程序，下面我们简单地介绍一种求解地震反应的动力分析方法、基本原理及其计算步骤。

3.2.4　单自由度结构运动方程的逐步积分法

单自由度体系的运动方程对于线性体系而言可用杜哈梅（Duhamel）积分方法求出体系在地震动 $\ddot{\delta}_g(t)$ 作用下的位移、速度及加速度，但在进行数值积分时需做大量乘法运算，耗时较多。目前应用较广数值计算方法的是逐步积分法，例如线性加速度法、Wilson θ 法、Newmark-β 法等，此处详细介绍线性加速度法中的全量法，增量法在多自由度结构体系运动方程中介绍。

1. 基本假定

（1）将已知的输入地震加速度时程按计算时间分成许多足够微小的时间间隔 Δt（例如 $\Delta t = 0.01s$），可以具体确定各个时刻的输入地震加速度，并假定在 Δt 时间间隔内地震加速度呈线性变化，那么在各个时刻动力平衡方程计算中输入地震加速度在各个时刻分别是个已知的确定值。

（2）在时段 $\Delta t = t_{j+1} - t_j$ 内，质点反应加速度 $\ddot{\delta}$ 呈线性变化（图 3.8），即有

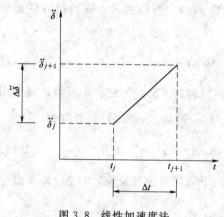

$$\dddot{\delta}_j = \frac{\ddot{\delta}_{j+1} - \ddot{\delta}_j}{\Delta t} = \frac{\Delta \ddot{\delta}_j}{\Delta t} = 常量 \qquad (3.22)$$

（3）在时段 Δt 内，结构的刚度、阻尼均无改变。

（4）求解思路：线性加速度法是假定质点加速度反应的任一微小时间段 Δt 内的变化是线性关系，已知一个时间步长的初始位移 δ_j、速度 $\dot{\delta}_j$ 和加速度 $\ddot{\delta}_j$，利用线性关系求解运动方程在这个时间步长末的位移 δ_{j+1}、速度 $\dot{\delta}_{j+1}$ 和加速度 $\ddot{\delta}_{j+1}$。

图 3.8　线性加速度法

2. 动力方程的全量法求解矩阵方程

设在 t_j 与 t_{j+1} 时刻，结构动力方程必然满足方程表达式

$$M\ddot{\delta}_j + C\dot{\delta}_j + K\delta_j = -M(\ddot{\delta}_g)_j \qquad (3.23)$$

$$M\ddot{\delta}_{j+1} + C\dot{\delta}_{j+1} + K\delta_{j+1} = -M(\ddot{\delta}_g)_{j+1} \qquad (3.24)$$

将位移 δ_{j+1}、速度 $\dot{\delta}_{j+1}$ 展开 Taylor 级数，于是有

$$\delta_{j+1} = \delta_j + \frac{\dot{\delta}_j}{1!}\Delta t + \frac{\ddot{\delta}_j}{2!}\Delta t^2 + \frac{\dddot{\delta}_j}{3!}\Delta t^3 + \cdots \qquad (3.25)$$

$$\dot{\delta}_{j+1} = \dot{\delta}_j + \ddot{\delta}_j \Delta t + \frac{1}{2}\dddot{\delta}_j \Delta t^2 + \cdots \qquad (3.26)$$

将式（3.22）代入式（3.25）和式（3.26），稍作整理，有

$$\delta_{j+1}=\delta_j+\dot{\delta}_j\Delta t+\frac{1}{2}\ddot{\delta}_j\Delta t^2+\frac{1}{6}\ddot{\delta}_{j+1}\Delta t^2 \tag{3.27}$$

$$\dot{\delta}_{j+1}=\dot{\delta}_j+\frac{1}{2}\ddot{\delta}_j\Delta t+\frac{1}{2}\ddot{\delta}_{j+1}\Delta t \tag{3.28}$$

将式（3.27）、式（3.28）代入式（3.24），有

$$\left(M+\frac{\Delta t}{2}C+\frac{\Delta t^2}{6}K\right)\ddot{\delta}_{j+1}=-M(\ddot{\delta}_g)_{j+1}-C\left(\dot{\delta}_j+\frac{\Delta t}{2}\ddot{\delta}_j\right)-K\left(\delta_j+\Delta t\dot{\delta}_j+\frac{\Delta t^2}{3}\ddot{\delta}_j\right)$$
$$\tag{3.29}$$

令

$$\overline{K}'_j=M+\frac{\Delta t}{2}C+\frac{\Delta t^2}{6}K \tag{3.30}$$

$$P'_{j+1}=-M(\ddot{\delta}_g)_{j+1}-C\left(\dot{\delta}_j+\frac{\Delta t}{2}\ddot{\delta}_j\right)-K\left(\delta_j+\Delta t\dot{\delta}_j+\frac{\Delta t^2}{3}\ddot{\delta}_j\right) \tag{3.31}$$

式（3.29）可表示为

$$\overline{K}'_j\ddot{\delta}_{j+1}=P_{j+1} \tag{3.32}$$

式（3.32）即为动力平衡方程基于线性加速度法的全量法求解矩阵方程。

3. 计算步骤

（1）确定初始 δ_j、$\dot{\delta}_j$、$\ddot{\delta}_j$ 和输入地震加速度 $(\ddot{\delta}_g)_j$。

（2）确定 t_j 时刻的刚度 K_j、阻尼 C_j、质量 M。

（3）确定 $\overline{K}'_j$，采用式（3.30）计算。

（4）确定 P'_{j+1}，采用式（3.31）计算。

（5）确定 $\ddot{\delta}_{j+1}$，采用式（3.32）计算。

（6）确定 $\dot{\delta}_{j+1}$，采用式（3.28）计算。

（7）确定 δ_{j+1}，采用式（3.24）计算。

（8）以 δ_{j+1}、$\dot{\delta}_{j+1}$、$\ddot{\delta}_{j+1}$ 作为初始值，重复步骤（2）～（7）计算下一时刻的位移、速度、加速度；按照 Δt 增量，一个一个时段逐步计算，直至遍历地震波时程完毕。

利用此种方法根据第一个时间步长开始时给定的初始条件，逐个时间步长 Δt 步步推进，直至地震结束便可求得整个地震作用期间的体系地震反应，计算流程如图3.9所示。

4. 计算的稳定性

从上面的动力数值解法中可知：其计算方法简便，但常存在一些误差，因此可以用它的稳定性和"人为阻尼"的大小来作为衡量其优劣的标准。

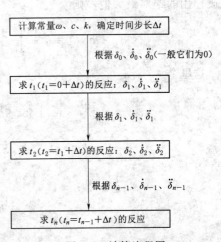

图 3.9 计算流程图

（1）稳定性是指初始数据误差和计算中舍入误差等在计算中的传递和累积，若误差对计算结果影响不大，则计算方法是稳定；若仅在时间步长 Δt 较小时才稳定称有条件稳定；有的解法还有收敛条件，若不满足时所得的解可能发散。无条件稳定的解法则不存在稳定条件的限制，这在多自由度体系尤为重要。

（2）"人为阻尼"是指由于计算方法的缺陷而产生的误差使计算结果表现出自振周期延长，振幅衰减，相当于人为地给体系施加一个本不存在的额外阻尼，从而导致计算结果偏离真实，线性加速度法属于有条件稳定；当 $\Delta t \geqslant 0.55T$ 时，计算结果不能采用。

3.2.5 单自由度弹性体系的水平地震作用

1. 水平地震作用的基本公式

由前可知，作用在质点上的惯性力等于质量 m 乘以质点的绝对加速度。

$$F(t) = -m[\ddot{\delta}_g(t) + \ddot{\delta}(t)] \tag{3.33}$$

由式（3.33）可知

$$m[\ddot{\delta}_g(t) + \ddot{\delta}(t)] = -c\dot{\delta}(t) - k\delta(t)$$

将上式代入到单自由度振动方程中可知 $c\dot{\delta}(t) \leqslant k\delta(t)$，忽略 $c\dot{\delta}(t)$：

$$F(t) = k\delta(t) = m\omega^2\delta(t) \tag{3.34}$$

由上式可知单质点弹性体系在地震作用下质点产生的相对位移 $\delta(t)$ 与 $F(t)$ 成正比，所以在地震作用下某瞬时在结构内引起的地震内力可以看作是由该瞬时的惯性力引起的。这也就是为什么将惯性力理解为一种能反映地震影响的等效作用的原因。

因为　　　$\delta(t) = -\dfrac{1}{\omega}\displaystyle\int_0^t \ddot{\delta}_g(\tau) e^{-\xi\omega(t-\tau)}\sin\omega(t-\tau)\mathrm{d}\tau \quad (\omega \approx \omega')$

代入式（3.34）中

所以　　　$F(t) = -m\omega\displaystyle\int_0^t \ddot{\delta}_g(\tau) e^{-\xi\omega(t-\tau)}\sin\omega(t-\tau)\mathrm{d}\tau \tag{3.35}$

水平地震作用是时间 t 的函数，它的大小随时间 t 而变化，在结构抗震设计中并不需要求出每一时刻的地震作用数值，而只求出水平地震作用的绝对最大值，设 F 表示水平地震作用的绝对最大值，则

$$F(t) = m\omega\left|\int_0^t \ddot{\delta}_g(\tau) e^{-\xi\omega(t-\tau)}\sin\omega(t-\tau)\mathrm{d}\tau\right| \tag{3.36}$$

这里令

$$S_a = \omega\left|\int_0^t \ddot{\delta}_g(\tau) e^{-\xi\omega(t-\tau)}\sin\omega(t-\tau)\mathrm{d}\tau\right|_{\max} \tag{3.37}$$

令　　　　　　　　　　　$S_a = \beta|\ddot{\delta}_g|_{\max}$

因为

$$K = \frac{|\ddot{\delta}_g|_{\max}}{g}$$

所以　　　　　　　　　　　$S_a = \beta K g$

式中：S_a 为质点绝对加速度绝对最大值；$|\ddot{\delta}_g|_{max}$ 为地面运动加速度最大值；β 为动力放大系数；K 为地震系数；g 为重力加速度。

$$P_H = mS_a = m\beta Kg = K\beta G \tag{3.38}$$

式中：G 为质点的重力荷载代表值（标准值）。

上式是计算单自由度弹性体系水平地震作用的基本公式，在水运工程抗震设计中对于板梁式、无梁面板式和实体墩式的高桩码头可以按此公式求作用的质点上的水平地震作用力 P_H。由式（3.38）可知求 P_H 的关键在于求出 K、β 这两个参数，下面来讨论地震系数 K 的确定方法。

2. 地震系数 K

地震系数 K 是地面运动最大加速度（绝对值）与重力加速度之比，即

$$K = \frac{|\ddot{\delta}_g|_{max}}{g} \tag{3.39}$$

也就是以重力加速度为单位的地面运动最大加速度，显然地面运动加速度 $\ddot{\delta}_g(t)$ 愈大，地震的影响就会愈强烈，所以地震烈度就愈大，地震系数与地震烈度有关，它们都是表示地震强弱程度的参数，因此可以找到它们之间的对应关系（表 3.1）。

表 3.1　　　　　　　　　　　　　　水平向地震系数 K_H

地震烈度	7 度	8 度	9 度
地震系数 K_H	0.1	0.2	0.4

3. 动力系数 β

动力系数 β 是单质点弹性体系在地震作用下最大反应加速度与地面最大加速度之比。即

$$\beta = \frac{S_a}{|\ddot{\delta}_g|_{max}} \tag{3.40}$$

也就是质点最大反应加速度比地面最大加速度放大的倍数。所以动力系数又可表达成

$$\beta = \frac{\omega}{|\ddot{\delta}_g|_{max}} \left| \int_0^t \ddot{\delta}_g(\tau) e^{-\xi\omega(t-\tau)} \sin\omega(t-\tau) d\tau \right|_{max} \tag{3.41}$$

工程设计中通常将频率用自振周期表示，即

$$\omega = \frac{2\pi}{T}$$

所以

$$\beta = \frac{2\pi}{T} \frac{\omega}{|\ddot{\delta}_g|_{max}} \left| \int_0^t \ddot{\delta}_g(\tau) e^{-\xi\omega(t-\tau)} \sin\omega(t-\tau) d\tau \right|_{max} \tag{3.42}$$

β 值是由反应谱曲线和结构自振周期 T 来确定的，下一节将详细介绍反应谱理论及其确定方法。

3.3　地震反应谱概念、计算与应用

3.3.1　地震反应谱概念

地震反应谱理论基于将一个理想化的单质点、单自由度弹性体系的地震反应来代表结构的地震反应这一简化思想，并同时体现地震动及结构自身动力特性的影响。从概念上来讲，地震反应谱是指单自由度弹性体系最大地震反应与体系自振周期 T 之间的关系曲线，根据体系地震反应内容的不同，又可分为位移反应谱、速度反应谱及加速度反应谱等 3 种形式。在结构抗震设计中，通常采用绝对加速度反应谱，简称地震反应谱 $S_a(T)$。$T = 2\pi/\omega$，为体系的自振周期。由单质点系统动力方程式（3.5）的杜哈梅（Duhamel）积分得到地震加速度反应谱的表达：

$$S_a(T) = |\ddot{\delta}_g(t) + \ddot{\delta}(t)|_{\max} = \omega \left| \int_0^t \ddot{\delta}_g(\tau) e^{-\xi\omega(t-\tau)} \sin\omega(t-\tau) d\tau \right|_{\max}$$

$$= \frac{2\pi}{T} \left| \int_0^t \ddot{\delta}_g(\tau) e^{-\xi\omega(t-\tau)} \sin\frac{2\pi}{T}(t-\tau) d\tau \right|_{\max} \tag{3.43}$$

3.3.2　地震反应谱计算

反应谱是指单质点系对于实际地面运动的最大反应（可用加速度、速度或位移来表示）与体系自振周期之间的函数关系。

由式（3.16）可知，对一给定的实际地面地震动时程曲线 $\ddot{\delta}_g(t)$ 和体系的自振频率 ω（或自振周期 $T = 2\pi/\omega$）及阻尼比 ξ，通过杜哈梅积分，可以求得体系各反应量的时程（Time history）曲线。图 3.10 上示有承受同一地面运动的 3 种不同单质点系的位移反应的计算结果。从图可以看出，这 3 种结构具有相同阻尼比（$\xi = 0.02$），而具有不同自振周期 T，它们在同样的地面加速度时程 $\ddot{\delta}_g(t)$ 作用下，表现出完全不同的地震反应，可以发现它们的峰值和频率特性都不相同。从这些时程曲线的外形来看，当体系自振周期 T 较长时，反应中长周期的分量较大；当自振周期较短时，反应中短周期的分量较大。用同样的方法可以求得速度 $\dot{\delta}(t)$ 和加速度 $\ddot{\delta}_g(t)$ 的这类时程曲线组。

在工程设计中，人们最关心的是结构的最大反应（最大位移、最大速度和最大绝对加速度，均指绝对值），例如，最大位移为

$$S_d = |\delta(t)|_{\max} = \frac{1}{\omega} \left| \int_0^t \ddot{\delta}_g(\tau) e^{-\xi\omega(t-\tau)} \sin\omega(t-\tau) d\tau \right|_{\max} \tag{3.44}$$

式中：S_d 为相对位移反应谱。

图 3.10 上的 3 条位移反应时程曲线上都可找到各自最大（绝对值）位移反应 s_d。对某一范围 T 值重复进行这种计算（保持 ξ 不变），就可得到一系列最大位移反应量，将其作为体系自振周期 T 的函数作图，就得到了相对位移反应谱，如图 3.10 最下面方框中的曲线所示。按以上方法对速度和加速度做类似的计算，即可得到相对速度反应谱 s_v 和绝对加速度反应谱 S_a。

为了计算和应用的方便，通常将式（3.45）所示的速度反应谱 s_v 变换为式（3.46）

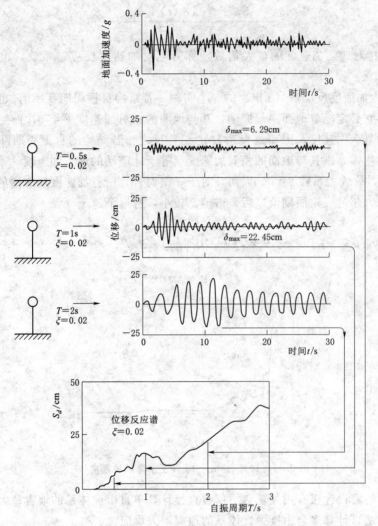

图 3.10 位移反应谱计算（El Centro 地震，1940.5.18）

所示的伪速度反应谱 S_{vp}：

$$S_v = \left| \int_0^t \ddot{\delta}_g(\tau) e^{-\xi\omega(t-\tau)} \cos\omega(t-\tau) d\tau \right|_{max} \tag{3.45}$$

$$S_{vp} = \left| \int_0^t \ddot{\delta}_g(\tau) e^{-\xi\omega(t-\tau)} \sin\omega(t-\tau) d\tau \right|_{max} \tag{3.46}$$

则相对位移反应谱 S_d、伪相对速度反应谱 S_{vp}、绝对加速度反应谱 S_a 三者之间具有如下关系：

$$S_a = \omega S_{vp} = \omega^2 S_d \tag{3.47}$$

应当指出，伪速度反应谱 S_{vp} 与速度反应谱 s_v 的差别一般是不大的。

上述反应谱还习惯上用反应谱值与地震动的最大值之比来表示，形成无量纲的反应谱，这类反应谱常称为标准反应谱。如将加速度反应谱用 S_a 与地震动最大加速度 $|\ddot{\delta}_g(t)|_{max}$ 的比值来表示，即

$$\beta = \frac{S_a}{|\ddot{\delta}_g(t)|_{\max}} = \frac{|\ddot{\delta}(t) + \ddot{\delta}_g(t)|_{\max}}{|\ddot{\delta}_g(t)|_{\max}} \tag{3.48}$$

式中：β 为结构对地面加速度的放大倍数，称为绝对加速度反应谱系数，也叫动力放大系数。

图 3.11 为加速度反应谱（β 谱）的一个实例。若结构自振周期 $T=0$，也就是完全刚性的物体，那它必定随着地面一起振动，其与地面的相对加速度等于 0，而绝对加速度就等于地震动的最大加速度，因而放大系数 $\beta=1$；反之，若结构的自振周期 $T=\infty$，也就是无限柔性的物体，则其与地面的相对加速度就等于地震动的最大加速度，而绝对加速度反应则等于 0，故放大系数 $\beta=0$。因而，对于 β 谱而言，所有加速度反应谱的起点均与纵轴相交于 1 处，超过一定周期值以后，谱值都较小，且逐渐趋于 0。

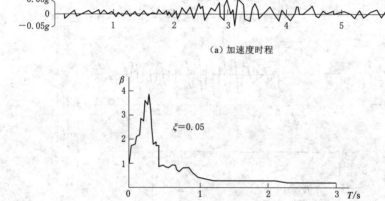

（a）加速度时程

（b）反应谱

图 3.11　1975 年 2 月 15 日辽宁海城地震曲线

反应谱对抗震设计很有用处，它不仅可直接计算单自由度体系的地震最大反应，而且通过振型叠加法可计算多自由度弹性体系的地震最大反应。

3.3.3　地震反应谱的应用

3.3.3.1　水平地震作用

地震时，结构受到的水平地震作用可用结构水平方向的惯性力来等效表示。因此，对于给定的水平地震动 $\ddot{\delta}_g(t)$，结构受到的最大水平地震作用力 F 为

$$F = |F(t)|_{\max} = m|a|_{\max} = m|\ddot{\delta}_g(t) + \ddot{\delta}(t)|_{\max} = mS_a$$

$$= mg\left(\frac{|\ddot{\delta}_g(t)|_{\max}}{g}\right)\left(\frac{S_a}{|\ddot{\delta}_g(t)|_{\max}}\right) = Gk\beta = \alpha G \tag{3.49}$$

式中：m 为结构质量；a 为结构绝对加速度；g 为重力加速度；G 为结构重力，$G=mg$；k 为地震系数，地震动最大加速度与重力加速度之比，即 $k=\dfrac{|\ddot{\delta}_g|_{\max}}{g}$；$\alpha$ 为水平地震影响系数，地震系数与动力放大系数的乘积，即 $\alpha=k\beta=\dfrac{S_a}{g}$。

可见，对于给定的水平地震动时程，一旦地震反应谱确定，就可依结构自振周期选择相应谱值 S_a 来计算结构受到的最大水平地震作用，并用它来对结构进行抗震验算。同时，从水平地震影响系数 α 和动力放大系数 β 的定义可以看出，绝对加速度反应谱 S_a 与 α 谱和 β 谱的曲线形状特征是完全一致的，只是 α 谱值比 S_a 谱值缩小了 g 倍，β 谱值比 S_a 谱值缩小了 $|\ddot\delta_g|_{max}$ 倍而已，从而使得 α 谱和 β 谱成为无量纲的系数谱。

3.3.3.2 设计反应谱

从上可知，反应谱可以很方便应用于结构的地震作用计算和结构的抗震验算，但其影响因素复杂，除与结构自身动力特性有关外，还受地震动的振幅、频谱特征等的影响。同时，地震动是一个复杂的随机过程，不同的地震记录，地震反应谱不同，即使在同一地点、同一烈度，每次的地震记录也不一样，地震反应谱也不同。所以，用某一次地震记录得到的反应谱作为结构地震作用计算或抗震验算的依据是不合理的。因此，为满足一般建筑的抗震设计要求，恰当的方法是根据大量强震记录并按场地类型及震中距大小计算出每条记录的反应谱曲线，并按形状因素进行分类，然后通过统计分析，求出最有代表性的平均曲线，并以此作为设计反应谱。我国《建筑抗震设计规范》（GB 50011—2010）中采用的设计反应谱曲线就是根据上述方法得出的。

我国国家标准《建筑抗震设计规范》（GB 50011—2010），采用地震影响系数 α 曲线即 α 谱作为设计反应谱，其形式如图 3.12 所示。从式（3.49）可以看出，地震影响系数 α 实际是结构体系地震时的最大加速度反应与重力加速度的比值，同时也可理解为地震时作用在结构上的最大地震作用与结构自重的比值。因此，在设计反应谱上得到结构的地震影响系数 α 后，乘以结构自身重量即可得到结构所受的最大水平地震作用。

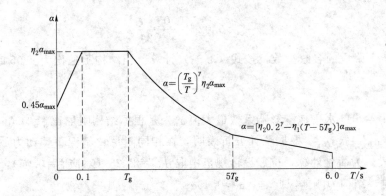

图 3.12　国家标准《建筑抗震设计规范》地震影响系数曲线

图 3.12 中的地震影响系数曲线由 4 部分构成：①直线上升段（$0 \leqslant T < 0.1$）；②水平段（$0.1 \leqslant T \leqslant T_g$）；③曲线下降段（$T_g < T \leqslant 5T_g$）；④直线下降段（$5T_g < T < 6.0$）。

图中曲线各参数的含义分别是：纵轴 α 为地震影响系数；横轴 T 为结构自振周期；α_{max} 为水平地震影响系数最大值，按表 3.2 取用；T_g 为场地特征周期（设计特征周期），与场地条件和设计地震分组有关，按表 3.3 取用；η_2 为阻尼调整系数，按式（3.50）计算，当小于 0.55 时，取 0.55。

$$\eta_2 = 1 + \frac{0.05 - \xi}{0.08 + 1.6\xi} \tag{3.50}$$

式中：ζ 为结构阻尼比，一般情况下，建筑结构阻尼比取为 0.05，此时，$\eta_2 = 1.0$。

表 3.2   水平地震影响系数最大值

地震影响	设 防 烈 度			
	6 度	7 度	8 度	9 度
	影 响 系 数			
多遇地震	0.04	0.08 (0.12)	0.16 (0.24)	0.32
罕遇地震	0.28	0.50 (0.72)	0.90 (1.20)	1.40

注　括号中的数值分别用于设计基本地震加速度为 $0.15g$ 和 $0.30g$ 的地区。

表 3.3   特 征 周 期 值

设计地震分组	场 地 类 别				
	I_0	I_1	II	III	IV
	周 期 /s				
第一组	0.20	0.25	0.35	0.45	0.65
第二组	0.25	0.30	0.40	0.55	0.75
第三组	0.30	0.35	0.45	0.65	0.90

注　计算地震烈度为 8 度、9 度的罕遇地震作用时，特征周期应增加 0.05s。

η_1 为直线下降段斜率调整系数，按式（3.51）计算，小于 0 时取 0。当结构阻尼比为 0.05 时，$\eta_1 = 0.02$。

$$\eta_1 = 0.02 + \frac{0.05 - \xi}{4 + 32\xi} \tag{3.51}$$

γ 为曲线下降段的衰减指数，按式（3.52）计算。当结构阻尼比为 0.05 时，$\gamma = 0.9$。

$$\gamma = 0.9 + \frac{0.05 - \xi}{0.3 + 6\xi} \tag{3.52}$$

表 3.2 中给出的水平地震影响系数最大值 α_{max} 是根据结构阻尼比 $\xi = 0.05$ 制定的。由 $\alpha = k\beta$，可得 $\alpha_{max} = k\beta_{max}$。根据统计分析表明，在相同阻尼比情况下，动力放大系数 β_{max} 的离散性不大。为简化计算，抗震设计规范中取 $\beta_{max} = 2.25$（对应 $\xi = 0.05$），当结构自振周期 $T = 0$ 时，结构为刚体，此时，$\alpha \approx 0.45\alpha_{max}$。

建筑物重力荷载代表值 G_E 应根据结构计算简图中划定的计算范围，取计算范围内的结构和构件的永久荷载标准值和各可变荷载组合值之和。各可变荷载的组合值系数按表 3.4 采用。地震时，结构上的可变荷载往往达不到标准值水平，计算重力荷载代表值时可以将其折减。由于重力荷载代表值是按荷载标准值确定的，因此按式（3.53）计算出的地震作用也是标准值。

$$G_E = G_k + \sum \phi_i Q_{ki} \tag{3.53}$$

式中：G_E 为体系质点重力荷载代表值；G_k 为结构或构件的永久荷载标准值；Q_{ki} 为结构的第 i 个可变荷载标准值；ϕ_i 为第 i 个可变荷载的组合值系数，按表 3.4 采用。

表 3.4 可变荷载组合值系数

可 变 荷 载 种 类		组合值系数
雪荷载		0.5
屋面积灰荷载		0.5
屋面活荷载		不计入
按实际情况考虑的楼面活荷载		1.0
按等效均布荷载考虑的楼面活荷载	藏书库，档案库	0.8
	其他民用建筑	0.5
吊车悬吊物重力	硬钩吊车	0.3
	软钩吊车	不计入

3.3.3.3 水平地震作用的计算步骤

根根设计反应谱，可以比较容易地确定结构所受的地震作用，计算步骤如下：

（1）根据计算简图确定结构的重力荷载代表值 G_E 和自振周期 T。

（2）根据结构所在地区的设防烈度、场地类别及设计地震分组，按表 3.2 和表 3.3 确定反应谱的水平地震影响系数最大值 α_{max} 和特征周期 T_g。

（3）据结构的自振周期，按图 3.12 中确定地震影响系数 α。

（4）按式（3.49）计算水平地震作用 F 值。

【例 3.1】 如图 3.13（a）所示单层单跨厂房，屋盖刚度无穷大，屋盖自重标准值为 880kN，屋面雪荷载标准值 200kN，忽略柱自重，柱抗侧移刚度系数 $k_1 = k_2 = 3.0 \times 10^3 \text{kN/m}$，结构阻尼比 $\xi = 0.05$，I 类建筑场地，设计地震分组为第二组，抗震设防烈度为 8 度，设计基本地震加速度 $0.20g$。求厂房在多遇地震时的水平地震作用。

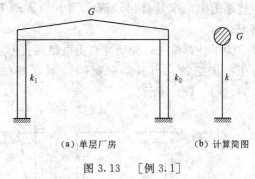

（a）单层厂房 （b）计算简图

图 3.13 ［例 3.1］

解： 因质量集中于屋盖，故结构计算时可简化为如图 3.13（b）所示的单质点体系。

（1）确定重力荷载代表值 G 和自振周期 T。由表 3.4 可知，雪荷载组合值系数为 0.5，所以

$$G = 880 + 200 \times 0.5 = 980 \text{(kN)}$$

质点集中质量

$$m = G/g = 980/9.8 = 100 \times 10^3 \text{(kg)}$$

柱抗侧移刚度为两柱抗侧移刚度之和，即

$$k = k_1 + k_2 = 6.0 \times 10^3 = 6.0 \times 10^6 \text{(N/m)}$$

于是得结构自振周期为

$$T = 2\pi \sqrt{\frac{m}{k}} = 2\pi \sqrt{\frac{100 \times 10^3}{6.0 \times 10^6}} = 0.811 \text{(s)}$$

（2）确定地震影响系数最大值 $\alpha_{\max}$ 和特征周期 T_g。由表 3.2 查得，抗震设防烈度 8 度，在多遇地震时，$\alpha_{\max}=0.16$，由表 3.3 查得，在 Ⅰ 类场地，设计地震分组为第二组时，$T_g=0.30\mathrm{s}$。

（3）计算地震影响系数 α 值。因 $T_g<T<5T_g$，所以 α 处于曲线下降段，α 的计算公式为

$$\alpha=\left(\frac{T_g}{T}\right)^{\gamma}\eta_2\alpha_{\max}$$

当阻尼比 $\xi=0.05$ 时，可得 $\eta_2=1.0$，$\gamma=0.9$，则

$$\alpha=\left(\frac{T_g}{T}\right)^{\gamma}\eta_2\alpha_{\max}=\left(\frac{0.30}{0.811}\right)^{0.9}\times1.0\times0.16=0.065$$

（4）计算水平地震作用。由式（3.49）得
$$F=\alpha G=0.065\times980=63.7(\mathrm{kN})$$

3.4 多自由度结构的地震反应

3.4.1 多自由度结构地震运动方程的建立

前面研究的都是一个自由度的体系，质点的位置由质点的水平位移唯一地决定。多层建筑、地基、土坝均可看作为由许多质点组成的多质点系，或多自由度体系。下面以两质点体系为例，推导得出地震作用下的运动方程式，然后将它推广到多质点体系的一般情况。

为了计算简便，先研究自由振动两自由度体系，如图 3.14（a）所示中的二层钢筋混凝土框架结构，当框架横梁的线刚度视作无限大时，可简化成框架计算简图，如图 3.14（b）、（c）所示。

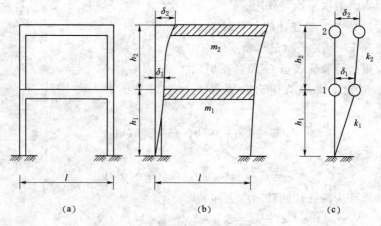

图 3.14 两层框架的计算简图

假定质点在振动过程中只发生水平向的移动而无转动，图 3.14 中 m_2、h_2、k_2 及 δ_2 为顶层框架的质量、层高度、柱的剪切刚度及水平位移；m_1、h_1、k_1 及 δ_1 为底层框架的

质量、层高度、柱的剪切刚度及水平位移。现分别取 m_1、m_2 为隔离体，见图 3.15，根据达朗贝尔原理，可写出微分方程

$$\begin{cases} -m_1\ddot{\delta}_1 - k_1\delta_1 + k_2(\delta_2-\delta_1)=0 \\ -m_2\ddot{\delta}_2 - k_2(\delta_2-\delta_1)=0 \end{cases} \quad (3.54)$$

即

$$\begin{cases} m_1\ddot{\delta}_1 + (k_1+k_2)\delta_1 - k_2\delta_2=0 \\ m_2\ddot{\delta}_2 - k_2\delta_1 + k_2\delta_2=0 \end{cases} \quad (3.55)$$

令 $k_{11}=k_1+k_2$，$k_{12}=-k_2$，$k_{21}=-k_2$，$k_{22}=k_2$。
所以式（3.55）变为

$$\begin{cases} m_1\ddot{\delta}_1 + k_{11}\delta_1 + k_{12}\delta_2=0 \\ m_2\ddot{\delta}_2 + k_{21}\delta_1 + k_{22}\delta_2=0 \end{cases} \quad (3.56)$$

式中包含系数 k_{11}、k_{22}、k_{12}、k_{21}，都有明确的物理意义，即

k_{11}——点 2 保持不动，为使点 1 产生单位位移而在点 1 处所需施加的水平力；

k_{22}——点 1 保持不动，为使点 2 产生单位位移而在点 2 处所需施加的水平力；

k_{12}——点 1 保持不动，由于点 2 产生单位位移而在点 1 处所引起的弹性反力；

k_{21}——点 2 保持不动，由于点 1 产生单位位移而在点 2 处所引起的弹性反力。

观察式（3.56）很容易得出公式中包含了弹性恢复力及质点受到的惯性力。它们可以分别表示为

$$\begin{cases} S_1=k_{11}\delta_1 + k_{12}\delta_2 \\ S_2=k_{21}\delta_1 + k_{22}\delta_2 \end{cases} \quad (3.57)$$

若将其写成矩阵形式：

$$\{S\}=[k]\{\delta\} \quad (3.58)$$

在两自由度体系中 $[k]=\begin{bmatrix} k_{11} & k_{12} \\ k_{21} & k_{22} \end{bmatrix}$，$k_{ij}$ 为刚度系数，它反映结构刚度的大小，它表示 j 质点产生单位位移在 i 质点上产生的弹性恢复力。

两自由度体系在自由振动过程中只受弹性恢复力和惯性力，因此振动方程为（以矩阵形式表示）

$$[m]\{\ddot{\delta}\}+[k]\{\delta\}=0 \quad (3.59)$$

若体系在外力作用下产生振动，并考虑阻尼的影响，参照式（3.14）可以写出含有阻尼系数和外力的动力方程

$$[m]\{\ddot{\delta}\}+[c]\{\dot{\delta}\}+[k]\{\delta\}=\{F\} \quad (3.60)$$

在两自由度体系中，c_{ij} 为阻尼系数，它表示 j 质点发生单位速度时，在 i 质点上引起阻尼力。在两自由度体系中矩阵形式：

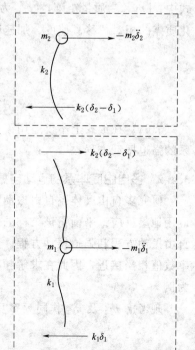

图 3.15 质点 m_1、m_2 为隔离体

$$[R]=[c]\{\dot{\delta}\} \tag{3.61}$$

式中：$[c]$ 为阻尼矩阵，$[c]=\begin{pmatrix} c_{11} & c_{12} \\ c_{21} & c_{22} \end{pmatrix}$。

在两自由度体系中，惯性力为

$$\begin{cases} F_1=m_1(\ddot{\delta}_g+\ddot{\delta}_1) \\ F_2=m_2\{\ddot{\delta}_g+\ddot{\delta}_2\} \end{cases} \tag{3.62}$$

写成矩阵的形式：

$$[F]=\begin{pmatrix} m_1 & 0 \\ 0 & m_2 \end{pmatrix}\{\ddot{\delta}_g\}+\begin{pmatrix} m_1 & 0 \\ 0 & m_2 \end{pmatrix}\{\ddot{\delta}\} \tag{3.63}$$

同理，根据达朗贝尔原理可以写出两自由度体系强迫振动方程：

$$\begin{cases} F_1+R_1+S_1=0 \\ F_2+R_2+S_2=0 \end{cases}$$

将式（3.58）、式（3.61）及式（3.63）代入上式可得

$$\begin{cases} m_1\ddot{\delta}_1+c_{11}\dot{\delta}_1+c_{12}\dot{\delta}_2+k_{11}\delta_1+k_{12}\delta_2=-m_1\ddot{\delta}_g \\ m_2\ddot{\delta}_2+c_{21}\dot{\delta}_1+c_{22}\dot{\delta}_2+k_{21}\delta_1+k_{22}\delta_2=-m_2\ddot{\delta}_g \end{cases}$$

若写成矩阵形式：

$$[m]\{\ddot{\delta}\}+[c]\{\dot{\delta}\}+[k]\{\delta\}=-[m]\{I\}\ddot{\delta}_g \tag{3.64}$$

式中：$[m]$ 为质量矩阵；$[c]$ 为阻尼矩阵；$[k]$ 为刚度矩阵；$\{\delta\}$、$\{\dot{\delta}\}$、$\{\ddot{\delta}\}$ 分别为简化质点的相对位移、速度、加速度向量。

$$\{\ddot{\delta}\}=\{\ddot{\delta}_1\ \ddot{\delta}_2\cdots\ddot{\delta}_n\}^T$$

$$\{\dot{\delta}\}=\{\dot{\delta}_1\ \dot{\delta}_2\cdots\dot{\delta}_n\}^T$$

$$\{\delta\}=\{\delta_1\ \delta_2\cdots\delta_n\}^T$$

式（3.64）在形式上不仅适用于两自由度体系的强迫振动方程，而且也可适用于多自由体系的强迫振动方程。

3.4.2　多自由度体系的运动自振特性

研究多自由度体系自由振动的主要目的之一是求解该结构体系的自振频率，以便可以应用地震反应谱来衡量该结构的地震反应。由前面学到的知识很容易写出多自由度体系的自由振动方程和强迫振动方程。当阻尼值不大时有阻尼体系和相应的无阻尼体系的自振频率数值相当接近，因此在求解频率过程忽略阻尼项，为了简便以两自由度体系的自由振形为例。

现考虑 m_1 及 m_2 作同频率及同相位的简谐振动，则具有下列的解答：

$$\begin{cases} \delta_1(t)=X_1\sin(\omega t+\varphi) \\ \delta_2(t)=X_2\sin(\omega t+\varphi) \end{cases} \tag{3.65}$$

将式（3.65）代入式（3.59）中得

$$\begin{cases}(k_{11}-m_1\omega^2)X_1+k_{12}X_2=0\\ k_{21}X_1+(k_{22}-m_2\omega^2)X_2=0\end{cases} \tag{3.66}$$

式（3.66）为振幅方程，由于振幅 X_1、X_2 不可能同时为 0，所以齐次线性方程组有非 0 解，所以

$$\begin{vmatrix}k_{11}-m_1\omega^2 & k_{12}\\ k_{21} & k_{22}-m_2\omega^2\end{vmatrix}=0 \tag{3.67}$$

所以 $(-m_1\omega^2+k_{11})(-m_2\omega^2+k_{22})-k_{12}k_{21}=0$ 这就是振动频率方程。

此方程是关于 ω^2 的一元二次方程，则 ω^2 的两个正实根为

$$\omega_{1.2}^2=\frac{1}{2m_1m_2}\left[(m_1k_{22}+m_2k_{11})\pm\sqrt{(m_1k_{22}+m_2k_{11})^2-4m_1m_2(k_{11}k_{22}-k_{12}k_{21})}\right] \tag{3.68}$$

其中数值较小者为 ω_1，称第一自振频率；数值较大者为 ω_2，称第二自振频率。相对应的自振周期为，$T_1=\dfrac{2\pi}{\omega_1}$，$T_2=\dfrac{2\pi}{\omega_2}$。

推广到一般的多自由度体系振幅方程变为

$$\begin{cases}(k_{11}-m_1\omega^2)X_1+k_{12}X_2=0\\ k_{21}X_1+(k_{22}-m_2\omega^2)X_2+k_{23}X_3=0\\ \cdots\\ k_{s,s-1}X_{s-1}+(k_{s,s}-m_s\omega^2)X_s+k_{s,s+1}X_{s+1}=0\\ \cdots\\ k_{n,n-1}X_{n-1}+(k_{n,n}-m_n\omega^2)X_n=0\end{cases} \tag{3.69}$$

写成矩阵的形式：
$$|[k]-[m]\omega^2|\{X\}=0（特征方程）$$

这是关于 $\{X\}$ 的齐次方程，$\{X\}=0$ 说明体系没产生振动，无意义，所以由齐次方程有非零解可得。频率方程为

$$|[k]-\omega^2[m]|=0 \tag{3.70}$$

式中：$[k]$ 为刚体矩阵，对于将横梁刚度视作无限大的剪切变形结构，$[m]$ 为质量矩阵。

$$[k]=\begin{bmatrix}k_{11}&k_{12}&&&&0\\ k_{21}&k_{22}&k_{23}\\ &k_{32}&k_{33}&k_{34}\\ &&\cdots\\ &&k_{s,s-1}&k_{s,s}&k_{s,s+1}\\ &&&\cdots\\ 0&&&k_{n,n-1}&k_{n,n}\end{bmatrix}_{n\times n}$$

$$[m]=\begin{pmatrix}m_1&\cdots&0\\ \vdots&\ddots&\vdots\\ 0&\cdots&m_n\end{pmatrix}_{n\times n}$$

式（3.70）展开后是关于频率的 n 次方程，求解后可以求得 n 个正实根。

3.4.3 多自由度体系主振型及其正交性

3.4.3.1 主振型

对于两自由度体系而言，由频率方程可求出 ω_1、ω_2，然后将其分别代入振幅方程，不能求出相应的位移幅值 X_1、X_2，因两式并非是独立的，只能由其中任一式子求出振幅比。

$$\begin{cases} (k_{11}-m_1\omega^2)X_1+k_{12}X_2=0 \\ k_{21}X_1+(k_{22}-m_2\omega^2)X_2=0 \end{cases}$$

即

$$\frac{X_2}{X_1}=\frac{m_1\omega^2-k_{11}}{k_{12}}$$

$$\frac{X_2}{X_1}=\frac{k_{21}}{m_2\omega^2-k_{22}} \tag{3.71}$$

当 $\omega=\omega_1$ 时：

振幅比： $$\frac{X_2}{X_1}=\frac{m_1\omega_1^2-k_{11}}{k_{12}}=\frac{k_{21}}{m_2\omega_1^2-k_{22}}$$

当 $\omega=\omega_2$ 时：

振幅比： $$\frac{X_2}{X_1}=\frac{m_1\omega_2^2-k_{11}}{k_{12}}=\frac{k_{21}}{m_2\omega_2^2-k_{22}} \tag{3.72}$$

因为体系的 ω、m、k、δ 为定值，所以振幅比是一个常数，与时间无关。说明在振动过程中，各质点的比值始终保持不变，对应某一个自振频率就有一个振幅比，体系就按某一弹性曲线形状发生振动，这种振动形式通常称为主振型，简称振型。对应于第一自振频率 ω_1 称为第一振型或基本振型；对应于第二自振频率 ω_2 称为第二振型。

例如若第一振型、第二振型用 $\boldsymbol{\Phi}$ 表示，以两自由度体系的阵形为例：

$$\boldsymbol{\Phi}=\begin{bmatrix} \Phi_1 & \Phi_2 \end{bmatrix}=\begin{pmatrix} X_{11} & X_{12} \\ X_{21} & X_{22} \end{pmatrix}=\begin{pmatrix} 1 & 2 \\ 2 & -1 \end{pmatrix}$$

我们可以按比例绘出该体系的振动图形（图 3.16）。

因为主振型只取决于各集中质点的振幅之间的比值大小，而与这些振幅的绝对值大小无关，所以有时为计算或绘制主振型曲线方便，可令某一集中点振幅为 1.0，其余集中质点的振幅，按相应比值关系做相应的增大或缩小，以保持原来的弹性曲线的形状。

在一般初始条件下，每一个质点上的振动都是由各振型的简谐振动叠加而成的复合振动，而本身不再是简谐振动。质点之间位移的比值也不再是常数，而是随时间变化的。反过来说体系的振动曲线常可分解为若干个主振型的叠加。因此多自由度弹性系的运动方程的解

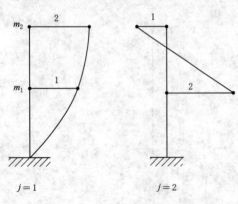

图 3.16 振型

写成

$$\delta_i(t) = \sum_{j=1}^{n} X_{ji}\sin(\omega_j t + \varphi_j)$$

其中每项只是其特解。将其展开数学表达式为

$$\begin{cases} \delta_1(t) = X_{11}\sin(\omega_1 t + \varphi_1) + X_{21}\sin(\omega_2 t + \varphi_2) \\ \delta_2(t) = X_{12}\sin(\omega_1 t + \varphi_1) + X_{22}\sin(\omega_2 t + \varphi_2) \end{cases} \tag{3.73}$$

一般情况下第一振型曲线偏在表示原始位置的竖直线的一个侧面而不与其相交，第二振型曲线有一个穿越点；第三振型的曲线有两个穿越点，以此类推。主振型这个概念很有用，在研究多自由度体系的强迫振动时将用到它。

3.4.3.2 主振型的正交性

从两自由度体系的两个振型状态下的质点受力和变位分析，主振型的弹性曲线可看作是体系按某一频率振动时体系上由相应惯性力所引起的静力弹性曲线形状。如图 3.17 所示，在 ω_1 振型下弹性曲线可以视作由集中质量 m_1、m_2 上分别作用惯性力 $m_1\omega_1^2 X_{11}$、$m_2\omega_1^2 X_{12}$ 产生的静力位移曲线，在 ω_2 振型下弹性曲线可以视作由集中质量 m_1、m_2 上分别作用惯性力 $m_1\omega_2^2 X_{21}$、$m_2\omega_2^2 X_{22}$ 产生的静力位移曲线。

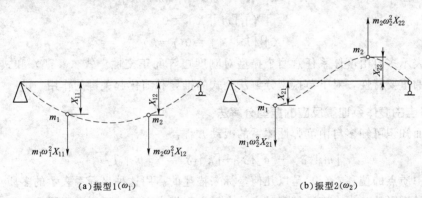

(a) 振型 1 (ω_1)　　　　　　　(b) 振型 2 (ω_2)

图 3.17　两自由度体系的主振型图

根据虚功原理："第一个力在其加力点由于第二个力引起的位移上所做的功等于第二个力在其加力点由第一个力引起的位移所做的功"。则图 3.17（a）中惯性力对此虚位移做的静力虚功为

$$T_{12} = m_1\omega_1^2 X_{11}X_{21} + m_2\omega_1^2 X_{12}X_{22}$$

同理：

$$T_{21} = m_1\omega_2^2 X_{21}X_{11} + m_2\omega_2^2 X_{22}X_{12}$$

$$T_{12} = T_{21}$$

所以

$$m_1\omega_1^2 X_{11}X_{21} + m_2\omega_1^2 X_{12}X_{22} = m_1\omega_2^2 X_{21}X_{11} + m_2\omega_2^2 X_{22}X_{12}$$

$$(\omega_1^2 - \omega_2^2)(m_1 X_{11}X_{21} + m_2 X_{22}X_{12}) = 0$$

因为

$$\omega_1 \neq \omega_2$$

所以

$$m_1 X_{11}X_{21} + m_2 X_{22}X_{12} = 0 \tag{3.74}$$

此式即自由振动两个主振型具有相互正交的特性。对于两个以上的多自由度体系，任意两个振型 j 与 k 之间（$j \neq k$）都有上述正交的特性，可以表示为

$$m_1 X_{j1} X_{k1} + m_2 X_{j2} X_{k2} + \cdots + m_n X_{jn} X_{kn} = 0$$

或
$$\sum_{i=1}^{n} m_i X_{ji} X_{ki} = 0 \tag{3.75}$$

用矩阵表示，则
$$\{\boldsymbol{X}\}_j^{\mathrm{T}} [\boldsymbol{m}] \{\boldsymbol{X}\}_k = 0 (j \neq k) \tag{3.76}$$

其中：
$$\{\boldsymbol{X}\}_j^{\mathrm{T}} = \{X_{j1}, X_{j2}, X_{j3}, \cdots, X_{jn}\}$$

$$\{\boldsymbol{X}\}_k = \begin{Bmatrix} X_{k1} \\ X_{k2} \\ X_{k3} \\ \cdots \\ X_{kn} \end{Bmatrix} \quad [\boldsymbol{m}] = \begin{bmatrix} m_1 & & & \\ & m_2 & & \\ & & \ddots & \\ & & & m_n \end{bmatrix}$$

式（3.76）表示多自由度体系任意两个振型对质量矩阵的正交性。

因为
$$\{[\boldsymbol{k}] - \omega_k^2 [\boldsymbol{m}]\} \{\boldsymbol{X}\}_k = 0$$
$$[\boldsymbol{k}] \{\boldsymbol{X}\}_k = \omega_k^2 [\boldsymbol{m}] [\boldsymbol{X}]_k$$

两面同乘 $\{X\}_j^{\mathrm{T}}$：
$$\{\boldsymbol{X}\}_j^{\mathrm{T}} [\boldsymbol{k}] \{\boldsymbol{X}\}_k = \omega_k^2 [\boldsymbol{X}]_j^{\mathrm{T}} [\boldsymbol{m}] [\boldsymbol{X}]_k$$

由于
$$[\boldsymbol{X}]_j^{\mathrm{T}} [\boldsymbol{m}] [\boldsymbol{X}]_k = 0$$

所以
$$[\boldsymbol{X}]_j^{\mathrm{T}} [\boldsymbol{k}] [\boldsymbol{X}]_k = 0 (j \neq k) \tag{3.77}$$

上式表示多自由度体系任意两个振型对刚度矩阵的正交性。式（3.76）和式（3.77）都是振型的重要特性，对下节振型分解法公式的推导和演化起关键的作用。

3.4.4　多自由度体系地震反应的振型分解法

由前面知识可知多自由度弹性体系的振动方程：
$$[\boldsymbol{m}] \{\ddot{\delta}\} + [\boldsymbol{c}] \{\dot{\delta}\} + [\boldsymbol{k}] \{\delta\} = -[\boldsymbol{m}] \{I\} \ddot{\delta}_g \tag{3.78}$$

此式中质点的位移 $\delta_i(t)$ 是以几何坐标来描述的。用这种坐标系表示的多质点体系的振动方程是耦联的，自由度数较多时会给求解方程带来困难，运用手工运算直接求解几乎是不可能的。若采用坐标变换的方法，利用振型的正交性将方程组解耦，使其变为一组各自独立的方程，而每个方程中只含有一个未知量从而可单独求解，最终会使计算量大大简化。这里提到的坐标变换是指采用振型为基底的广义坐标来描述质点的位移。

若采用以振型为基底的广义坐标来描述质点的位移，就可以利用振型的正交性使多自由度体系的振动方程组内的方程式互相解耦而各自独立，从而使多自由度体系的地震反应计算大大地简化。

3.4.4.1　阻尼矩阵的假定

振动方程组的耦联关系表现在阻尼矩阵 $[\boldsymbol{c}]$ 与刚度矩阵 $[\boldsymbol{k}]$ 中，而质量矩阵和刚度矩阵具有正交性，而阻尼矩阵不具有正交性，为消除阻尼矩阵各质点的耦联作用，通常可将阻尼矩阵 $[\boldsymbol{c}]$ 表示为 $[\boldsymbol{m}]$ 和刚度矩阵 $[\boldsymbol{k}]$ 的线性组合。

即
$$[\boldsymbol{c}] = a[\boldsymbol{m}] + b[\boldsymbol{k}] \quad （a、b 为比例常数） \tag{3.79}$$

3.4.4.2　广义坐标

以如图 3.18 所示的 3 个自由度的悬臂柱为例，在任一时刻 t 各质点的位移分别为

$\delta_1(t)$、$\delta_2(t)$、$\delta_3(t)$，可以用 3 个振型的线性组合来表示：

$$\begin{cases} \delta_1(t) = X_{11}q_1(t) + X_{21}q_2(t) + X_{31}q_3(t) \\ \delta_2(t) = X_{12}q_1(t) + X_{22}q_2(t) + X_{32}q_3(t) \\ \delta_3(t) = X_{13}q_1(t) + X_{23}q_2(t) + X_{33}q_3(t) \end{cases} \tag{3.80}$$

式中：$\delta_i(t)$ 为质点在几何坐标的位移，它是时间 t 的函数；X_{ji} 为第 j 振型的质点 i 处的幅值，以它作为广义坐标的基底；$q_j(t)$ 为第 j 个振型的广义坐标（$j=1$，2，3，…，n）。

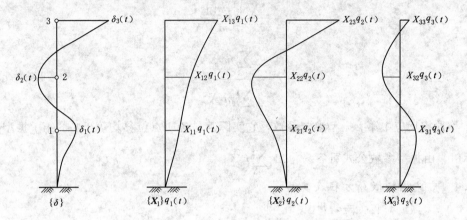

图 3.18 3 个自由度悬臂柱的振型曲线

对任意一时刻 t 来说，若方程式（3.80）中 $\delta_1(t)$、$\delta_2(t)$、$\delta_3(t)$ 已知，就可以解出 $q_j(t)$，反之若 $q_j(t)$ 已知则可求出 $\delta_1(t)$、$\delta_2(t)$、$\delta_3(t)$。因此几何坐标描述的位移与广义坐标描述的位移是可以互为线性变换的。在多自由体系弹性动力反应计算中，通过式（3.80）的线性变换求解几何坐标的未知位移 $\delta_1(t)$ 的问题转化为求解广义坐标 $q_j(t)$ 的问题。式（3.80）写成矩阵：

$$\{\pmb{\delta}\} = \{\pmb{X}_1\}q_1 + \{\pmb{X}_2\}q_2 + \{\pmb{X}_3\}q_3 = \sum_{j=1}^{3} \{\pmb{X}_j\}q_j \tag{3.81}$$

上述为 3 个自由度的几何坐标与广义坐标的关系，推广到 n 个自由度体系时得

$$\{\pmb{\delta}\} = \{\pmb{X}_1\}q_1 + \{\pmb{X}_2\}q_2 + \cdots + \{\pmb{X}_n\}q_n = \sum_{j=1}^{n} \{\pmb{X}_j\}q_j \tag{3.82}$$

或

$$\{\pmb{\delta}\} = [\pmb{X}]\{\pmb{q}\} \tag{3.82a}$$

将上式对时间 t 求导：

$$\{\dot{\pmb{\delta}}\} = [\pmb{X}]\{\dot{\pmb{q}}\} \tag{3.83}$$

$$\{\ddot{\pmb{\delta}}\} = [\pmb{X}]\{\ddot{\pmb{q}}\} \tag{3.84}$$

3.4.4.3 振型参与系数

为了利用阵形的正交性，将式（3.82a）左右两面分别左乘 $\{\pmb{X}_j\}^{\text{T}}[\pmb{m}]$，即得

$$\{\pmb{X}_j\}^{\text{T}}[\pmb{m}]\{\pmb{\delta}\} = \{\pmb{X}_j\}^{\text{T}}[\pmb{m}][\pmb{X}]\{\pmb{q}\} \tag{3.85}$$

因振型对质量矩阵的正交性得：上式除了 $\{\pmb{X}_j\}^{\text{T}}[\pmb{m}]\{\pmb{X}_j\} \neq 0$ 外，其余各项均为 0。

于是可得

$$\{\boldsymbol{X}_j\}^{\mathrm{T}}[\boldsymbol{m}][\boldsymbol{X}]\{\boldsymbol{q}\}=\{\boldsymbol{X}_j\}^{\mathrm{T}}[\boldsymbol{m}]\{\boldsymbol{X}_j\}q_j \tag{3.86}$$

所以根据式（3.85）和式（3.86），得到

$$\{\boldsymbol{X}_j\}^{\mathrm{T}}[\boldsymbol{m}]\{\boldsymbol{\delta}\}=\{\boldsymbol{X}_j\}^{\mathrm{T}}[\boldsymbol{m}]\{\boldsymbol{X}_j\}q_j$$

$$q_j=\frac{\{\boldsymbol{X}_j\}^{\mathrm{T}}[\boldsymbol{m}]\{\boldsymbol{\delta}\}}{\{\boldsymbol{X}_j\}^{\mathrm{T}}[\boldsymbol{m}]\{\boldsymbol{X}_j\}} \tag{3.87}$$

若 $\delta_1=\delta_2=\delta_3=\cdots=\delta_n=1$ 且用 r_j 代替 q_j

则

$$r_j=\frac{\{\boldsymbol{X}_j\}^{\mathrm{T}}[\boldsymbol{m}][\boldsymbol{I}]}{\{\boldsymbol{X}_j\}^{\mathrm{T}}[\boldsymbol{m}]\{\boldsymbol{X}_j\}}$$

或

$$r_j=\frac{\sum\limits_{i=1}^{n}m_i X_{ji}}{\sum\limits_{i=1}^{n}m_i X_{ji}^2} \tag{3.88}$$

r_j 称地震反应中第 j 振型参与系数，它实际上是各质点位移均等于 1 的第 j 振型的广义坐标值。由振型参数公式可容易得出 $\sum\limits_{j=1}^{n}r_j X_{ji}=1$。

3.4.4.4 广义坐标微分方程及其解

$$\begin{cases} [\boldsymbol{c}]=a[\boldsymbol{m}]+b[\boldsymbol{k}] \\ \{\boldsymbol{\delta}\}=\{\boldsymbol{X}_1\}q_1+\{\boldsymbol{X}_2\}q_2+\cdots+\{\boldsymbol{X}_n\}q_n=[\boldsymbol{X}]\{\boldsymbol{q}\} \\ \{\dot{\boldsymbol{\delta}}\}=[\boldsymbol{X}]\{\dot{\boldsymbol{q}}\} \\ \{\ddot{\boldsymbol{\delta}}\}=[\boldsymbol{X}]\{\ddot{\boldsymbol{q}}\} \end{cases}$$

代入 $[\boldsymbol{m}]\{\ddot{\boldsymbol{\delta}}\}+[\boldsymbol{c}]\{\dot{\boldsymbol{\delta}}\}+[\boldsymbol{k}]\{\boldsymbol{\delta}\}=-[\boldsymbol{m}]\{1\}\ddot{\delta}_{\mathrm{g}}$，并左乘以 $\{\boldsymbol{X}_j\}^{\mathrm{T}}$ 各项得：

$$\{\boldsymbol{X}_j\}^{\mathrm{T}}\{[\boldsymbol{m}][\boldsymbol{X}]\{\ddot{\boldsymbol{q}}\}+a[\boldsymbol{m}][\boldsymbol{X}]\{\dot{\boldsymbol{q}}\}+b[\boldsymbol{k}][\boldsymbol{X}]\{\dot{\boldsymbol{q}}\}+[\boldsymbol{k}][\boldsymbol{X}]\{\boldsymbol{q}\}\}=-\{\boldsymbol{X}_j\}^{\mathrm{T}}[\boldsymbol{m}]\{1\}\ddot{\delta}_{\mathrm{g}} \tag{3.89}$$

根据振型的正交性可知

$$\{\boldsymbol{X}_j\}^{\mathrm{T}}[\boldsymbol{m}][\boldsymbol{X}]\{\ddot{\boldsymbol{q}}\}=\{\boldsymbol{X}_j\}^{\mathrm{T}}[\boldsymbol{m}][\boldsymbol{X}_j]\ddot{q}_j$$

$$\{\boldsymbol{X}_j\}^{\mathrm{T}}[\boldsymbol{m}][\boldsymbol{X}]\{\dot{\boldsymbol{q}}\}=\{\boldsymbol{X}_j\}^{\mathrm{T}}[\boldsymbol{m}][\boldsymbol{X}_j]\dot{q}_j$$

$$\{\boldsymbol{X}_j\}^{\mathrm{T}}[\boldsymbol{k}][\boldsymbol{X}]\{\dot{\boldsymbol{q}}\}=\{\boldsymbol{X}_j\}^{\mathrm{T}}[\boldsymbol{k}][\boldsymbol{X}_j]\dot{q}_j=\omega_j^2\{\boldsymbol{X}_j\}^{\mathrm{T}}[\boldsymbol{m}][\boldsymbol{X}_j]\dot{q}_j$$

$$\{\boldsymbol{X}_j\}^{\mathrm{T}}[\boldsymbol{k}][\boldsymbol{X}]\{\boldsymbol{q}\}=\{\boldsymbol{X}_j\}^{\mathrm{T}}[\boldsymbol{k}][\boldsymbol{X}_j]q_j=\omega_j^2\{\boldsymbol{X}_j\}^{\mathrm{T}}[\boldsymbol{m}][\boldsymbol{X}_j]q_j$$

将上述关系式代入式（3.89）中得

$$\{\boldsymbol{X}_j\}^{\mathrm{T}}[\boldsymbol{m}]\{\boldsymbol{X}_j\}\ddot{q}_j+(a+b\omega_j^2)\{\boldsymbol{X}_j\}^{\mathrm{T}}[\boldsymbol{m}]\{\boldsymbol{X}_j\}\dot{q}_j+\omega_j^2\{\boldsymbol{X}_j\}^{\mathrm{T}}[\boldsymbol{m}]\{\boldsymbol{X}_j\}q_j=-\{\boldsymbol{X}_j\}^{\mathrm{T}}[\boldsymbol{m}]\{1\}\ddot{\delta}_{\mathrm{g}}$$

将等式两侧除以 $\{\boldsymbol{X}_j\}^{\mathrm{T}}[\boldsymbol{m}]\{\boldsymbol{X}_j\}$，并引入振型参数 r_j 代入后则可写成：

$$\ddot{q}_j+2\xi_j\omega_j\dot{q}_j+\omega_j^2 q_j=-r_j\ddot{\delta}_{\mathrm{g}} \tag{3.90}$$

$$2\xi_j\omega_j=a+b\omega_j^2,\ \xi_j=\frac{1}{2}\left(\frac{a}{\omega_j}+b\omega_j\right)$$

式中：ξ_j 为第 j 个振型的阻尼比。

根据实测表明，结构各振型的阻尼比数量级相同，数值上高振型略大一些，但为简单起见在抗震分析中常采用一个阻尼比，即假定 $\xi_j=\xi$，比较几何坐标系下的振动方程和广

义坐标系下的振动方程：

$$\ddot{q}_j + 2\xi_j\omega_j\dot{q}_j + \omega_j^2 q_j = -r_j\ddot{\delta}_{\mathrm{g}}$$

$$m\ddot{\delta}(t) + c\dot{\delta}(t) + k\delta(t) = -m\ddot{\delta}_{\mathrm{g}}(t)$$

可得
$$q_j = \frac{-r_j}{\omega_j}\int_0^t \ddot{\delta}_{\mathrm{g}}(\tau)\mathrm{e}^{-\xi_j\omega_j(t-\tau)}\sin\omega_j(t-\tau)\mathrm{d}\tau \tag{3.91}$$

$$q_j = r_j\Delta_j(t) \quad (j = 1,2,3,\cdots,n)$$

$$\Delta_j = \frac{-1}{\omega_j}\int_0^t \ddot{\delta}_{\mathrm{g}}(\tau)\mathrm{e}^{-\xi_j\omega_j(t-\tau)}\sin\omega_j(t-\tau)\mathrm{d}\tau \tag{3.92}$$

至此多自由度体系的运动方程组通过振型分解后，可按单自由度进行计算，其步骤是：

（1）求各振型的自振频率 ω_j、振型幅值 x_{ji}、阻尼比 ξ_j，通常 $\xi_j = \xi$，有阻尼的自振频率 ω_j' 取 $\omega_j' = \omega_j$。

（2）求出各振型参与系数 r_j。

（3）按式（3.92）求出各振型等效单自由度位移地震反应 $\Delta_j(t)$。

（4）最后按下式求原坐标下的质点 i 位移地震反应。

$$\delta_i(t) = \sum_{j=1}^n X_{ji}q_j(t) = \sum_{j=1}^n r_j X_{ji}\Delta_j(t)(j = 1,2,3,\cdots,n) \tag{3.93}$$

理论上分析时采用全部振型，可实际工程中通常只采用频率较小的（因为前几个振型的影响最大），控制了体系的最大反应的前几个振型进行叠加就可以了。

3.4.5 多自由度体系地震反应的逐步积分法

多自由度结构体系的振型叠加法在理论上是简明的，但在具体应用时仍较繁杂，且不适用于多自由度结构的非线性动力分析。应用逐步积分法可以不求多自由度结构体系的自振频率，而直接解出多自由度结构各时刻的位移和应力。

3.4.5.1 线性加速度法（增量法）

1. 基本假定

（1）将已知的输入地震加速度时程按计算时间分成许多足够微小的时间间隔 Δt（例如 $\Delta t = 0.01\mathrm{s}$），可以具体确定各个时刻的输入地震加速度，从而再确定两个相邻时刻之间输入地震加速度增量，并假定在 Δt 时间间隔内地震加速度呈线性变化，那么在各个时刻动力平衡方程计算中输入地震加速度增量在各个时刻分别是个已知的确定值。

（2）在时段 $\Delta t = t_{j+1} - t_j$ 内，假定质点反应加速度 $\{\ddot{\delta}\}$ 呈线性变化（图3.19），即有：

$$\{\dddot{\pmb{\delta}}\}_j = \frac{\{\ddot{\pmb{\delta}}\}_{j+1} - \{\ddot{\pmb{\delta}}\}_j}{\Delta t} = \frac{\{\Delta\ddot{\pmb{\delta}}\}_j}{\Delta t} = \text{常量} \tag{3.94}$$

（3）在计算时段 Δt 内，结构的刚度、阻尼均无改变。

2. 动力方程的增量求解矩阵方程

设在 t_j 与 t_{j+1} 时刻，多自由度体系结构动力方程可表示为

$$[\pmb{M}]\{\ddot{\pmb{\delta}}\}_j + [\pmb{C}]\{\dot{\pmb{\delta}}\}_j + [\pmb{K}]\{\pmb{\delta}\}_j = -[\pmb{M}]\{\ddot{\pmb{\delta}}_{\mathrm{g}}\}_j \tag{3.95}$$

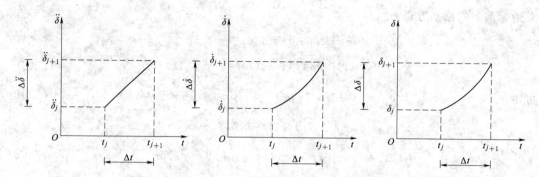

图 3.19 线性加速法中加速度、速度和位移关系变化图

$$[M]\{\ddot{\boldsymbol{\delta}}\}_{j+1}+[C]\{\dot{\boldsymbol{\delta}}\}_{j+1}+[K]\{\boldsymbol{\delta}\}_{j+1}=-[M]\{\ddot{\boldsymbol{\delta}}_{\mathrm{g}}\}_{j+1} \tag{3.96}$$

式（3.96）与式（3.95）相减，可得增量形式的动力平衡方程

$$[M]\{\Delta\ddot{\boldsymbol{\delta}}\}_{j}+[C]\{\Delta\dot{\boldsymbol{\delta}}\}_{j}+[K]\{\Delta\boldsymbol{\delta}\}_{j}=-[M]\{\Delta\ddot{\boldsymbol{\delta}}_{\mathrm{g}}\}_{j} \tag{3.97}$$

为确定 $\{\Delta\ddot{\boldsymbol{\delta}}\}_{j}$、$\{\Delta\dot{\boldsymbol{\delta}}\}_{j}$，现将位移 $\{\boldsymbol{\delta}\}$、速度 $\{\dot{\boldsymbol{\delta}}\}$ 展开 Taylor 级数，于是有

$$\{\boldsymbol{\delta}\}_{j+1}=\{\boldsymbol{\delta}\}_{j}+\frac{\{\dot{\boldsymbol{\delta}}\}_{j}}{1!}\Delta t+\frac{\{\ddot{\boldsymbol{\delta}}\}_{j}}{2!}\Delta t^{2}+\frac{\{\dddot{\boldsymbol{\delta}}\}_{j}}{3!}\Delta t^{3}+\cdots \tag{3.98}$$

$$\{\dot{\boldsymbol{\delta}}\}_{j+1}=\{\dot{\boldsymbol{\delta}}\}_{j}+\{\ddot{\boldsymbol{\delta}}\}_{j}\Delta t+\frac{1}{2}\{\dddot{\boldsymbol{\delta}}\}_{j}\Delta t^{2}+\cdots \tag{3.99}$$

将式（3.94）代入式（3.98）和式（3.99），稍作整理，可得

$$\{\Delta\boldsymbol{\delta}\}_{j}=\{\dot{\boldsymbol{\delta}}\}_{j}\Delta t+\frac{1}{2}\{\ddot{\boldsymbol{\delta}}\}_{j}\Delta t^{2}+\frac{1}{6}\{\Delta\ddot{\boldsymbol{\delta}}\}_{j}\Delta t^{2} \tag{3.100}$$

$$\{\Delta\dot{\boldsymbol{\delta}}\}_{j}=\{\ddot{\boldsymbol{\delta}}\}_{j}\Delta t+\frac{1}{2}\{\Delta\ddot{\boldsymbol{\delta}}\}_{j}\Delta t \tag{3.101}$$

由式（3.100）又可得

$$\{\Delta\ddot{\boldsymbol{\delta}}\}_{j}=6\frac{\{\Delta\boldsymbol{\delta}\}_{j}}{\Delta t^{2}}-6\frac{\{\dot{\boldsymbol{\delta}}\}_{j}}{\Delta t}-3\{\ddot{\boldsymbol{\delta}}\}_{j} \tag{3.102}$$

将式（3.102）代入式（3.101），可得

$$\{\Delta\dot{\boldsymbol{\delta}}\}_{j}=3\frac{\{\Delta\boldsymbol{\delta}\}_{j}}{\Delta t}-3\{\dot{\boldsymbol{\delta}}\}_{j}-\frac{1}{2}\{\ddot{\boldsymbol{\delta}}\}_{j}\Delta t \tag{3.103}$$

将式（3.102）、式（3.103）代入式（3.97），有

$$\left(\frac{6}{\Delta t^{2}}[M]+\frac{3}{\Delta t}[C]+[K]\right)\{\Delta\boldsymbol{\delta}\}_{j}=[M]\left(-\{\Delta\ddot{\boldsymbol{\delta}}_{\mathrm{g}}\}_{j}+\frac{6}{\Delta t}\{\dot{\boldsymbol{\delta}}\}_{j}+3\{\ddot{\boldsymbol{\delta}}\}_{j}\right)$$
$$+[C]\left(3\{\dot{\boldsymbol{\delta}}\}_{j}+\frac{\Delta t}{2}\{\ddot{\boldsymbol{\delta}}\}_{j}\right) \tag{3.104}$$

令

$$[\overline{K}]_{j}=\frac{6}{\Delta t^{2}}[M]+\frac{3}{\Delta t}[C]+[K] \tag{3.105}$$

$$\{\Delta P\}_{j}=[M]\left(-\{\Delta\ddot{\boldsymbol{\delta}}_{\mathrm{g}}\}_{j}+\frac{6}{\Delta t}\{\dot{\boldsymbol{\delta}}\}_{j}+3\{\ddot{\boldsymbol{\delta}}\}_{j}\right)+[C]\left(3\{\dot{\boldsymbol{\delta}}\}_{j}+\frac{\Delta t}{2}\{\ddot{\boldsymbol{\delta}}\}_{j}\right) \tag{3.106}$$

则式（3.104）可表示为

$$[\overline{K}]_j\{\Delta\boldsymbol{\delta}\}_j=\{\Delta\boldsymbol{P}\}_j \tag{3.107}$$

称式（3.107）为动力方程的增量求解矩阵方程。其中，称 $[\overline{K}]_j$ 为增量求解矩阵方程的刚度矩阵，称 $\{\Delta\boldsymbol{P}\}_j$ 为增量求解矩阵方程的荷载向量。由式（3.106）可知，荷载向量 $\{\Delta\boldsymbol{P}\}_j$ 与地震动加速度增量 $\{\Delta\ddot{\boldsymbol{\delta}}_g\}_j$ 及前一时刻的结构地震反应计算值 $\{\dot{\boldsymbol{\delta}}\}_j$、$\{\ddot{\boldsymbol{\delta}}\}_j$ 有关。因此，计算中将出现误差积累现象，严重时可能导致计算结果发散。为减少误差积累，计算加速度增量 $\{\Delta\ddot{\boldsymbol{\delta}}\}_j$ 时通常不使用式（3.102），而是采用式（3.108）。式（3.108）由增量动力平衡方程式（3.97）转化而来。

$$\{\Delta\ddot{\boldsymbol{\delta}}\}_j=-\{\Delta\ddot{\boldsymbol{\delta}}_g\}_j-[\boldsymbol{M}]^{-1}([\boldsymbol{C}]\{\Delta\dot{\boldsymbol{\delta}}\}_j+[\boldsymbol{K}]\{\Delta\boldsymbol{\delta}\}_j) \tag{3.108}$$

求得 $\{\Delta\boldsymbol{\delta}\}_j$、$\{\Delta\dot{\boldsymbol{\delta}}\}_j$ 与 $\{\Delta\ddot{\boldsymbol{\delta}}\}_j$ 后，t_{j+1} 时刻结构之位移、速度、加速度即可表示为

$$\left.\begin{array}{l}\{\boldsymbol{\delta}\}_{j+1}=\{\boldsymbol{\delta}\}_j+\{\Delta\boldsymbol{\delta}\}_j\\\{\dot{\boldsymbol{\delta}}\}_{j+1}=\{\dot{\boldsymbol{\delta}}\}_j+\{\Delta\dot{\boldsymbol{\delta}}\}_j\\\{\ddot{\boldsymbol{\delta}}\}_{j+1}=\{\ddot{\boldsymbol{\delta}}\}_j+\{\Delta\ddot{\boldsymbol{\delta}}\}_j\end{array}\right\} \tag{3.109}$$

3. 计算步骤

(1) 确定初始 $\{\boldsymbol{\delta}\}_j$、$\{\dot{\boldsymbol{\delta}}\}_j$、$\{\ddot{\boldsymbol{\delta}}\}_j$ 和输入地震的加速度增量 $\{\Delta\ddot{\boldsymbol{\delta}}_g\}_j$。

(2) 确定 t_j 时刻的刚度矩阵 $[\boldsymbol{K}]_j$、阻尼矩阵 $[\boldsymbol{C}]$、质量矩阵 $[\boldsymbol{M}]$。

(3) 确定 $[\overline{K}]_j$，采用式（3.105）计算。

(4) 确定 $\{\Delta\boldsymbol{P}\}_j$，采用式（3.106）计算。

(5) 确定 $\{\Delta\boldsymbol{\delta}\}_j$，采用式（3.107）计算。

(6) 确定 $\{\Delta\dot{\boldsymbol{\delta}}\}_j$，采用式（3.103）计算。

(7) 确定 $\{\Delta\ddot{\boldsymbol{\delta}}\}_j$，采用式（3.108）计算。

(8) 确定 t_{j+1} 时刻的 $\{\boldsymbol{\delta}\}_{j+1}$、$\{\dot{\boldsymbol{\delta}}\}_{j+1}$、$\{\ddot{\boldsymbol{\delta}}\}_{j+1}$，采用式（3.109）计算。

(9) 以 $\{\boldsymbol{\delta}\}_{j+1}$、$\{\dot{\boldsymbol{\delta}}\}_{j+1}$、$\{\ddot{\boldsymbol{\delta}}\}_{j+1}$ 作为初始态，重复步骤（2）～（8），计算下一时刻的位移、速度、加速度；按照 Δt 增量，一个一个时段逐步计算，直至遍历地震波时程完毕。

4. 时间步长 Δt 的确定

采用该法求解动力方程时，Δt 要分得足够小，以保证解答的稳定性。由于 Δt 很小，这样就会花费很长的计算时间。线性加速度法为有条件稳定算法，即 Δt 取值大小将影响解的稳定性。为保证获得稳定解，Δt 一般需满足下述条件：

$$\Delta t\leqslant\left(\frac{1}{5}-\frac{1}{10}\right)T_{\min} \tag{3.110}$$

式中：$T_{\min}$ 为结构最短振动周期。

3.4.5.2 Newmark-β 法

Newmark-β 法属于广义线性加速度算法，故其基本假设与线性加速度法相同，Newmark-β 法是将线性加速度法加以修改，引入了 α、β 等 2 个参数。

1. 动力方程的增量求解矩阵方程

将式 (3.94) 代入式 (3.98) 和式 (3.99)，可得

$$\{\boldsymbol{\delta}\}_{j+1} = \{\boldsymbol{\delta}\}_j + \{\dot{\boldsymbol{\delta}}\}_j \Delta t + \frac{1}{2}\{\ddot{\boldsymbol{\delta}}\}_j \Delta t^2 + \frac{1}{6}\{\dddot{\boldsymbol{\delta}}\}_{j+1} \Delta t^2 - \frac{1}{6}\{\dddot{\boldsymbol{\delta}}\}_j \Delta t^2 \tag{3.111}$$

$$\{\dot{\boldsymbol{\delta}}\}_{j+1} = \{\dot{\boldsymbol{\delta}}\}_j + \{\ddot{\boldsymbol{\delta}}\}_j \Delta t + \frac{1}{2}\{\dddot{\boldsymbol{\delta}}\}_{j+1} \Delta t - \frac{1}{2}\{\dddot{\boldsymbol{\delta}}\}_j \Delta t \tag{3.112}$$

用 β 代替式 (3.111) 中 $\frac{1}{6}$、α 代替式 (3.112) 中 $\frac{1}{2}$，稍作整理，有

$$\{\boldsymbol{\delta}\}_{j+1} = \{\boldsymbol{\delta}\}_j + \{\dot{\boldsymbol{\delta}}\}_j \Delta t + \left(\frac{1}{2}-\beta\right)\{\ddot{\boldsymbol{\delta}}\}_j \Delta t^2 + \beta\{\ddot{\boldsymbol{\delta}}\}_{j+1} \Delta t^2 \tag{3.113}$$

$$\{\dot{\boldsymbol{\delta}}\}_{j+1} = \{\dot{\boldsymbol{\delta}}\}_j + (1-\alpha)\{\ddot{\boldsymbol{\delta}}\}_j \Delta t + \alpha\{\ddot{\boldsymbol{\delta}}\}_{j+1} \Delta t \tag{3.114}$$

式 (3.113)、式 (3.114) 中，α、β 取不同值可得不同线性加速度法。取 $\alpha=\frac{1}{2}$、$\beta=\frac{1}{6}$ 可得线性加速度法；取 $\alpha=\frac{1}{2}$、$\beta=\frac{1}{4}$ 可得中点速度法。故称 Newmark−β 法为广义线性加速度法。

类似线性加速度法的推导，可得基于 Newmark−β 法的动力方程的增量求解矩阵方程：

$$[\boldsymbol{K}^*]_j\{\Delta\boldsymbol{\delta}\} = \{\Delta\boldsymbol{P}^*\}_j \tag{3.115}$$

$$[\boldsymbol{K}^*]_j = \frac{1}{\beta\Delta t^2}[\boldsymbol{M}] + \frac{\alpha}{\beta\Delta t}[\boldsymbol{C}] + [\boldsymbol{K}] \tag{3.116}$$

$$\{\Delta\boldsymbol{P}^*\}_j = -[\boldsymbol{M}]\{\Delta\ddot{\boldsymbol{\delta}}_g\}_j + [\boldsymbol{M}]\left(\frac{1}{\beta\Delta t}\{\dot{\boldsymbol{\delta}}\}_j + \frac{1}{2\beta}\{\ddot{\boldsymbol{\delta}}\}_j\right)$$
$$+ [\boldsymbol{C}]\left[\frac{\alpha}{\beta}\{\dot{\boldsymbol{\delta}}\}_j + \Delta t\left(\frac{\alpha}{2\beta}-1\right)\{\ddot{\boldsymbol{\delta}}\}_j\right] \tag{3.117}$$

由式 (3.116) 可确定 $\{\Delta\boldsymbol{\delta}\}_j$。由式 (3.113) 和式 (3.114) 可得

$$\{\Delta\boldsymbol{\delta}\}_j = \{\dot{\boldsymbol{\delta}}\}_j \Delta t + \left(\frac{1}{2}-\beta\right)\{\ddot{\boldsymbol{\delta}}\}_j \Delta t^2 + \beta\{\ddot{\boldsymbol{\delta}}\}_{j+1} \Delta t^2 \tag{3.118}$$

$$\{\Delta\dot{\boldsymbol{\delta}}\}_j = (1-\alpha)\{\ddot{\boldsymbol{\delta}}\}_j \Delta t + \alpha\{\ddot{\boldsymbol{\delta}}\}_{j+1} \Delta t \tag{3.119}$$

对式 (3.118) 和式 (3.117) 进行化简，可得

$$\{\Delta\boldsymbol{\delta}\}_j = \{\dot{\boldsymbol{\delta}}\}_j \Delta t + \frac{1}{2}\{\ddot{\boldsymbol{\delta}}\}_j \Delta t^2 + \beta\{\Delta\ddot{\boldsymbol{\delta}}\}_j \Delta t^2 \tag{3.120}$$

$$\{\Delta\dot{\boldsymbol{\delta}}\}_j = \{\ddot{\boldsymbol{\delta}}\}_j \Delta t + \alpha\{\Delta\ddot{\boldsymbol{\delta}}\}_j \Delta t \tag{3.121}$$

由式 (3.120) 可得

$$\{\Delta\ddot{\boldsymbol{\delta}}\}_j = \frac{1}{\beta\Delta t^2}\left(\{\Delta\boldsymbol{\delta}\}_j - \{\dot{\boldsymbol{\delta}}\}_j \Delta t - \frac{1}{2}\{\ddot{\boldsymbol{\delta}}\}_j \Delta t^2\right) \tag{3.122}$$

将式 (3.120) 代入式 (3.121)，可得

$$\{\Delta\dot{\boldsymbol{\delta}}\}_j = \frac{\alpha}{\beta\Delta t}\left[\{\Delta\boldsymbol{\delta}\}_j - \{\dot{\boldsymbol{\delta}}\}_j \Delta t + \left(\frac{\beta}{\alpha}-\frac{1}{2}\right)\{\ddot{\boldsymbol{\delta}}\}_j \Delta t^2\right] \tag{3.123}$$

为减少误差积累，计算加速度增量 $\{\Delta\ddot{\boldsymbol{\delta}}\}_j$ 时建议采用式（3.124），式（3.124）由增量动力平衡方程式（3.97）转化而来。

$$\{\Delta\ddot{\boldsymbol{\delta}}\}_j = -\{\Delta\ddot{\boldsymbol{\delta}}_g\}_j - [\boldsymbol{M}]^{-1}([\boldsymbol{C}]\{\Delta\dot{\boldsymbol{\delta}}\}_j + [\boldsymbol{K}]\{\Delta\boldsymbol{\delta}\}_j) \qquad (3.124)$$

求得 $\{\Delta\boldsymbol{\delta}\}_j$、$\{\Delta\dot{\boldsymbol{\delta}}\}_j$、$\{\Delta\ddot{\boldsymbol{\delta}}\}_j$ 与后，而 t_{j+1} 时刻多自由度体系结构的位移、速度、加速度可由式（3.125）求得

$$\left.\begin{array}{l}\{\boldsymbol{\delta}\}_{j+1} = \{\boldsymbol{\delta}\}_j + \{\Delta\boldsymbol{\delta}\}_j \\[4pt] \{\dot{\boldsymbol{\delta}}\}_{j+1} = \{\dot{\boldsymbol{\delta}}\}_j + \{\Delta\dot{\boldsymbol{\delta}}\}_j \\[4pt] \{\ddot{\boldsymbol{\delta}}\}_{j+1} = \{\ddot{\boldsymbol{\delta}}\}_j + \{\Delta\ddot{\boldsymbol{\delta}}\}_j \end{array}\right\} \qquad (3.125)$$

2. 计算步骤

(1) 确定初始 $\{\boldsymbol{\delta}\}_j$、$\{\dot{\boldsymbol{\delta}}\}_j$、$\{\ddot{\boldsymbol{\delta}}\}_j$ 和输入地震的加速度增量 $\{\Delta\ddot{\boldsymbol{\delta}}_g\}_j$。

(2) 确定 t_j 时刻的刚度矩阵 $[\boldsymbol{K}]_j$、阻尼矩阵 $[\boldsymbol{C}]_j$、质量矩阵 $[\boldsymbol{M}]$。

(3) 确定 $[\boldsymbol{K}^*]_j$、$[\Delta\boldsymbol{P}^*]_j$，采用式（3.116）和式（3.117）计算。

(4) 确定 $\{\Delta\boldsymbol{\delta}\}_j$，采用式（3.114）计算。

(5) 确定 $\{\Delta\dot{\boldsymbol{\delta}}\}_j$、$\{\Delta\ddot{\boldsymbol{\delta}}\}_j$，采用式（3.123）和式（3.124）计算。

(6) 确定 $\{\boldsymbol{\delta}\}_{j+1}$、$\{\dot{\boldsymbol{\delta}}\}_{j+1}$、$\{\ddot{\boldsymbol{\delta}}\}_{j+1}$，采用式（3.125）计算。

(7) 以 $\{\boldsymbol{\delta}\}_{j+1}$、$\{\dot{\boldsymbol{\delta}}\}_{j+1}$、$\{\ddot{\boldsymbol{\delta}}\}_{j+1}$ 作为初始态，重复步骤（2）~（6）直至计算完毕。

3. 参数 α、β 的选择

分析表明，一般取 $\alpha = \dfrac{1}{2}$、$\beta = \dfrac{1}{8} \sim \dfrac{1}{4}$，即可获稳定解。若取 $\alpha = \dfrac{1}{2}$、$\beta = \dfrac{1}{4}$，则获无条件稳定算法。

复习思考题

1. 什么是结构的地震作用？

2. 影响结构的地震反应的大小的因素有哪些？

3. 结构地震反应指的是什么？

4. 什么是结构的自由度？

5. 什么是单自由度（单质点）弹性体系？

6. 单自由度体系在地震作用下的基本假定是什么？

7. 什么是弹性恢复力？

8. 什么是阻尼力？

9. 什么是惯性力？

10. 单自由度体系的中，脉冲荷载的特点是什么？

11. 什么是地震系数？

12. 什么是动力系数？

13. 什么是地震反应谱？

14. 反应谱与结构自身动力特性有关外，还受哪些因素影响？

15. 绘制《建筑抗震设计规范》中地震影响系数曲线的规律。

16. 水平地震作用的计算步骤？

17. 多自由度弹性体系的振动方程的振型分解法？

18. 多自由度弹性体系的振动方程的逐步积分法？

19. 已知单质点弹性体系，刚度 $k = 21600\text{kN/m}$，质点质量为 $m = 60 \times 10^3 \text{kg}$，试求该体系的自振周期。

20. 对于单自由度体系，结构自振周期 $T = 0.5\text{s}$，质点重量 $G = 200\text{kN}$，建筑场地类别为 Ⅲ 类，试计算结构在多遇地震作用下的水平地震作用。

参考文献

[1] 钱家欢，殷宗泽. 土工原理与计算 [M]. 北京：中国水利水电出版社，1996.

[2] 姚熊亮，戴绍仕. 港口工程结构物抗震 [M]. 哈尔滨：哈尔滨工程大学出版社，2004.

[3] 王显利，孟宪强，李长风，等. 工程结构抗震设计 [M]. 北京：中国科学出版社，2008.

[4] 顾淦臣，沈长松，岑威军. 土石坝地震工程学 [M]. 北京：中国水利水电出版社，2009.

[5] GB 50011—2010 建筑抗震设计规范 [S]. 北京：中国建筑工业出版社，2010.

[6] 胡聿贤. 地震工程学 [M]. 2 版. 北京：地震出版社，2006.

[7] 胡聿贤. GB 18306—2001《中国地震动参数区划图》宣贯教材 [M]. 北京：中国标准出版社，2001.

[8] 陈国兴. 岩土地震工程学 [M]. 北京：科学出版社，2007.

[9] 顾淦臣，沈长松，岑威军. 土石坝地震工程学 [M]. 北京：中国水利水电出版社，2009.

[10] 柳炳康，沈小璞. 工程结构抗震设计 [M]. 武汉：武汉理工大学出版社，2012.

[11] 李爱群，高振世，张志强. 工程结构抗震与防灾 [M]. 北京：中国水利水电出版社，2009.

[12] Kramer S L. Geotechnical earthquake engineering [M]. New Jersey：Prentice Hall，1995.

[13] Day R W. Geotechnical earthquake engineering handbook [M]. New York：McGraw-Hill，2001.

[14] 胡聿贤. 地震安全性评价技术教程 [M]. 北京：地震出版社，1999.

[15] 张新培. 钢筋混凝土抗震结构非线性分析 [M]. 北京：科学出版社，2005.

[16] 李英民，刘立平. 工程结构的设计地震动 [M]. 北京：科学出版社，2011.

[17] 刘明. 建筑结构抗震 [M]. 北京：中国建筑工业出版社，2004.

[18] 薛素铎，赵均，高向宇. 建筑抗震设计 [M]. 北京：科学出版社，2012.

[19] 祝英杰. 建筑抗震设计 [M]. 北京：中国电力出版社，2006.

[20] 龚思礼. 建筑抗震设计手册 [M]. 北京：中国建筑工业出版社，2002.

[21] 李宏男，李忠献，祁皑，等. 结构振动与控制 [M]. 北京：中国建筑工业出版社，2005.

[22] 李荣建，邓亚虹. 土工抗震 [M]. 北京：中国水利水电出版社，2014.

[23] 宋焱勋，李荣建，邓亚虹，等. 岩土工程抗震及隔振分析原理与计算 [M]. 北京：中国水利水电出版社，2014.

[24] GB/T 51336—2018 地下结构抗震设计标准 [S]. 北京：中国建筑工业出版社，2018.

第4章 土的动力学特性

4.1 概述

土的动力学特性是指土体在随时间变化的动荷载作用下所表现出来的不同于静荷载作用的力学特性。本书所主要讨论的地震荷载就是一类典型的随机动荷载，其与动力机械基础的近似等幅简谐荷载及爆破形成的冲击荷载构成了工程界 3 种最主要的动荷载形式。显然，土在动荷载作用下的力学特性除与土体自身特性有关外，在很大程度上还与动荷载的类型及特点密切相关。因此，同样的土体在不同动荷载作用下还可能表现出不同的动力学特性。就地震荷载（地震动）而言，其幅值、频谱及持时等特性都可能影响土体在地震荷载作用下的动力表现。

土是三相体，由固相土颗粒所构成的土骨架和孔隙中的水及空气组成。由于土颗粒之间连接较弱，土骨架结构具有不稳定性，故只有当动荷载及其产生的动变形很小（如动力机器基础下的土体振动），土颗粒之间的连结几乎没有遭到破坏，而土骨架的变形能够恢复时，才可以忽略塑性变形，认为土处于理想的弹性或黏-弹性力学状态。随着动荷载的增大，土颗粒之间的连接逐渐破坏，土颗粒之间产生相对剪切滑移变形，土骨架将产生不可恢复的变形，土越来越明显地表现出塑性特征。当动荷载增大到一定程度时，土颗粒之间的连接和土体结构几乎完全破坏，此时土处于流动或破坏状态。

在动荷载作用下，土颗粒趋于向新的较稳定的位置移动，土体因而产生变形。对于饱和土，当土骨架变形、孔隙减小时，其中多余的水将被挤出。如果土体结构突然破坏，孔隙水压力急剧增长而强度突然丧失，这就是我们常说的振动液化现象，这是饱和土体在动荷载作用下所独有的特性。对于非饱和土，先是孔隙间的气体被压缩，随后是多余的气体和孔隙水被挤出。同时，由于固体骨架与孔隙水之间的摩擦，使得孔隙水和气体的排出受到阻碍，从而使变形延迟，故土的应力变化及变形均是时间的函数。土不仅具有弹塑性的特点，而且还有黏性的特点，可将土视为具有弹性、塑性和黏滞性的黏-弹-塑性体。

此外，还由于土具有明显的各向异性（结构各向异性、应力历史的各向异性），加上土中水的影响，使土的动力学特性变得极其复杂。如土在循环荷载作用下的动应力-应变关系，就具有非线性、滞后性和变形累积性等 3 方面的特点。

4.2 振动与波动

振动是一个物体或质点的运动，波动是一定范围内所有质点的运动；波是振动在介质中的传播过程，振动是波动的根源。换句话说，有一定相位关系的振动的集合就是波动。

　　振动是指物体经过它的平衡位置所作的往复运动或某一物理量在其平衡值附近的来回变动。振动是指一个孤立的系统或质点（也可是介质中的一个质点）在某固定平衡位置附近所做的往复运动，系统离开平衡位置的位移可表示为时间的周期性函数。因此振动曲线常以位移-时间坐标的形式出现。

　　由于介质中的质点与质点之间的联系，可以进行力的传递，因而能量也随着时间在质点间不停地传递，这就形成了波动。波动过程中永远存在着能量的"流动"，因此波动过程就是能量传播的过程，即波是能量传播的一种形式。

4.3　土的动力学特性测试

4.3.1　室内试验

　　目前最常用的室内测定土体动力学特性参数的方法是动三轴试验和共振柱试验。此外还有动单剪试验、动扭剪试验和振动台试验等。无论哪种型式的室内动力试验，其试验系统一般都包括加压系统、激振系统和量测系统三大主要部分。动三轴试验和共振柱试验常常联合进行，动三轴负责测定较大应变范围的动力特性，共振柱负责较小应变范围的动力特性，共同得到土样完整的工程应变范围的动力特性参数。与原位测试相比，室内试验的主要缺点是土样采样过程中容易受到扰动，特别是软土、结构性土及无黏性土。扰动越厉害，则试验测得的力学特性参数与实际相差越远，失去了指导工程实际的意义。

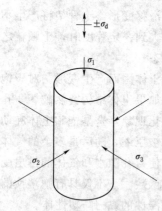

图 4.1　动三轴试验

　　动三轴试验是由静三轴试验发展而来的，是目前最普遍使用的测定土的动力参数的方法。一般所说的动三轴试验是指常规三轴试验，使用如图 4.1 所示的圆柱形试样。通过压力室施加相等的水平向围压并保持恒定，而垂向则施加动荷载来进行试验。试验中记录动应力、动应变和动孔隙水压力等曲线来求取动力特性参数。动三轴试验根据试验目的又可分为逐级循环加载的动模量-阻尼比试验和等幅循环加载的动强度试验。当然，普通动三轴仪通过改造后，亦可在轴向施加类似地震荷载的随机荷载。

　　动单剪试验与常规单剪试验相似，只是缓慢施加的静荷载变成了往复循环的动剪应力，同时测得动剪应变，可直接求得动剪切模量。单剪仪有圆形和方形 2 种，如图 4.2 所示。考虑地震时剪切波垂直入射情况，则动单剪试验使土样的应力状态比较符合现场情况，但边界限制使角上和边上应力集中，剪切面应力分布不均匀，使测得的剪切模量偏低。

　　共振柱试验是对圆柱状或圆筒状试样施加轴向振动或扭转振动，并逐级改变振动频率，测定其发生共振时的共振频率，然后撤掉动荷载，让试样自由振动衰减，记录衰减曲线。最后，依据共振频率和衰减曲线，计算试样的动模量和阻尼比等参数。共振柱试验按试样端部的约束条件不同分为一端固定一端自由和一端固定一端弹簧和阻尼器支承 2 种主

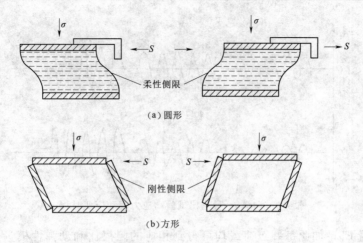

（a）圆形

柔性侧限

刚性侧限

（b）方形

图 4.2 两种单剪仪

要型式，如图 4.3 所示。共振柱试验可以在 $10^{-6} \sim 10^{-3}$ 应变范围测定土样的动力学特性参数，而动三轴试验适合测定大于 10^{-4} 应变范围的参数，所以两者配合即可得到工程所需要的完整应变范围的动力特性学参数。

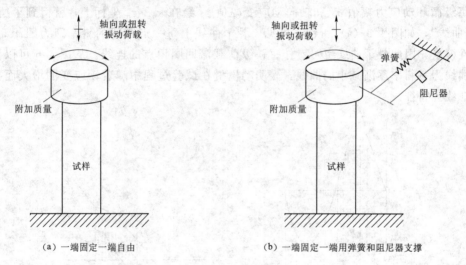

（a）一端固定一端自由　　　　　（b）一端固定一端用弹簧和阻尼器支撑

图 4.3 共振柱试验

4.3.1.1 动三轴试验

常规动三轴试验一般采用饱和试样进行。试样在压力室安装完毕后，先施加等向或非等向固结应力进行固结，固结完成后施加轴向循环动荷载进行试验。试验过程中记录轴向动应力、轴向动应变及动孔隙水压力等时程曲线。前面提到动三轴试验根据试验目的又可分为动模量-阻尼比试验和动强度试验 2 种。若进行动模量-阻尼比试验，则施加的轴向动荷载为逐级增大的循环荷载，一般为 5～6 级，且每个荷载量级振动 4～6 个循环，则试验记录的动应力和动应变时程曲线如图 4.4 所示。

若把同一时刻的动应力和动应变值绘在 $\sigma_d - \varepsilon_d$ 坐标上，那么一周循环荷载就可绘制成一个滞回圈，如图 4.5 所示。由图 4.5 所示的滞回圈即可计算这一级循环荷载的阻尼比

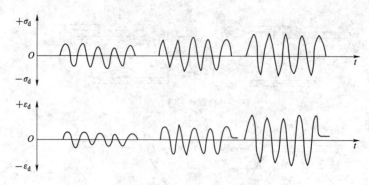

图 4.4 动模量-阻尼比试验动应力及动应变时程

λ 和动弹性模量 E_d，如此每一级荷载均可得到相应的阻尼比和动弹性模量，并最终得到阻尼比和弹性模量的变化曲线，我们一般习惯于将阻尼比和弹性模量表示成每级荷载对应的动应变幅值的函数，即 $\lambda - \varepsilon_d$ 关系曲线和 $E_d - \varepsilon_d$ 关系曲线。显然，土样的阻尼比和动弹性模量在试验过程中随着动应变的变化而变化。从图 4.6 可以看出，动弹性模量 E_d 即为每级循环荷载动应力幅值和动应变幅值点与原点连线的斜率，具有割线模量的特征。如果将每级循环动应力幅值 σ_d 和轴向动应变幅值 ε_d 绘在 $\sigma_d - \varepsilon_d$ 坐标上，就得到了所谓的"骨干曲线"，如图 4.6（a）所示。可见，骨干曲线上每一点割线的斜率即为图 4.5 中的动弹性模量，因此骨干曲线也可看作每一级荷载滞回圈顶点的连线。从图 4.6 可以看出，骨干曲线为一斜率逐渐减小的曲线，表明动模量在试验过程中随着动应变的增大而减小，具有非线性特征。

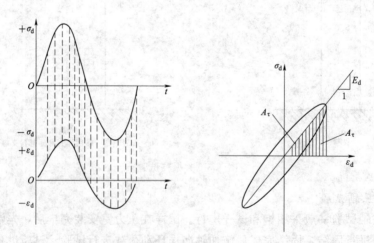

图 4.5 一周动应力和动应变滞回环

经验表明，骨干曲线的形状一般接近双曲线，则有

$$\sigma_d = \frac{\varepsilon_d}{a + b\varepsilon_d} \qquad (4.1)$$

式中：a、b 为常数，且有 $a = 1/E_{max}$，$b = 1/\sigma_{max}$，E_{max}、σ_{max} 分别为双曲线原点切线斜率和水平渐近线值，如图 4.6 所示。

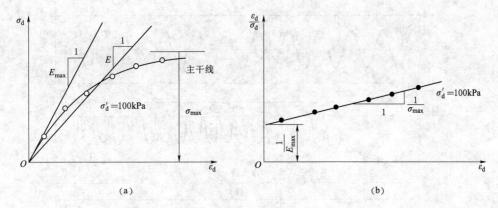

图 4.6 轴向动应力幅值与轴向动应变幅值关系曲线

如果骨干曲线满足式（4.1），则有

$$\frac{\varepsilon_d}{\sigma_d} = a + b\varepsilon_d = \frac{1}{E_{max}} + \frac{1}{\sigma_{max}}\varepsilon_d \tag{4.2}$$

可见，$\frac{\varepsilon_d}{\sigma_d}$-$\varepsilon_d$ 曲线为一直线，如图 4.6（b）所示。直线的斜率为 $b = 1/\sigma_{max}$，截距为 $a = 1/E_{max}$。如此，在试验数据整理时，我们可对 $\frac{\varepsilon_d}{\sigma_d}$ 和 ε_d 进行线性回归，得到直线方程，从而得到骨干曲线的原点斜率和水平渐近线值，进而得到双曲线方程。

对于阻尼比 λ，当采用双曲线模型时，阻尼比 λ 与动弹性模量 E_d 的关系为

$$\lambda = \lambda_{max}\left(1 - \frac{E_d}{E_{max}}\right) \tag{4.3}$$

可见，由于动弹性模量在试验过程中随动应变的增大而减小，所以阻尼比随动应变的增大而增大。

若进行动强度试验，则施加不变的等幅循环动荷载直到试样破坏或达到所设定的破坏条件（如应变条件或孔压条件），此时记录到的动应力、动应变和动孔隙水压力时程曲线如图 4.7 所示，时间也可用振动次数 N 来等效代替。从图 4.7 可以看出，一次试验可以得到一个试样破坏所需的振次（破坏振次 N_f），如果在不同的等幅循环动荷载下试验，就可得到一系列不同的破坏振次，反过来我们也可以说得到了一系列对应不同破坏振次的动强度值。如果将动应力幅值 σ_d 和其对应的破坏振次 N_f 画在 σ_d-N_f 或者 σ_d-$\lg N_f$ 坐标系中，就得到了所谓的"动强度曲线"。

4.3.1.2 共振柱试验

共振柱试验通过给试样施加不同频率的激振力使其进行强迫振动，进而得到土样的共振频率，并基于土柱的一维弹性波动方程求得土样的动模量。如果纵向激振，可直接得到动弹性模量 E_d，并通过换算得到动剪切模量 G_d；如果扭转激振，则可直接得到动剪切模量 G_d，并通过换算得到动弹性模量 E_d。

当圆柱体试样受到顶部施加周期荷载而处于强迫振动时，由于土体的弹性性质，这种振动以波的形式从圆柱体土样的顶部向下传播，使整个土柱处于振动状态。振动引起的位

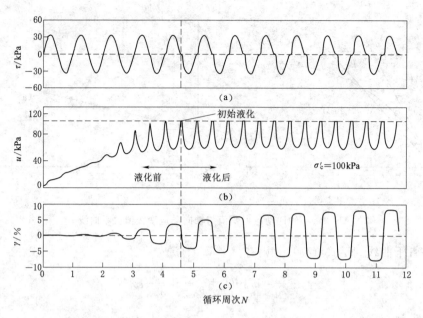

图 4.7 动应力、动应变、动孔压-振次曲线

移（纵向位移 $\overline{u}$ 或角位移 θ）与位置和时间的关系可由弹性介质的一维波动方程来描述，即

纵向激振：
$$\frac{\partial^2 \overline{u}}{\partial t^2} = v_P^2 \frac{\partial^2 \overline{u}}{\partial z^2} \tag{4.4}$$

扭转激振：
$$\frac{\partial^2 \theta}{\partial t^2} = v_S^2 \frac{\partial^2 \theta}{\partial z^2} \tag{4.5}$$

式中：v_P 为纵波在土柱内传播的波速，$v_P = \sqrt{\dfrac{(1-v)E_d}{\rho(1+v)(1-2v)}}$；$v_S$ 为横波在土柱内传播的波速，$v_S = \sqrt{\dfrac{G_d}{\rho}}$；$E_d$ 为土样的动弹性模量；G_d 为土样的动剪切模量；ρ 为土样的密度；v 为泊松比。

通过改变激振频率测得土样的共振频率后，对于一端自由一段固定的共振柱试验，基于式（4.4）和式（4.5）所示的波动方程以及土柱顶底面的位移边界条件，即可得到动剪切模量 G_d 和动弹性模量 E_d 的表达式为

$$G_d = \rho \left(\frac{2\pi f_n h_c}{\beta_S} \right)^2 \tag{4.6}$$

$$E_d = \rho \left(\frac{2\pi f_n h_c}{\beta_P} \right)^2 \tag{4.7}$$

式中：ρ 为土样密度；f_n 为试验的共振频率；h_c 为土样固结后的高度；β_P 为无量纲频率系数，可由土样重量 m 和附加块体重量 m_m 按式 $m/m_m = \beta_P \tan\beta_P$ 求得；β_S 为无量纲频率系数，可由土样质量惯性矩 I 和附加块体质量惯性矩 I_m 按式 $I/I_m = \beta_S \tan\beta_S$ 求得。

对于阻尼比，可以通过撤销激振力，让土样做自由衰减振动，记录如图 4.8 所示的振

幅衰减曲线，并由该曲线按式（4.8）计算阻尼比。亦可通过前述变频率的强迫振动得到如图 4.9 所示的共振幅值-频率曲线，再以 $1/\sqrt{2}$ 的共振峰值截取曲线，得到 2 个频率 f_1 和 f_2，并按式（4.9）求得阻尼比，即所谓频率宽度法。

$$\lambda = \frac{1}{2\pi}\frac{1}{k}\ln\frac{A_n}{A_{n+k}} \tag{4.8}$$

$$\lambda = \frac{f_1 - f_2}{2f_n} \tag{4.9}$$

式中：λ 为阻尼比；k 为计算所取的振动次数；A_n 为停止激振后第 n 次振动的振幅；A_{n+k} 为停止激振后第 $n+k$ 次振动的振幅。f_1、f_2 分别为振幅与频率关系曲线上 $1/\sqrt{2}$ 最大振幅值所对应的频率；f_n 为最大振幅值所对应的频率。

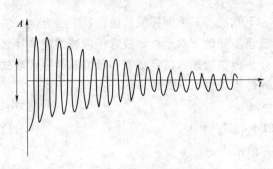
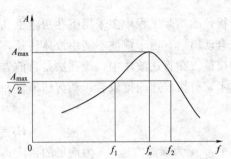

图 4.8　自由振动振幅衰减曲线　　图 4.9　共振柱试验测得的幅频曲线

4.3.2　原位测试

室内试验的优点是可以灵活地控制试验的各种条件，从而达到各种试验目的并获得所需要的参数。但室内试验无一不需要经过取样和制样的过程，这一过程中对土样的扰动将影响试验的结果，使其偏离实际情况。同时，在实验室中，有时也很难完全模拟土体原来的初始应力条件和受力过程中的应力状态，使其试验结果的使用受到一定的限制，而原位测试则基本没有上述问题。但土的动力学特性原位测试方法一般依赖于弹性动力学的理论解答，因而理论上只能在弹性范围内获得合理的土性参数，限制了其在大应变或较大应变情况下的应用。下面介绍 2 种最常用的土体动力学特性原位测试方法。这 2 种方法的本质都是基于波速测试结果，利用弹性波动理论解答去反求土体的动力学特性参数，如动弹性模量和剪切模量等。

4.3.2.1　直达波法

直达波法又称波速法或钻孔法，即利用钻孔直接测得波在介质中传播的波速，然后根据弹性波动理论来计算介质动弹性模量 E_d 和动剪切模量 G_d 等参数的原位测试方法。计算波速时，假设波沿直线传播，依据波传播的距离和历时来计算波速。直达波法根据振源和拾振器的位置不同，又可分为跨孔法、上孔法和下孔法，各方法示意图如图 4.10 所示。

跨孔法至少需要 2 个钻孔，其中一个孔放置震源激振，而拾振器在另外一个或多个孔同层接收。跨孔法在钻孔深度范围内可测得每一层土的波速（P 波或 S 波），进而求得每一层土的动模量。上孔法和下孔法又统称检层法或单孔法，因上孔法拾振器置于地表易受

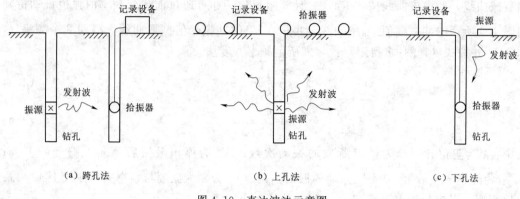

（a）跨孔法 （b）上孔法 （c）下孔法

图 4.10 直达波法示意图

干扰，故实际工程中多采用下孔法。上孔法和下孔法均只能测得波传播路径中所有地层的综合动模量。由于横波不能由液体传播，其波速不受地下水干扰，故常用横波波速来计算动模量。在直达波法中，跨孔法是目前岩土介质剪切波速测试最适宜和最可靠的原位测试技术。剪切波速测得以后，动剪切模量和动弹性模量可用下式计算：

$$G_d = \rho v_S^2 \tag{4.10}$$
$$E_d = 2(1+\mu)G_d \tag{4.11}$$

式中：v_S 为横波波速；ρ 为地层的密度；μ 为泊松比。

4.3.2.2 表面波法

直达波法原理简单，测试结果可靠，但需要钻孔才能进行测试，而表面波法则可克服这一缺点，无须钻孔，因而又称为无损检测法（图 4.11）。表面波法测试时，激振器和拾振器均置于地表，通过激振器激发一定频率 f 的竖向振动产生瑞利面波（R 波），通过拾振器确定瑞利波的波长 L，则瑞利波的波速 v_R 为

$$v_R = Lf \tag{4.12}$$

由式（4.12）得到 R 波波速 v_R 后，根据均匀弹性半空间波动理论，得到 S 波波速后，与直达波法一样，根据式（4.10）和式（4.11）即可得到介质的动模量参数。

实际的地层并非均匀的弹性半空间，在层状介质中，瑞利波将具有所谓的"弥散特性"，即瑞利波的波速与频率相关。也就是采用不同频率激振时，将测得不同的瑞利波波速，进而可得到瑞利波波速与频率之间的关系曲线，即所谓的 R 波"弥散曲线"。通过瑞利波的弥散曲线可反演得到土层的剪切波速结构，并得到瑞利波影响深度内各层土的动模量参数。测得 R 波弥散曲线的方法又分为"稳态激振法"和"瞬态激振法"2 种。瞬态激振法是早期使用的方法，工作量大。瞬态激振法又称表面波谱分析法（SASW 法），通过一次激振下两只拾振器的多频信号进行表面波频谱分析（Spectral analysis of surface wave）来得到 R 波弥散曲线，是现在较为常用的方法。

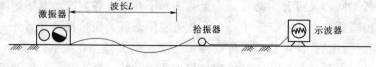

图 4.11 表面波法示意图

前面介绍了几种常用的测定土体动力学特性参数的室内试验和原位测试方法，通过这些方法可以得到土体的一些基本的动力学特性参数，如动剪切模量、弹性模量和阻尼比等。同时，通过前面的介绍我们也知道，土体的动力学参数是动应变的函数，因此了解每一种试验和测试方法产生的应变幅值水平，对我们正确地选择试验或测试手段以及合理地使用试验或测试得到的动力学参数具有十分重要的实际意义。图 4.12 给出了常用室内试验和原位测试方法以及实际地震荷载作用下土的剪应变范围，可供参考。

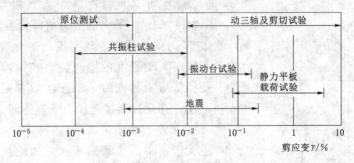

图 4.12 各类试验测试土的剪应变范围

4.4 土的动强度特性

4.4.1 动荷作用下土体的速率效应与循环效应

土的动强度是随着动荷载作用速率效应和循环效应的不同而不同的。速率效应常使动强度提高，循环效应常使动强度减低。

1. 动荷载作用的速率效应

如果在三轴试验中，以不同的速率加载，如图 4.13 所示，则随着加载速率的增大，土的强度也增大。这种强度的增大随含水量的增大而越加显著。干燥时的快速加载与慢速加载所得的内摩擦角几乎没有差别。

由此可见，在快速加载时，土的动强度都大于静强度。许多研究指出，变形模量和极限强度甚至可以增大 1.1～3 倍。这种现象不仅出现在无黏性土中，而且也发生在黏性土中。Casagrande 和 Shanan 于 1984 年对曼彻斯特干砂所做的试验以及 Seed 和 Lundgren 于 1954 年对一种细砂的饱和试样所做的试验都发现了这种强度增大（15%～20%）和变形模量增大（30%）的现象。快速加载引起动强度增大的现象在黏性土中更加显著，且在高含水量时最大，低含水量时最小。究其原因，土在动荷载作用下的变形滞后效应和缺乏良好排水条件将与土的动强度增长的出现有着密切的关系。

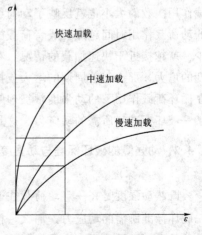

图 4.13 加载速率的影响

2. 动荷载作用的循环效应

在周期加载试验中，如果试样在压力 σ_r 下做均等固结后，先加静荷载至某一应力 σ_s（大于侧向压力 σ_r，但小于破坏强度 σ_f），然后施加动应力 σ_d，则当控制每组试验的振动循环次数 N 相同，改变动应力 σ_d 的幅值时，可以得出如图 4.14（a）、(b)、(c) 所示的动应力-动应变曲线。可见，随着动应力 σ_d 的增高，动应变将逐渐增大（相当于 A、B、C 点），图 4.14（d）中最大的应力值即为静荷载 σ_s 和振动循环次数 N 时的动强度。动强度的变化规律为：振动循环次数相同时，动强度的增长随着初始静应力的增大而减小；初始静应力相同时，动强度随着振动循环次数的增大而减小，并且逐渐接近或小于静强度。

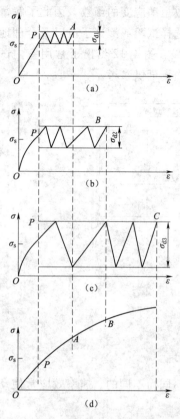

图 4.14 一定振次下的动应力-动应变曲线

3. 对动强度的基本认识

综上关于速率效应和循环效应的论述，并结合其他类似的研究结果，可以对动强度作出如下的认识，即土的动强度是随着动荷载作用的速率效应和循环效应而不同的。速率效应会使土的动强度比静强度有所增大，循环效应会使土的动强度比静强度有所减小。因此，循环效应常更引起人们的注视。此时，要使试样在动荷载作用下产生某一定的应变，可以采用低循环次数下高的动应力，也可以采用高循环次数下低的动应力。而土的强度总是和一定限度的应变相联系，因此动强度就应该针对相应的振动循环次数来讨论。振动循环次数越低，动强度越高；振动循环次数越高，动强度越低。要使试样在一次动荷载作用下产生一个给定的应变自然要比在 10 次动荷载作用下产生同样应变需要更大的动应力。在动荷载作用周期一定的情况下，动荷载作用次数的大小也就反映了动荷载作用历时的长短。周期越短，同样的作用次数，代表的动荷载作用时间越短，或者荷载施加越快。由此可见，动荷载作用的周期越短，振次越少，就越接近于快速加载的情况。在上述关于强度概念的基础上，如果快速加载引起了强度的增大，那么随着周期的增大或振次的增多，其强度的增长率必然逐渐降低。因此，土在循环荷载作用下的动强度常被理解为一定动荷载振动次数下产生某一破坏应变（或满足某一破坏标准）所需的动应力。这是一个非常重要的概念。

4.4.2 动强度的破坏标准与动强度曲线

1. 破坏标准

既然动强度是在一定动荷载往返作用次数 N 下土产生某一指定破坏应变 ε_f 或满足某一破坏标准所需的动应力，那么，很显然，如果这个破坏应变的数值或破坏标准不同，相应的动强度也就不同，即动强度与破坏标准是密切相关的。因此，合理地指定破坏标准是讨论土动强度问题的前提。

对于饱和土的不排水试验，其破坏标准除常用变形达到破坏应变的所谓"应变标准"外，将动孔隙水压力达到某种发展程度作为破坏标准（称为孔压标准），将土出现极限平衡条件作为破坏标准（称为极限平衡标准），将动荷载作用过程中变形开始急速转陡作为破坏标准（称为屈服标准），这3种方法也常被采用。对于非饱和土的试验，它多用除孔压标准以外的标准，如应变标准、极限平衡标准或屈服破坏标准。

2. 动强度曲线

在不同破坏标准下得到的土动强度规律，均常表示为达到上述某种破坏标准时的振次 N_f 与作用动应力 σ_d 间的关系，即 $\sigma_d - \lg N_f$ 曲线，或表示为 $\dfrac{\sigma_d}{\sigma_{3c}} - \lg N_f$ 曲线，称为土的动强度曲线（图4.15）。

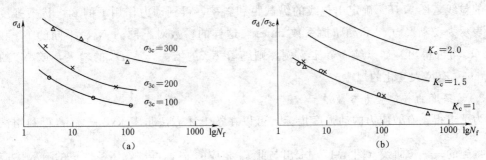

图 4.15 动强度曲线

由于影响土动强度的因素主要有土性、静应力状态和动应力三个方面，故土的动强度曲线除需标明不同的破坏标准外，尚需标明它的土性条件（如密度、湿度和结构）和起始静应力状态$\left(\text{如固结应力} \sigma_{1c}、\sigma_{3c} \text{或} \sigma_v'，\text{固结应力比} K_c = \dfrac{\sigma_{1c}}{\sigma_{3c}}，\text{或起始剪应力比} \dfrac{\tau_0}{\tau_{3c}}\right)$。对饱和砂土的试验表明，固结应力比 $K_c = \dfrac{\sigma_{1c}}{\sigma_{3c}}$ 相同时，$\sigma_d - \lg N_f$ 曲线随平均固结主应力 σ_m（或 σ_{3c}）的增大而增高。但如按 $\dfrac{\sigma_d}{\sigma_{3c}}$ 对 $\lg N_f$ 作图，则对于相同的固结应力比 K_c，不管 σ_{3c} 的大小如何，试验的点基本上会落到同一条 $\dfrac{\sigma_d}{\sigma_{3c}} - \lg N_f$ 曲线上，而且，应力比越大（即起始剪应力越大），动强度曲线越高。此外，密度越大，动强度越高；粒度越粗，动强度越大。对黏性土的试验，常因其结构强度的影响，在相同 K_c 但不同 σ_{3c} 的条件下，往往得不到归一化，甚至得不到动强度随 K_c 增大而增大的单一规律，需要依据情况作出具体的分析。

4.4.3 动强度的总应力参数与有效应力参数

1. 动强度的总应力参数

应该指出，根据上述的动抗剪强度曲线，也可对饱和砂土求出动力抗剪强度指标 c_d 及 φ_d，称之为动黏聚力和动内摩擦角。当按总应力方法整理强度指标成果时，对于一定

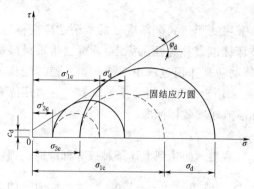

图 4.16　动强度的总应力参数

密度 D_r、一定应力比 K_c 和一定应力循环次数 N 的情况，可以由图 4.15（b）查得相应的动强度比 $\left(\dfrac{\sigma_d}{\sigma_{3c}}\right)_N$，然后，对于某一确定的 σ_{3c}，由 K_c 算出相应的 σ_{1c}，再由查得的 $\left(\dfrac{\sigma_d}{\sigma_{3c}}\right)_N$ 算出对应于此组 σ_{3c} 和 σ_{1c} 的 σ_d，将此动应力 σ_d 加到 σ_{1c} 上，即可得到动力破坏条件下的主应力 $\sigma_{1d} = \sigma_{1c} + \sigma_d$ 和 $\sigma_{3d} = \sigma_{3c}$，作出一个摩尔圆。如此，当对不同的 σ_{3c} 作出各自的上述摩尔圆时，即可由

它们的包线（图 4.16）确定出包线的纵截距和斜率，得到动力作用下的 2 个抗剪强度参数，表示为动黏聚力 c_d 和动摩擦系数 $\tan\varphi_d$。这样的参数对不同的 N_f、不同的 K_c 和不同的 D_r 均可得出。如以纯净砂土为例，则随着 K_c 的增大，或 D_r 的增大，或 N_f 的减小，$\tan\varphi_d$ 有增大变化的规律。

2. 动强度的有效应力参数

为了求得土有效应力的动强度指标，可以在按上述方法步骤求出 σ_d 后，再利用试验测算得到的 $\dfrac{u_d}{\sigma_{3c}}$--$\dfrac{\sigma_d}{\sigma_{3c}}$ 曲线（图 4.17）求出与此 σ_d 相应的 u_d，再按破坏条件下的有效主应力 $\sigma'_{1d} = \sigma_{1c} + \sigma_d - u_d$ 和 $\sigma'_{3d} = \sigma_{3c} - u_d$ 作出有效应力的莫尔圆（对不同的 σ_{3c} 可以得到几个摩尔圆），由不同 σ_{3c} 下有效应力莫尔圆的强度包线即可求出动力条件下土的有效应力强度指标，表示为 c'_d 和 $\tan\varphi'_d$，如图 4.18 所示。

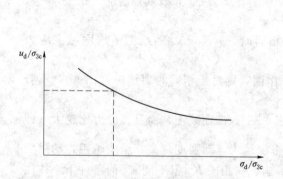

图 4.17　动孔压比与动应力比间的关系

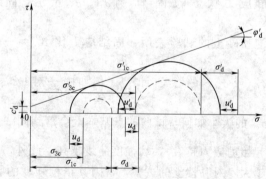

图 4.18　有效应力的应力强度指标

试验表明，有效应力的动强度指标不仅在量值上要大于总应力的动强度指标，而且它的内摩擦角在大小上和有效应力的静强度指标基本一致。这是一个非常有用的结论。但因在邻近动强度破坏时，土的变形速率很大，有一定速率效应引起的动黏滞应力，使得动黏聚力有所增大。尽管这时的动黏滞力有限，但因此时土已只具有很小的强度，动黏滞力在定性分析中仍会起到明显的作用。

4.5 土的动孔压特性与预测模型

动荷载作用下孔隙水压力的不断发展是液化发生的必要条件，同时也是土体强度变化的根本因素。土体的动强度和承载力本质上仅与有效应力相关，而在总应力一定的情况下，有效应力又与孔隙水压力互为消长。因此，研究动荷载作用下土中孔隙水压力的发展变化规律就显得极为重要。目前国内外学者已提出了多种孔压的发展模型，下面简要介绍最常用的 2 种模型：应力模型和应变模型。

4.5.1 动孔压的应力模型

顾名思义，应力模型一般将孔压和施加的动应力联系起来，通常把孔压表达为应力和振动次数的函数。如 Seed 和 Martin 等（1975）根据饱和砂土在等压固结条件下的不排水动三轴试验资料，得到了如图 4.19 所示的动孔隙水压力与振动次数的关系曲线，在此基础上，提出了一种计算动孔压的应力模型，在土体各向等压固结时可表示为

$$\frac{u}{\sigma_0'} = \frac{2}{\pi}\arcsin\left(\frac{N}{N_L}\right)^{\frac{1}{2\theta}} \tag{4.13}$$

式中：u 为动孔隙水压力；σ_0' 为初始有效固结应力；N_L 为初始液化时的振动次数；θ 为经验系数，与土的类型和密度有关，通常可取 0.7（相当于图 4.19 中的虚线）。

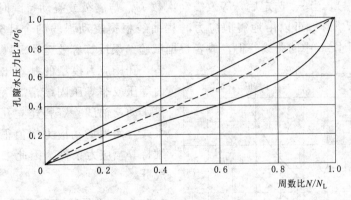

图 4.19 孔压比随加荷周数比增长的关系曲线

非等压固结时，有时无法确定出土体初始液化时的振动次数 N_L，因此常用孔隙水压力达到初始有效固结压力一半时的振动次数 N_{50} 来代替 N_L，考虑到此种情况下固结比及初始剪应力状态对孔压的影响，Finn 和 Lee 等（1977）对式（4.13）进行了修正，得到

$$\frac{u}{\sigma_0'} = \frac{1}{2} + \frac{1}{\pi}\arcsin\left[\left(\frac{N}{N_{50}}\right)^{\frac{1}{\alpha}} - 1\right] \tag{4.14}$$

$$\alpha = \alpha_1 + K_c\alpha_2 \tag{4.15}$$

$$K_c = \sigma_{1c}'/\sigma_{3c}' \tag{4.16}$$

式中：σ_0'、σ_{1c}' 分别为侧向和竖向初始有效固结压力；K_c 为固结应力比；α_1、α_2 为经验系数，与土的种类和密度有关，可由试验确定。

徐志英和沈珠江（1981）将式（4.13）和式（4.14）进行了简化，等向固结时为

$$\frac{u}{\sigma_v'} = \frac{2}{\pi} \arcsin\left(\frac{N}{N_L}\right)^{1/2\theta} \tag{4.17}$$

不等向固结时:

$$\frac{u}{\sigma_v'} = \frac{2}{\pi}\left(1 - m\frac{\tau_0}{\sigma_v'}\right)\arcsin\left(\frac{N}{N_L}\right)^{1/2\theta} \tag{4.18}$$

式中:u 为动孔隙水压力;σ_v' 为竖向有效初始固结应力。

对式 (4.18) 求微分,可得孔隙水压力的增量公式:

$$\Delta u = \frac{\sigma_v'(1 - m\tau_0/\sigma_v')}{\pi\theta N_L \sqrt{1 - \left(\frac{N}{N_L}\right)^{1/\theta}}}\left(\frac{N}{N_L}\right)^{(1/2\theta-1)}\Delta N \tag{4.19}$$

其中液化周数 N_L 可通过液化试验曲线或用下列半对数公式求取:

$$N_L = 10\frac{(b - \tau_{av}/\sigma_v')}{a} \tag{4.20}$$

式中:τ_0 为初始剪应力;m 为反映孔压随初始应力比 τ_0/σ_v' 递减的一个经验系数,一般在 1~1.3 之间;ΔN 为该时段内的等效振动次数,可按经验取值;a、b 为经验常数,与土体的抗液化性质有关;τ_{av} 为平均剪应力,一般取为该时段最大剪应力 τ_{max} 的 0.65 倍。

不规则荷载作用下的震动次数在计算时一般化为等效震动次数 N_{eq}(指在液化破坏方面等效对应于 τ_{av}),当 τ_{av} 选定后,等效震动次数 N_{eq} 与震级或震动持续时间有关。计算等效震动次数 N_{eq} 时,可以由地震剪应力时程曲线根据震动强弱的合理分配方法求得,也可以直接从图 4.20 中的曲线获得,或者根据试验结果反算等效震动次数。

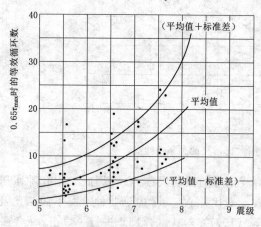

图 4.20 等效周数与震级的关系

孔压应力模型的基本出发点是基于室内等压或非等压固结情况下的等幅循环不排水动三轴试验资料建立孔压与振次的关系式。而现场动应力幅值很复杂,不可能维持等幅应力条件,因此带有一定的经验成分。

4.5.2 动孔压的应变模型

应变模型一般将孔压与某种应变联系起来,过去常采用排水时的体应变作为变化量,目前不少学者主张用剪应变。这类模型中最著名的是 Martin、Finn 和 Seed(1975)根据排水和不排水循环剪切试验结果建立起来的一种模型(图 4.21),认为不排水条件下的振动孔隙水压力等于排水时永久体积变形与回弹模量的乘积,即

$$\Delta u = \overline{E}_r \Delta\varepsilon_{vd} \tag{4.21}$$

其中

$$\overline{E}_r = \frac{(\sigma_v')^{1-m}}{mk_0(\sigma_{v0}')^{n-m}} \tag{4.22}$$

$$\Delta\varepsilon_{vd}=C_1(\gamma-C_2\varepsilon_{vd})+\frac{C_3\varepsilon_{vd}^2}{\gamma+C_4\varepsilon_{vd}} \tag{4.23}$$

式中：$\Delta\varepsilon_{vd}$ 为一个应力循环所引起的塑性体积应变，仅同累积体积应变 ε_{vd} 有关；ε_{vd} 为累积永久压缩体积应变；$\overline{E_r}$ 为有效应力为 σ_v' 时的回弹模量；σ_{v0}' 为初始有效应力；k_0、m、n 为试验系数，可由一组卸载曲线根据不同的初始垂直应力 σ_{v0}' 求得；C_1、C_2、C_3、C_4 为系数，可由排水周期剪切试验确定。

孔压的应变模型可以在一定程度上解决应力模型中出现的矛盾，并且直接和动力分析中的应变幅联系起来，因此目前它已成为孔压研究的一个重要方向。不过应该指出，上述 Matin - Finn -

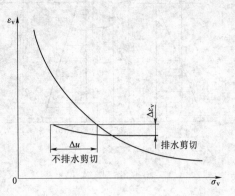

图 4.21 Martin - Finn - Seed 模型示意图

Seed（1975）模型计算饱和砂土孔隙水压力发展的方法，并不反映真正的变化机理，原则上只适用于在静力上处于压缩状态、在动力上处于剪切或纯剪状态的土体，对于其他情况需对其作相应的修正。

4.6 土的振动液化与判别

4.6.1 液化及其表现形式

1. 液化

液化即任何物质转变为液态的行为或过程。液化是一个形象术语，可用来描述地震发生后观察到的各种土体宏观液化震害现象。从土的动力学特性的角度出发，液化一般指较松散而饱和的土在动荷载或地震作用下丧失其原有强度和承载力而转变为类似液体状态的这一力学过程和效果。液化是一种特殊的土体动强度问题，以强度的骤然大幅丧失为基本特征。强度丧失的主要原因是动荷载作用下土体结构破坏体积压缩，从而产生振动孔隙水压力使有效应力减小甚至完全丧失。根据饱和砂土的液化机理，液化一般又可分为流动液化、循环液化和砂沸 3 种。流动液化一般仅发生在较为松散的剪缩性饱和无黏性土体中，随着体积的持续剪缩，孔隙水压力迅速和持续上升，抗剪强度骤降导致土体出现大规模的无限制流动现象和变形。循环液化一般发生在中密或较密的饱和土体中，在动荷载作用初期，土体剪缩使孔隙水压力上升，但随后的循环剪切过程中由于土体剪胀和剪缩交替出现导致孔隙水压力时升时降而形成间歇性液化和有限流动。砂沸即我们通常所说的喷水冒砂现象，当土中孔隙水压力超过上覆土重时就会发生。此过程与土体的体积变化无关，取决于土体中的水头分布。

2. 液化的表现形式

（1）喷水冒砂。土中有效应力转化为孔隙压力之后，水头增高了许多，当水头高出地面时就会喷涌而出（图 4.22），先水后砂或水砂一并涌出地面，形如喷泉。喷水冒砂使农

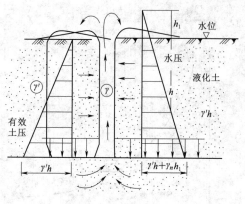

图 4.22 喷水冒砂

田淤沙，或阻塞水井、水渠，但对工程结构而言危害不如其他液化形式大。

（2）上浮。液化后的土像液体一样，处于土中的物体会受到浮力作用而上浮形成破坏，如水池、地下管道等这类物体会上抬，或造成底板或地板上鼓、裂缝。此外，由于液体压力是没有方向性的，因此地下结构的侧压力也会急剧增大，常造成井壁、地下室外墙的破坏。

（3）地基下沉、不均匀沉降。液化时孔隙水压上升，土中有效应力减少，使土的抗剪强度降低，地基承载力下降甚至完全丧失。基础外侧首先液化，基础下方的土失去侧向支承，地基失效而产生很大的下沉或不均匀沉降，使得建筑物下沉、倾斜、开裂甚至完全倒塌。

（4）侧向扩展与流滑。当液化地层倾斜且具有一定的临空面时，就有可能形成侧向扩展现象。如图 4.23 所示的河流中、下游的冲积层，层面往往略向河心倾斜。液化后，液化层上覆土自重在倾斜方向的分力，还有水平地震力导致已液化层与上覆非液化层一起向河流方向侧向流动，这种现象就称为侧向扩展（Lateral spreading）。侧向扩展发生时，往往在地表土层形成一系列垂直于流动方向的近似平行分布的拉张裂缝。侧向扩展通常发生于倾斜度小于 5°的平缓岸坡或海滨，给港口与滨河、滨岸的设施与建筑带来很大危害。

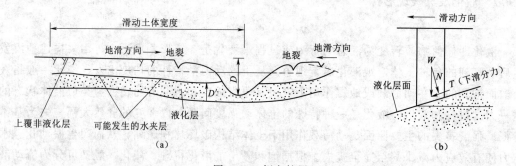

图 4.23 侧向扩展

对于含液化土的土坡，地震时由于液化和水平地震力作用，可能会形成大规模的滑坡，这种现象叫流滑。流滑如果发生在人口聚居区，则会产生巨大的财产损失和人员伤亡。

4.6.2 液化机理与条件

无黏性土的抗剪强度是由颗粒间的有效应力 σ' 产生的，即

$$\tau = \sigma' \tan\varphi \tag{4.24}$$

如果土体较为松散，则振动时剪缩，体积变小。如果此时孔隙水不能及时排出，就会形成振动孔隙水压力 u 而承担了部分或全部的总应力 σ，结果使颗粒间的有效压力 σ' 降低

甚至消失。当 $u=\sigma$ 时，土的抗剪强度变为

$$\tau=(\sigma-u)\tan\varphi\approx0 \tag{4.25}$$

此时土体瞬间变为接近于流体的状态，狭义的液化是即指在无黏性土中所发生的这种典型现象。

从上面的分析可以看出，土体的振动液化必须具备 3 个基本条件：①动荷载的强度要足以破坏土体结构；②土体结构破坏后的体积具有变小的趋势，即所谓剪缩；③土体的排水条件必须有利于孔隙水压力的增长，即排水不畅甚至处于不排水状态。从液化机理分析，以上 3 个条件缺一不可。

4.6.3 地震液化的影响因素

从上述液化机理与条件分析可知，影响地震液化的因素主要包括如下 4 个方面。

1. 土性条件

土性条件是土体发生地震液化的物质基础，所以在同样的外在条件下，有的土会液化，而有的则不会。影响土体地震液化的主要土性条件有土体的密实程度、颗粒组成、透水性及结构特征等。

（1）密实程度。在砂土与粉土类中并非所有的砂土、粉土都会液化，这首先决定于它们的相对密实程度。一般来讲，相对密度越高，抗液化能力越强。相对密度较好的土体在振动荷载作用下体积压缩的趋势不明显甚至反向剪胀，因而孔压上升不明显甚至不升反降，这样就不会发生液化。因此一般会液化的土是密实度不太高的砂土和粉土。

（2）颗粒级配。颗粒级配反映土的粒度体特征，其中平均粒径 D_{50}、不均匀系数 C_u 是主要影响因素。一般而言，土的颗粒越粗，动力稳定性越好。在其他条件相同时，由粗砂到粉细砂，抗液化能力逐渐减弱。颗粒级配越好，不均匀系数越大，则土的抗液化能力越强，级配均匀的土最容易液化，而不均匀系数大于 10 的砂土一般较难发生液化。

（3）透水性。透水性主要是指土的渗透系数。渗透性大的土，排水迅速，有利于孔压消散，因而不易液化。所以像砂砾、碎石等一般不容易发生液化。

（4）结构特征。结构特征包含土的颗粒排列组合及粒间连接情况。一般来讲，黏粒含量越高，黏性越大，则土越不易液化，因为黏性使土的粒间连接加强（胶结好），当土中黏粒含量增大到一定程度后（如 10%），土体液化的可能性就会显著降低。因此实践中遇到的液化土多为砂土、粉土等无黏性或黏性很弱的土类，几乎见不到黏性土液化的现象。此外，由土颗粒排列组合决定的结构稳定性也是影响液化可能性的重要因素，如原状土比重塑土难液化，老地层比新地层难液化。

2. 地震荷载条件

地震荷载是地震液化的外在诱发因素。地震动的幅值、频谱和持时均可能影响地震液化发生的可能性。

（1）振动幅值。地震动幅值是表征振动强度的最直接物理量，可以用位移、速度或加速度任一参量来表示。振动强度如果不能引起土体结构的破坏从而产生体缩趋势，就不会引起液化。因而震级在 5 级及其以下的地震，烈度在 6 度及其以下的地区，很少发现液化现象，因为振动强度不够。

（2）振动持时。振动时间的长短直接决定着振动次数（当频率一定），而动力循环次

数的多少又决定土体变形累积和孔隙水压力的增长程度，从而决定着土的液化与否。从地震运动来说，振动持时或振动次数则是震级大小的间接指标。

（3）频谱特征。地震动时程中的频率成分组成以及各组分的能量大小直接影响着场地地基与结构的各种可能的协同作用（如共振或类共振、能量反馈等）。此外，频率和幅值对地震加速度具有相同效应，因而高频低幅的振动与高幅低频的振动一样可以引发地震液化。

3. 初始应力条件

地震时土体中的应力状态是地震荷载与土体初始应力状态的耦合，因此在同样地震荷载作用下，土体的初始应力状态很大程度上决定了其发生地震液化的可能。土所受的上覆有效压力越大，则液化的可能性越小。因此，基础的附加应力是有助于抗液化的，使基础下方的土的抗液化能力高于基础外同标高的土。三轴试验表明，初始固结压力比越大则抗液化强度越高。因此，实际地层中主应力 σ_1 与 σ_3 的比值也是影响液化的一个因素，一般而言，当 $\sigma_1 > \sigma_3$ 时土的抗液化能力比 $\sigma_1 = \sigma_3$ 时要高。但如果比值远大于 1，使土体中的初始剪应力过大，则会产生不利影响，使其更容易液化。这需要综合考虑初始应力与地震应力的耦合。

4. 排水条件

这里指的排水条件除前述土体自身渗透特性外，还包括土层地震时的排水路径及排水边界条件等影响因素。土层排水条件直接影响地震时孔隙水压力的积累，因此，一般来讲，土体渗透性好、排水路径短、排水边界畅通则抗液化能力强，因为上述条件均不利于孔隙水压力的累积和增长。

4.6.4　液化状态判别

什么样的状态才算是达到了液化，这个问题在不同的场合有不同的判别标准。

（1）在现场，一般依据液化的宏观震害现象的观察来判断是否发生液化。即以是否有液化产生的地面破坏迹象，如喷砂冒水、地面沉降、地裂、侧向扩展等作为判定液化的标准。这种判定方法虽然可能漏掉一些局部的程度较轻的液化点，但因其造成的震害轻，因而这种"误判"是可以接受的。

（2）在室内试验中，一般有孔压和应变 2 种判别标准。对于无黏性土，一般以孔压达到围压 σ_3 为破坏标准；对于轻亚黏土，常常孔压未达到 σ_3 时试样已产生可观的变形，因而取试样竖向应变达到一定值（如 5% 或 10%）作为液化标准。

4.7　土的动应力-应变特性

4.7.1　土的动应力应变关系的基本特征

土的动应力-应变关系（动本构关系）是解决土体动荷载作用下变形问题的理论基础。由于土是三相体，且具有明显的各向异性（结构各向异性、应力历史的各向异性），加上动荷载作用下土中水的特殊影响，使土的动应力-应变关系表现得极其复杂。土在动荷载作用下的变形不仅具有弹塑性的特点，而且还有黏性特点，可将土体视为黏-弹-塑性体。

试验表明，在周期荷载作用下，土的动应力-应变关系具有非线性、滞后性和变形累积性这 3 方面的基本特性（图 4.24～图 4.26）。

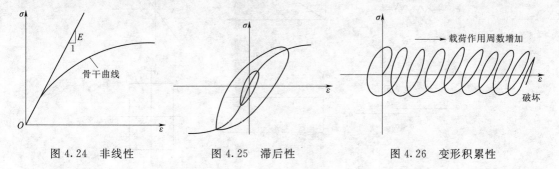

图 4.24　非线性　　　　　图 4.25　滞后性　　　　　图 4.26　变形积累性

（1）非线性。土的非线性可以从土的骨干曲线的实测资料反映出，如图 4.24 所示。如前所述，土的骨干曲线是受同一固结压力的土在动应力幅值逐级增大的周期荷载作用下每一个加载、卸载、再加载周期形成的应力-应变关系曲线滞回圈顶点的连线。骨干曲线的非线性反映了土的动应力-应变关系的非线性，也反映了土体等效动变形模量的非线性。

（2）滞后性。土体应力-应变关系中的滞回圈反映了动应变对动应力的滞后性，即动应变的产生与动应力的施加并不同步，表现出滞后特征，体现了土的黏性特点。从图4.25 可以看出，由于阻尼的影响，应力最大值与应变最大值并不相同，变形滞后于应力。

（3）变形累积性。当土体遭受的动荷载较大时，会产生不可恢复的塑性变形，这一部分变形在循环荷载的作用下会逐渐积累。从图 4.26 可见，即使荷载大小不变，随着荷载作用周数的增加，滞回曲线不再表现出封闭对称的特点，滞回曲线的中心不断向应变增大的方向移动。滞回圈中心的变化反映了土体应变逐渐累积的特性，它产生于土的塑性即荷载作用下土的不可恢复的结构破坏。

从上面的分析可以看出，骨干曲线给出了动荷载作用下最大动应力与最大动应变的关系，即滞回圈顶点的连线；而滞回圈绘出了一个周期内动应力-应变曲线的形状；变形累积性则给出了滞回圈中心的位置变化，因此，一旦这 3 方面的特征都被确定，就可以很容易地给出相应的土的动应力-应变关系。就简单问题而言，可以将这 3 者分别加以考虑得到土的动本构关系，它可以在一定的范围内取得足够精确的结果。对于复杂问题而言，就必须将这 3 者联合考虑，才有可能得到满意的答案。

从土的 3 个基本力学属性可以抽象出对应的 3 个基本力学元件，即弹性元件、塑性元件和黏性元件（图 4.27）。从图 4.27 可以看出，在静荷载作用下，弹性元件的应力与应变关系表现出线性特征，塑性元件的应力与应变关系表现出刚性-理想塑性特征，而黏性元件的应力与应变速率表现出线性特征。

如果在上述每种力学元件上作用循环动荷载 $\sigma_d = \sigma_m \sin\omega t$，则可以看出，对于弹性元件，动应力应变关系仍表现出线性特征，为过原点的一条斜直线［图 4.27（a）］，直线的斜率取决于弹性元件的弹性模量 E，应力应变曲线内的面积等于零，即加、卸载曲线重合。对塑性元件，动应力应变关系为一个矩形［图 4.27（b）］，本质上仍表现出刚性-理想塑性特征。当 $|\sigma_d| < \sigma_0$ 时，动应变 $\varepsilon_d = 0$，表现出刚性；而当 $|\sigma_d| = \sigma_0$ 时，产生塑性

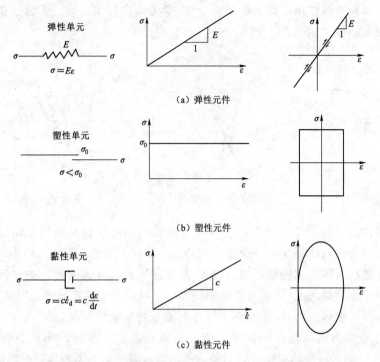

弹性单元

$\sigma = E\varepsilon$

（a）弹性元件

塑性单元

$\sigma < \sigma_0$

（b）塑性元件

黏性单元

$\sigma = c\dot{\varepsilon}_d = c\dfrac{d\varepsilon}{dt}$

（c）黏性元件

图 4.27 基本力学元件静、动应力应变关系曲线

流动，表现出理想塑性特征；当荷载转向卸载时，又表现出刚性特征，动应变 ε_d 保持不变，直到动应力反向达到 σ_0 时，产生反向的塑性流动。如此往复，则动应力应变曲线形成一个封闭的矩形。应力应变曲线围成的面积为 $4\sigma_0\varepsilon_d$，即为一个周期内能量的损耗。对于黏性元件 [图 4.27（c）]，有

$$\sigma_d = c\dot{\varepsilon}_d = c\frac{d\varepsilon_d}{dt} \tag{4.26}$$

又

$$\sigma_d = \sigma_m\sin\omega t \tag{4.27}$$

则

$$\varepsilon_d = \frac{1}{c}\int \sigma_m\sin\omega t\, dt = -\frac{\sigma_m}{c\omega}\cos\omega t + A \tag{4.28}$$

根据初始条件 $t=0$ 时，$\varepsilon_d = 0$，由式（4.27）和式（4.28）可得

$$\left(\frac{\sigma_d}{\sigma_m}\right)^2 + \left(\frac{\varepsilon_d - \dfrac{\sigma_m}{c\omega}}{\dfrac{\sigma_m}{c\omega}}\right)^2 = 1 \tag{4.29}$$

此式为一椭圆方程，中心点为 $\left(\dfrac{\sigma_m}{c\omega},\ 0\right)$，此椭圆面积为

$$A_0 = \pi ab = \pi\sigma_m\frac{\sigma_m}{c\omega} = \frac{\pi\sigma_m^2}{c\omega} \tag{4.30}$$

且动应力一个周期内单位体积的应变能为

$$\delta W = \int_0^{\varepsilon_d} \sigma_d \mathrm{d}\varepsilon_d \tag{4.31}$$

由式（4.28）得

$$\mathrm{d}\varepsilon_d = \frac{\sigma_m}{c}\sin\omega t\,\mathrm{d}t \tag{4.32}$$

且 $\sigma_d = \sigma_m \sin\omega t$

故

$$\delta W = \int_0^T \sigma_m\sin\omega t \cdot \frac{\sigma_m}{c}\sin\omega t\,\mathrm{d}t = \frac{\pi\sigma_m^2}{c\omega} \tag{4.33}$$

可见黏性体在一个动应力周期内单位体积的应变能（能量损耗）正好等于应力应变关系曲线所围椭圆的面积。

如果将一个弹性元件和一个塑性元件串联，就可得到如图 4.28 所示的理想弹塑性组合模型，其动应力-应变关系曲线为一平行四边形。当 $|\sigma_d|<\sigma_0$ 时，按弹簧弹性规律变形，当 $|\sigma_d|=\sigma_0$ 时，摩擦片产生塑性流动，直到反向卸载。

如果将一个弹性元件和一个黏性元件并联，就得到了最常用的黏弹性模型——开尔文模型，如图 4.29 所示。其动应力-应变曲线为一个斜的椭圆，并形成类似图 4.25 所示的椭圆形封闭滞回圈。可见，黏滞阻尼的出现使动应力-应变关系表现出滞后特征。

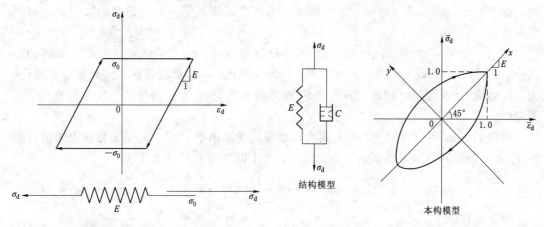

图 4.28 理想弹塑性模型的动应力应变关系曲线　　图 4.29 开尔文黏弹性模型的动应力应变关系曲线

4.7.2 土的动应力应变关系——等效线性黏弹性模型

土的等效线性黏弹性模型就是将土视为黏弹性体，采用等效剪切模量 G_d（或弹性模量 E_d）和等效阻尼比 λ 来反映土体动应力-应变关系的非线性与滞后性，并将模量与阻尼比表示为动应变幅的函数，即 $G_d=G(\varepsilon_d)$，$\lambda_d=\lambda(\varepsilon_d)$。即用等效剪切模量函数来刻画滞回圈顶点连线，即骨干曲线的形状，用阻尼比函数来确定滞回圈的形状。如此，一旦上述 2 个函数确定，则可对一个黏弹性体的完整动应力-应变关系进行描述。这种模型具有概念明确、应用方便的优点，缺点是不能反映土的变形累积，即永久变形。下面将主要以 Hardin - Drnevich 等效线性模型为例来介绍等效线性黏弹性模型的建立。

1. 等效剪切模量函数的确定

Hardin 和 Drnevich（1972）通过试验认为土在周期荷载作用下土的动剪应力-剪应变骨干曲线可以用双曲线来表示，其表达式可写为

$$\tau_d = \frac{\gamma_d}{\dfrac{1}{G_0} + \dfrac{\gamma_d}{\tau_y}} \tag{4.34}$$

式中：G_0 为初始剪切模量或最大剪切模量，即骨干曲线起点切线的斜率；τ_y 为最大动剪应力，即骨干曲线的水平渐近线值。

若将 G_0 坡度线与 τ_y 水平线的交点的横坐标定义为参考剪应变 γ_r，则有

$$\gamma_r = \tau_y / G_0 \tag{4.35}$$

动剪切模量 G_d 可用骨干曲线割线模量来表示（图 4.31），则有

$$G_d = \frac{1}{1 + \gamma_d / \gamma_r} G_0 \tag{4.36}$$

可见，只要根据试验曲线确定了 G_0 和 τ_y，就确定了动剪切模量与动应变之间的关系函数，即可求相应于任意动剪应变 γ_d 的剪切模量 G_d。G_0 和 τ_y 可由动三轴试验或动单剪试验求得。

除了直接通过动三轴或动剪切试验求得骨干曲线的 G_0 和 τ_y 外，关于 G_0 值的确定，还可通过现场波速测试换算得到，亦可通过前人在试验基础上总结的一些经验公式近似求得。如 Hardin 和 Black（1968）研究指出，土的剪切模量受一系列因素的影响，一般可表示为

$$G_0 = f(\sigma'_m, e, \gamma, t, H, f, c, \theta, \tau_0, S, T) \tag{4.37}$$

式中：σ'_m 为平均有效主应力；f 为频率；e 为孔隙比；c 为颗粒特征；γ 为剪应变幅；θ 为土的结构；t 为固结时间效应；τ_0 为八面体剪应力；H 为受荷历史；S 为饱和度；T 为温度。

根据 Hardin 等（1963，1968）研究，当剪应变幅小于 10^{-4}，对于无黏性土来说，则除 σ'_m 和 e 外，其他因素的影响很小。此时，对于圆粒砂土（$e < 0.80$）：

$$G_0 = 6934 \frac{(2.17 - e)^2}{1 + e} (\sigma'_m)^{\frac{1}{2}} \ (\text{kPa}) \tag{4.38}$$

对于角粒砂土：

$$G_0 = 3229 \frac{(2.97 - e)^2}{1 + e} (\sigma'_m)^{\frac{1}{2}} \ (\text{kPa}) \tag{4.39}$$

对于黏性土，主要的影响因素除 σ'_m 和 e 外，还应考虑超固结比 OCR 的影响，此时：

$$G_0 = 3229 \frac{(2.97 - e)^2}{1 + e} (OCR)^k (\sigma'_m)^{\frac{1}{2}} \ (\text{kPa}) \tag{4.40}$$

其中，k 值可以从表 4.1 按塑性指数 I_p 内插求得，G_0 和 σ'_m 均以 kPa 计。

表 4.1　　　　　　　　　　　　　　　　I_p 与 k 的 曲线

塑性指数 I_p	0	20	40	60	80	$\geqslant 100$
k	0	0.18	0.3	0.41	0.48	0.5

对于另一个参数最大动剪应力 τ_y，通常也可以近似地根据 Mohr – Coulomb 破坏准则求得，如图 4.30 所示，此时有

$$\tau_y = \left[\left(\frac{1+K_0}{2}\sigma_v'\sin\varphi' + c'\cos\varphi'\right)^2 - \left(\frac{1+K_0}{2}\sigma_v'\right)^2\right]^{\frac{1}{2}} \tag{4.41}$$

式中：K_0 为静止侧压力系数，$K_0 = 1 - \sin\varphi'$；σ_v' 为垂直有效覆盖压力；c'、φ' 为土的有效抗剪强度指标。

需要指出的是，上式求得的是静力条件下的 $(\tau_y)_{静}$，尚应再引入一个校正系数 λ_1，将其换算成动力条件下的 $(\tau_y)_{动}$，即

$$(\tau_y)_{动} = \lambda_1(\tau_y)_{静} \tag{4.42}$$

λ_1 的确定主要体现动荷载的速率效应和循环效应。一般来讲，速率效应使得 $(\tau_y)_{动}$ 大于 $(\tau_y)_{静}$，而循环效应的作用则刚好相反。综合而言，速率荷载作用下，校正系数 $\lambda_1 > 1$；循环荷载作用下，校正系数 $\lambda_1 \leqslant 1$。

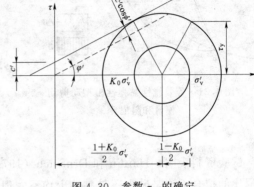

图 4.30　参数 τ_y 的确定

2. 等效阻尼比函数的确定

得到等效剪切模量函数之后，骨干曲线就确定了，但还需进一步确定等效阻尼比 λ 的函数关系，以确定滞回曲线的形状和大小。阻尼比 λ 为实际的阻尼系数 c 与临界阻尼系数 c_{cr} 之比，在等效线性模型中，等效阻尼比定义为

$$\lambda_d = \frac{1}{4\pi}\frac{\Delta W}{W} \tag{4.43}$$

式中：ΔW 为一个应力循环内损耗的能量；W 为一个应力循环内的总弹性应变能。

对于弹性体，$\sigma_d(t) = E_d\varepsilon_d(t)$，满足线性关系，因此弹性应变能即为

$$W = \frac{1}{2}G_d\gamma_d^2 = \frac{1}{2}\tau_d\gamma_d \tag{4.44}$$

可见，其大小就等于图 4.31 中阴影三角形 $OA\gamma_a$ 面积。由于弹性体在应力循环中应变能没有能量损耗，因此，对于黏弹性模型，其能量损耗应该等于黏滞阻尼力在一个循环中所做的功，其表达式为

$$\Delta W = \pi c\omega\gamma_a^2 \tag{4.45}$$

可以证明，式（4.45）表示的能量损耗的大小就等于图 4.31 中滞回圈所围成的阴影的面积。

Hardin 和 Drnevich（1972）通过试验发现，对于任意滞回圈，且卸荷曲线起始点的切线斜率总是等于或接近骨干曲线起始点的切线斜率，即初始剪切模量 G_0，而且图 4.31 中阴影部分的面积与三角形 $OA\gamma_a$ 的面积之比基本保持常数 α，则有

$$\alpha = \frac{\pi G_0\lambda_d}{2(G_0 - G_d)} \tag{4.46}$$

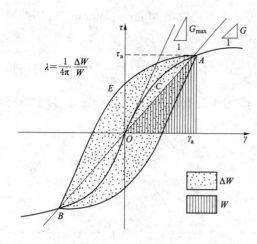

$$\lambda = \frac{1}{4\pi} \frac{\Delta W}{W}$$

图 4.31　等效线性黏弹性模型动剪切
　　　　　模量和阻尼比

则

$$\lambda_d = \frac{2\alpha}{\pi}\left(1 - \frac{G_d}{G_0}\right) \qquad (4.47)$$

对于 Hardin 双曲线形骨干曲线，当 $\gamma \to \infty$ 时，$G_d \to 0$，则据上式可知，此时 λ_d 取得最大值 λ_{max}，且 $\lambda_{max} = 2\alpha/\pi$，因此式 (4.47) 又可表示为

$$\lambda_d = \lambda_{max}\left(1 - \frac{G_d}{G_0}\right) \qquad (4.48)$$

据式 (4.36)，则等效阻尼比 λ_d 关于动剪应变 γ_d 的函数关系为

$$\lambda_d = \lambda_{max}\left(\frac{\dfrac{\gamma_d}{\gamma_r}}{1 + \dfrac{\gamma_d}{\gamma_r}}\right) \qquad (4.49)$$

试验资料表明，Hardin 和 Drnevich（1972）双曲线模型对动模量的拟合较好，而对阻尼比的拟合无论是砂土还是黏性土均不太理想。因此工程上常通过引入一个形状指数 β 而采用如下形式的经验公式：

$$\lambda_d = \lambda_{max}\left(1 - \frac{G_d}{G_0}\right)^{\beta} \qquad (4.50)$$

$$\lambda_d = \lambda_{max}\left(\frac{\dfrac{\gamma_d}{\gamma_r}}{1 + \dfrac{\gamma_d}{\gamma_r}}\right)^{\beta} \qquad (4.51)$$

式中：λ_{max}、β 为阻尼比函数的参数，应根据试验确定。

等效线性黏弹性模型概念明确，模型参数容易通过试验获得，因而在土体动力分析中应用很广，能较合理地确定土体在地震作用下的动力反应，但是这类模型的缺点也是很明显的，如不能反映变形累积，即永久变形；不能考虑应力路径、土的各向异性的影响；误差在大应变情况下会较大等，应用中应根据实际情况来判断计算结果的合理性。

4.7.3　土的动应力应变关系——修正的 Martin - Seed - Davidenkov 模型

陈国兴和庄海洋（2005）基于 Martin 和 Seed（1982）提出的土体动应力应变关系 Davidenkov 骨架曲线，采用破坏剪应变幅上限值作为分界点，对 Davidenkov 骨架曲线进行了修正，即当剪应力值大于破坏剪应力值时，土体产生破坏；根据 Mashing 法则构造了修正后 Dvidenkov 骨架曲线的土体加卸载对应的应力应变关系滞回圈曲线，如图 4.32 所示。

Martin 和 Seed（1982）提出的 Davidenkov 骨架曲线可表示为

$$\tau(\gamma) = G\gamma = G_{max}\gamma[1 - H(\gamma)] \qquad (4.52)$$

其中

$$H(\gamma) = \left[\frac{\left(\dfrac{\gamma}{\gamma_0} \right)^{2B}}{1 + \left(\dfrac{\gamma}{\gamma_0} \right)^{2B}} \right]^A \qquad (4.53)$$

式中：A、B、γ_0 为与土性有关的拟合参数。

实际土体的动应力应变关系曲线应有：当 $\gamma \to \infty$，$\tau(\gamma) \to \tau_{ult}$（剪应力上限值），而式（4.52）、式（4.53）描述的骨架曲线，则 $\gamma \to \infty$，$\tau(\gamma) \to \infty$，这与土体动应力应变关系曲线的基本特征不相符。各类土都应存在某一剪应变上限值 τ_{ult}，当土体的剪应变幅值 γ 超过该上限值 τ_{ult} 时，土体将处于破坏状态；当剪应变幅值 γ 进一步增加时，土体内的剪应力不再增加，甚至有

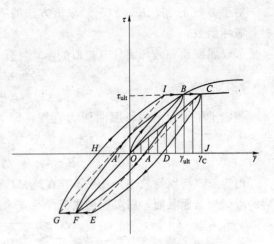

图 4.32　修正 Davikendov 模型描述的土的应力
应变滞回曲线

减小的趋势。因此，陈国兴和庄海洋（2005）采用分段函数法描述土体的骨架曲线，将 Davidenkov 模型的骨架曲线修正为

$$\tau(\gamma) = \begin{cases} G_{\max} \gamma [1 - H(\gamma)] & \gamma_C \leqslant \gamma_{ult} \\ \tau_{ult} & \gamma_C > \gamma_{ult} \end{cases} \qquad (4.54)$$

$$\tau_{ult} = G_{\max} \gamma_{ult} [1 - H(\gamma_{ult})] \qquad (4.55)$$

根据 Mashing 法则，基于 Davidenkov 骨架曲线的土体动应力应变关系滞回曲线为

$$\tau + \begin{cases} \tau_C = G_{\max}(\gamma - \gamma_C)\left[1 - H\left(\dfrac{\gamma - \gamma_C}{2} \right) \right] & |\tau| \leqslant \tau_{ult} \\ \pm \tau_{ult} & |\tau| > \tau_{ult} \end{cases} \qquad (4.56)$$

式中：τ_C、γ_C 分别为应力应变滞回曲线卸载、再加载转折点对应的剪应力和剪应变幅值。

4.7.4　土的动应力应变关系——黏塑性记忆型嵌套面本构模型

庄海洋和陈国兴（2006）基于广义塑性力学原理，通过记忆任一时刻的加载反向面、破坏面和加载反向面内切的初始加载面，采用等向硬化和运动硬化相结合的硬化模量场理论确定屈服面的变化规律，建立了一个土体黏塑性记忆型嵌套面本构模型，并用动三轴的试验结果验证了该模型的可行性，同时，在 ABAQUS 软件平台上实现了该模型的算法。

土的破坏函数可写成如下的表达式：

$$\beta p^2 + \alpha p + \frac{\sqrt{J_2}}{g(\theta_\sigma)} - K = 0 \qquad (4.57)$$

其中

$$p = \frac{1}{3}(\sigma_1 + \sigma_2 + \sigma_3) \qquad (4.58)$$

$$J_2 = \frac{1}{6}\left[(\sigma_1 - \sigma_2)^2 + (\sigma_2 - \sigma_3)^2 + (\sigma_3 - \sigma_1)^2 \right] = \sqrt{\frac{1}{2} S_{ij} S_{ij}} \qquad (4.59)$$

对于参数 α、β、K、$g(\theta_\sigma)$ 取值方法的不同，式（4.57）可以概括许多常用的岩土材料破坏函数。

假设屈服面和破坏面具有相似的形状，并令

$$\alpha_\theta^0 = \alpha g(\theta_\sigma) \tag{4.60}$$

$$k_\theta = K g(\theta_\sigma) \tag{4.61}$$

假定子午平面上的屈服曲线为直线，即 $\beta = 0$，简化式（4.57）后得到破坏面的形式为

$$F = \alpha_\theta^0 p + \sqrt{J_2} - k_\theta = 0 \tag{4.62}$$

由于土（特别是软土）几乎不存在纯弹性变形阶段，因此规定在初始加荷和应力反向后的瞬间为点屈服面，屈服面形式为

$$f = \alpha_\theta p + \sqrt{\frac{1}{2}(S_{ij} - a_{ij})(S_{ij} - a_{ij})} - k_\theta = 0 \tag{4.63}$$

式中：a_{ij} 为运动硬化参数。

由式（4.63）可得到加、卸载面的半径为

$$r = \sqrt{2J_2} = \sqrt{2}(k_\theta - \alpha_\theta p) \tag{4.64}$$

采用混合硬化规则和相关联流动法则，加载面取为

$$\Phi = f \tag{4.65}$$

模型加、卸载准则采用偏应力增量 $\mathrm{d}S_{ij}$ 与当前屈服面 f 的单位外法线 n_{ij} 之间的相对位置，由式（4.66）判断应力方向：

$$\mathrm{d}S_{ij} n_{ij} < 0 \tag{4.66}$$

单位外法线的计算公式为

$$n_{ij} = \frac{\dfrac{\partial f}{\partial S_{ij}}}{\left(\dfrac{\partial f}{\partial S_{ij}} \dfrac{\partial f}{\partial S_{ij}}\right)^{\frac{1}{2}}} \tag{4.67}$$

参照文献［64］认为屈服面在初始加载点从点屈服面开始只发生等向硬化，即 $a_{ij} = 0$。当开始加卸载时，屈服面在应力反向点处开始从点屈服面发生混合硬化，硬化后的屈服面都为应力反向点的内切面，在此时记忆反向应力点所在的屈服面，当应力反向后屈服

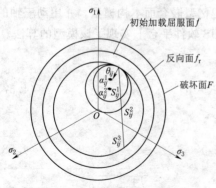

图 4.33　应力平面内记忆面分布

面超过最新的反向面后，引入零圆心位置上的最新反向面的内切面，超过该面后屈服面遵循初始加载面的硬化规律，因此，在任一时刻，只需记忆破坏面 F、当前屈服面 f 和最新的反向面 f_r，具体的应力路径如图 4.33 所示。

屈服面函数式（4.63）中有 α_θ 和 k_θ 2 个系数，这 2 个系数的变化将决定屈服面的硬化规律，以与当前屈服面在反向点内切的初始屈服面在子午平面上的张角变化规律计算参数 α_θ 的变化，对空间锥形屈服面变化时屈服面锥角 α_θ 的变化规律

作了基本假定：当屈服面只发生等向硬化时锥角 α_θ 按一定的规律变化，当屈服面发生混合硬化时假定锥角 α_θ 的大小为应力反向时对应的反向面的锥角并保持定值。在初始加载时间段 α_θ 的计算公式为

$$\alpha_\theta = \frac{r}{r_{\max}}\alpha \tag{4.68}$$

式中：$r_{\max}$ 为应力点对应破坏面的半径。

当应力不发生反向且处于非初始加载状态时，假定参数 α_θ 不变化，具体计算公式为

$$\alpha_\theta = \frac{r_r}{r_{\max}}\alpha \tag{4.69}$$

式中：r_r 为应力反向面内切的初始加载面半径。

当屈服面超过对应的初始加载面时，计算 α_θ 采用式（4.68），具体嵌套屈服面在应力空间中的分布如图 4.34 所示。

根据加载面函数及其相容条件得到偏量变化后的方程组，并略去二阶微量，对其求解可得

$$\mathrm{d}k_\theta = \frac{(S_{ij} - a_{ij} + \mathrm{d}S_{ij})S_{ij} + 2\alpha_\theta(k_\theta - \alpha_\theta p)\mathrm{d}p}{2(k_\theta - \alpha_\theta p) + \sqrt{2}(S_{ij} - a_{ij} + \mathrm{d}S_{ij})\theta_{ij}} \tag{4.70}$$

$$\mathrm{d}a_{ij} = \sqrt{2}\,\theta_{ij}\mathrm{d}k_\theta \tag{4.71}$$

式中：θ_{ij} 为应力反向点指向应力反向面中心的单位矢量，如图 4.33 所示。

上述假定简化了对应计算公式的推导，对以剪切屈服为主的水平向地震动作用下土体动力学特性的描述是可行的，但该假定是不严格的，与土体在往返荷载作用下空间屈服面在子午平面上投影线的变化规律不符。因此，对上述的土体动本构模型进行了进一步改进，不再对空间锥形屈服面变化时屈服面锥角 α_θ 的变化规律作假定，按照土体在往返荷载作用下空间屈服面在子午平面上投影线的实际变化规律，建立了屈服面硬化参数的增量表达式，嵌套屈服面在应力空间中的分布如图 4.35 所示。

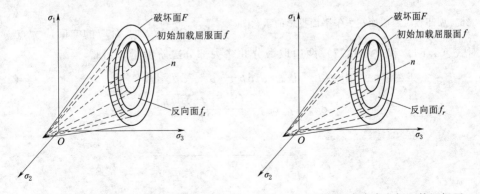

图 4.34 应力空间内记忆面分布图　　图 4.35 屈服面在应力空间上的记忆面

根据屈服面在子午平面内的屈服线与横轴的交点 P 的坐标不变的原则，有

$$p_0 = \frac{K}{\alpha} = \frac{k_\theta}{\alpha_\theta} \tag{4.72}$$

P 点对应的应力空间中的应力点坐标为 $(p_0,\ p_0,\ p_0)$。

根据加载面函数式（4.63）及其相容条件得到偏量变化后的方程组并略去部分二阶微量可得

$$dk_\theta = \alpha_\theta dp + (p + 2dp) d\alpha_\theta + \frac{(S_{ij} - a_{ij} + dS_{ij})(dS_{ij} - da_{ij})}{2J} \tag{4.73}$$

其中

$$J = \sqrt{\frac{1}{2}(S_{ij} - a_{ij} + dS_{ij})(S_{ij} - a_{ij} + dS_{ij})} \tag{4.74}$$

在初始加载段，采用等向硬化法则，即 $a_{ij} = 0$，同时根据式（4.72）有

$$d\alpha_\theta = \frac{dk_\theta}{p_0} \tag{4.75}$$

把式（4.75）和 $a_{ij} = 0$ 代入式（4.73），则有

$$dk_\theta = \frac{2\alpha_\theta J p_0 dp + p_0(S_{ij} + dS_{ij})dS_{ij}}{2J(p_0 - p - 2dp)} \tag{4.76}$$

在加卸载阶段采用随动硬化和混合硬化相结合的屈服面混合硬化规则，所有锥形屈服面的定点都为 P 点，在应力空间内屈服面的硬化规则如图 4.35 所示。在子午平面内加卸载屈服面的屈服线有 2 条，其中一条屈服线与反向面对应的反向线重合，如图 4.36 所示。

根据应力空间中屈服面与破坏面一定交于 P 点的原则，把 P 点坐标代入式（4.63），等式一定成立：

$$\alpha_\theta p_0 + \sqrt{\frac{1}{2}(S'_{ij} - a_{ij})(S'_{ij} - a_{ij})} - k_\theta = 0 \tag{4.77}$$

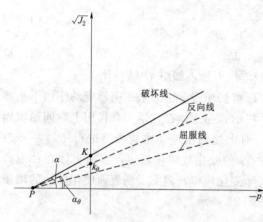

图 4.36 加卸载时屈服面在子午平面投影的示意图

式中：S'_{ij} 为 P 点对应的空间应力点。

对式（4.64）和式（4.77）两边取微分并略去部分二阶偏量，可得

$$dr = \sqrt{2}\left[dk_\theta - \alpha_\theta dp - (p + 2dp)d\alpha_\theta\right] \tag{4.78}$$

$$dk_\theta = p_0 d\alpha_\theta - \frac{(S'_{ij} - a_{ij})da_{ij}}{2J'} \tag{4.79}$$

其中

$$J' = \sqrt{\frac{1}{2}(S'_{ij} - a_{ij})(S'_{ij} - a_{ij})} \tag{4.80}$$

根据屈服面半径与随动硬化的中心应力点之间的关系，有

$$da_{ij} = dr\theta_{ij} = \sqrt{2}\theta_{ij}\left[dk_\theta - \alpha_\theta dp - (p + dp)d\alpha_\theta\right] \tag{4.81}$$

由式（4.73）、式（4.79）和式（4.81）联合求解可得

$$da_{ij} = \frac{\sqrt{2}\theta_{ij}\left[(p_0 - p - dp)A' - (p_0 - p - 2dp)\alpha_\theta dp\right]}{\sqrt{2}\theta_{ij}\left[(p_0 - p - dp)A - Bdp\right] + (p_0 - p - 2dp)} \tag{4.82}$$

$$\mathrm{d}\alpha_{\theta} = \frac{B-A}{p_0 - p - 2\mathrm{d}p}\mathrm{d}a_{ij} + \frac{A'}{p_0 - p - 2\mathrm{d}p} \tag{4.83}$$

$$\mathrm{d}k_{\theta} = \frac{B-A}{p_0 - p - 2\mathrm{d}p}p_0\mathrm{d}a_{ij} + \frac{A'}{p_0 - p - 2\mathrm{d}p}p_0 - B\mathrm{d}a_{ij} \tag{4.84}$$

其中

$$A = \frac{S_{ij} + \mathrm{d}S_{ij} - a_{ij}}{2J}, B = \frac{S'_{ij} - a_{ij}}{2J'}, A' = \alpha_{\theta}\mathrm{d}p + A\mathrm{d}S_{ij}$$

根据相关联流动法则，可得应力-应变关系表达式为

$$\mathrm{d}\tilde{\sigma}_{ij} = M\mathrm{d}\varepsilon_{kk}\delta_{ij} + 2G\mathrm{d}e_{ij} - (2G - H_t)\frac{S_{ij} - a_{ij}}{2(k_{\theta} - \alpha_{\theta}p)^2}(S_{kl} - a_{kl})\mathrm{d}\varepsilon_{kl} \tag{4.85}$$

式中：H_t 为土的弹塑性剪切模量；M 为土的体积模量。

H_t 为与剪切模量 G 和塑性硬化模量 H 之间的关系为

$$\frac{1}{H_t} = \frac{1}{2G} + \frac{1}{H} \tag{4.86}$$

参照 Pyke（1979）的做法，采用双曲线表示初始加荷时的应力应变关系，则有

$$H_t = H_{t\max}\left(1 - \frac{r}{r_{\max}}\right)^2 \tag{4.87}$$

根据式（4.86）有

$$H_{t\max} = 2G_{\max} \tag{4.88}$$

式中：$G_{\max}$ 为土的最大剪切模量，可通过现场波速试验或室内试验确定。

对于土的黏性阻尼，仍采用上述动黏弹性模型中的方法考虑，则土的应力-应变关系表达式为

$$\sigma_{ij}^{t+\Delta t} = \tilde{\sigma}_{ij}^{t} + \mathrm{d}\tilde{\sigma}_{ij}^{t+\Delta t} + \alpha_1 D_{el}\varepsilon_{ij}^{t+\Delta t} \tag{4.89}$$

式中：α_1 为瑞雷阻尼系数；D_{el} 为应力-应变关系的弹性矩阵。

4.7.5 土的动应力应变关系——广义塑性模型

1975 年，Dafalias 等提出了适用于金属材料的边界面模型，此后推广应用于岩土材料。1985 年 Prevost 等提出了适用于岩土材料的运动硬化嵌套面本构模型。Wang 等于 1990 年提出了亚塑性边界面模型。广义塑性模型由 Mroz 和 Zienkiewicz 于 1984 年共同建立，此后逐步发展至 1990 年的 Pastor-Zienkiewicz Ⅲ 模型并广泛应用。该模型可以模拟排水条件下砂土的振动压密特性，也可以模拟往复加载下饱和松砂的液化和饱和密砂的循环活动性，同时可以考虑砂土在不同应力水平下不同的变形及强度特性；对于模拟可液化土层的地震液化有着明显的优越性，并可以计算出土的永久变形，因此是土体变形特性分析与土工计算非常实用的工具，为土-结构动力相互作用提供了更加先进的分析手段。

4.7.5.1 模型特点

基于广义塑性理论建立的动本构 Pastor-Zienkiewicz Ⅲ 模型，不仅可以模拟砂土的非线性特性，包括密砂的剪胀和松砂的剪缩现象，同时可以描述砂土在不同应力水平下的变形及强度特性；更重要的是，它可以模拟循环加卸载条件下饱和松砂的液化和饱和密砂的循环活动性。该模型已经被多次成功地应用于模拟砂土在地震作用下的液化，被证明是

功能较强且使用方便的动本构模型之一。

Pastor - Zienkiewicz Ⅲ模型共需 13 个参数，可以由常规三轴单调、循环加卸载试验得到。下面仅对该模型中的非线性弹性关系、加卸载和塑性模量等核心问题进行简要介绍，详细内容及模型参数具体确定方法见文献。

4.7.5.2　模型理论构架

1. 非线性弹性关系

该模型的弹性特性由非线性弹性方程表述：

$$\Delta\varepsilon_v^e = \frac{1}{K_{ev}}\Delta p', \Delta\varepsilon_s^e = \frac{1}{G_{es}}\Delta q \tag{4.90}$$

式中：$\Delta\varepsilon_v^e$、$\Delta\varepsilon_s^e$ 分别为弹性体应变、偏应变增量；$\Delta p'$、Δq 分别为有效球应力、偏应力增量；K_{ev}、G_{es} 分别为非线性弹性体积、剪切模量。

K_{ev}、G_{es} 由下式确定：

$$K_{ev} = K_{evo}\frac{p'}{p_0}, G_{es} = G_{eso}\frac{p'}{p_0} \tag{4.91}$$

式中：K_{evo}、K_{eso}、p_0 为模型参数。

广义塑性模型中定义的体变模量 K_{ev}、剪切模量 G_{es} 与笛卡儿坐标空间中相应模量 K_e 与 G_e 间的换算关系为

$$K_e = K_{ev}, G_e = \frac{1}{3}G_{es} \tag{4.92}$$

2. 加载与塑性流动方向

对于砂土，该模型采用非相适应流动法则，加载方向与塑性流动方向是分别定义的，但它们有相似的形式。

加载方向 $\{\overline{n}\}$ 定义为

$$\{\overline{n}\} = \frac{1}{\sqrt{1+d_f^2}}\begin{bmatrix} d_f & 1 \end{bmatrix}^T \tag{4.93}$$

式中：$d_f = (1+a_f)(M_f-\eta)$，a_f 为模型参数，η 为应力比 $\eta = q/p'$，q 为偏应力。

M_f 的表达式为

$$M_f = \frac{6M_{fc}}{6+M_{fc}(1-\sin3\theta)} \tag{4.94}$$

式中：M_{fc} 为模型参数；θ 为 Lode 角。

相应于广义塑性模型砂土加载准则的屈服函数为

$$f = q - M_f p'\left(\frac{1+a_f}{a_f}\right)\left[1-\left(\frac{p'}{p_c}\right)^{a_f}\right] \tag{4.95}$$

塑性流动方向 $\{\overline{n}_g\}$ 定义为

$$\{\overline{n}_g\} = \frac{1}{\sqrt{1+d_g^2}}\begin{bmatrix} d_g & 1 \end{bmatrix}^T \tag{4.96}$$

其中剪胀比 d_g 为

$$d_g = d\varepsilon_v^p/d\varepsilon_s^p = (1+a_g)(M_g-\eta) \tag{4.97}$$

式中：$d\varepsilon_v^p$ 为塑性体应变；$d\varepsilon_s^p$ 为等效剪应变；a_g 为模型参数。

M_g 的表达式为

$$M_g = \frac{6M_{gc}}{6+M_{gc}(1-\sin 3\theta)}$$ (4.98)

式中：M_{gc} 为模型参数，代表临界状态应力比。

相应于广义塑性模型中塑性流动准则的塑性势函数为

$$g = q - M_g p'\left(\frac{1+a_g}{a_g}\right)\left[1-\left(\frac{p'}{p_c}\right)^{a_g}\right]$$ (4.99)

3. 加载塑性模量

加载塑性模量 H 表达式为

$$H = H_0 p' H_f (H_v + H_s) H_{DM}$$ (4.100)

塑性加载模量 H 由 H_0、H_f、H_v、H_s 和 H_{DM} 等项构成，H_0 为模型参数，p' 为有效球应力，下面逐项分述其物理意义。

式 (4.100) 中 H_f 描述偏应变映射规则，其表达式为

$$H_f = (1-\eta/\eta_f)^4$$ (4.101)

其中 $\eta_f = (1+1/a_f)M_f$。

式 (4.100) 中 H_v 描述相转换线，其定义为

$$H_v = 1 - \frac{\eta}{M_g}$$ (4.102)

式 (4.100) 中 H_s 描述剪切退化、衰化，其定义为

$$H_s = \beta_0\beta_1\exp(-\beta_0\xi)$$ (4.103)

式中：β_0、β_1 为模型参数，考虑了应力水平及偏应力对塑性模量的影响；ξ 为历史内变量，其物理意义为塑性等效剪应变累计值 $\xi = \int d\xi$。

$d\xi$ 定义为

$$d\xi = d\varepsilon_s^p = \frac{2}{3}\left\{\frac{\partial q}{\partial \sigma}\right\}^{\mathrm{T}}\{d\varepsilon^p\}$$ (4.104)

式 (4.100) 中 H_{DM} 为应力历史的函数，其物理意义为应力点与参考边界面之间的距离，描述了边界面塑性映射规则，其表达式为

$$H_{DM} = \left(\frac{\zeta_{\max}}{\zeta}\right)^\gamma$$ (4.105)

式中：γ 为模型参数。

本模型中的 ζ 表达为

$$\zeta = p'\left[1-\left(\frac{a_f}{1+a_f}\right)\frac{\eta}{M_f}\right]^{-1/a_f}$$ (4.106)

4. 卸载塑性模量

卸载时塑性模量根据当前应力是否达到临界状态区分为 2 种情况：

$$\begin{cases} H = H_{uo} \left(\dfrac{M_g}{\eta_u} \right)^{\gamma_u} , & \dfrac{M_g}{\eta} > 1 \\[4mm] H = H_{uo} , & \dfrac{M_g}{\eta} \leqslant 1 \end{cases} \tag{4.107}$$

式中：H_{uo}、γ_u 为模型参数。

4.8 土的动力固结特性

在土体的动力分析方法方面，随着饱和土动本构理论研究的不断深入，土体动力分析也由 20 世纪 70 年代的等效线性化总应力分析方法发展到 80 年代的动力反应分析与土体的液化和衰化等结合起来的拟耦合饱和土体有效应力分析方法；随着动力固结理论的应用和计算技术的发展，真正耦合的饱和土体动力有效应力分析方法得到了发展。

4.8.1 动力固结理论的发展

1. 拟耦合饱和土体的动力分析方法

饱和土体的动力分析方法研究初期，只考虑到地震孔隙水压力累积而没有涉及超静孔压的扩散和消散过程。1975 年，Seed 等曾按有效应力原理对大坝和水平地基振动问题进行了分析。我国徐志英和沈珠江等于 1981 年提出了二维问题有效应力动力分析的思路，并进行了土坝地震孔隙水压力产生的有限元动力分析。周健等于 1984 年把有效应力分析方法推广到三维空间问题，并对土坝（尾矿）进行了三维动力分析。这种分析模式是动力方程配合振动孔压模型来完成动力计算的方法。

当认识到地震过程中孔隙水压力的扩散和消散作用对砂土液化有着重要影响后，徐志英于 1981 年提出了二维 Biot 静力固结与振动方程结合起来的动孔压累积与消散的动力计算方法，并进行土坝地震孔隙水压力产生、扩散和消散的有限元动力分析，并于 1985 年将二维问题推广到空间三维问题。这种分析法实质上是基于振动孔压模型来交替求解动力方程和 Biot 静力固结方程来完成动孔压累积与消散的动力计算方法，孔压扩散、消散分析与动力反应计算分析是相分离的。

为了克服孔压计算与动力反应计算相分离这一缺点，1989 年，盛虞等将二维动力固结方程与孔隙水压力的计算结合起来，并利用有限单元法对土坝进行考虑孔隙水压力产生、扩散与消散的非线性土-水耦合振动系统的有效应力动力反应分析；分析方法的特点是将土体的振动与固结结合到一起考虑，较好地反映了土体在振动过程中的实际性态，比以 Biot 静力固结方程为基础的静-动交替分析法更为合理。但土的动本构采用的是等效线性动本构模型而无法考虑土体振动体变，故而仍必须借助于动孔压计算模型才能完成动力分析。因此，该法仍是一种拟耦合的饱和土体的动力分析方法。基于这种分析方法，2004 年，Klar 等研究了可液化地基中土与桩基础的动力相互作用及动力响应，分析了地基发生液化对桩基础产生的危害，并指出合理的桩距对地震激发超静孔压有较大的影响。2004 年，张建民等利用在 Ramberg-Osgood 模型基础上建立的能描述饱和砂土从液化前到初始液化后的非线性剪应力剪应变本构模型，采用 Penzien 简化法建立桩-土相互作用计算模型，研究了水平地基液化后侧向大变形对桩基础破坏作用。

拟耦合饱和土体的动力分析方法特点是：将饱和土体视为质-阻-弹系统，应用剪应力剪应变的本构关系以简化、近似地反映土的剪切变形非线性，不能充分地考虑砂土的剪胀剪缩特性，需要假定不排水条件，借助振动孔压模型来计算孔压累积，进行土体动力反应分析时不得不分别求解剪切变形和孔压，且无法直接反映体变对变形和孔压的影响。该法虽然分析了地震作用下土体内孔隙水压的发展、扩散和消散，但仍有不足之处：①由于采用了黏弹性本构模型，无法同时直接得到土体的瞬时孔隙水压力与地震永久变形；②有限元求解框架中需要引入不排水条件下孔隙水压力的发展模式，而目前的试验条件还很难给出适合复杂载荷条件的公式；③在土与结构动力相互作用研究中，难以合理地分析地震变形对结构的影响。

2. 弹塑性固液耦合饱和土体的动力分析方法

(1) 动力 Biot 固结理论。为了描述多孔介质中的流体与介质骨架之间的相互作用，Biot 基于有效应力原理，于 1941 年提出了著名的 Biot 固结理论，用来确定给定载荷条件下土体中的应力分布、孔压分布以及土体变形。1956 年 Biot 考虑了惯性的影响，提出了动力 Biot 固结理论，实质是将连续介质力学的相关理论应用于流体饱和多孔介质这一两相材料体系，并分别考虑其中流体和固体骨架的应力应变关系及其运动。Biot 理论的饱和多孔介质土动力学理论与应用已广泛应用于岩土工程、地震工程、工程振动以及地球物理等研究领域中。

为了更加合理地对循环荷载作用下土动力学特性进行描述，研究者们建立了多种形式的弹塑性本构模型，如多重屈服面模型、边界面模型、内时理论模型等，复杂荷载作用下土体变形的数学模拟已成为各国学者研究的重点之一。这些弹塑性动本构模型，可以模拟排水条件下砂土的振动压密特性，也可以模拟往复加载下饱和松砂的液化和饱和密砂的循环活动性，同时可以考虑砂土在不同应力水平下不同的变形及强度特性；对于模拟可液化土层的地震液化有着明显的优越性，并可以计算出土的永久变形，因此是土体变形特性分析与土工计算非常实用的工具。

这些能够描述复杂加载条件下土的动力变形特性的动本构模型结合动力固结理论为合理地模拟液化奠定了理论基础，同时也为土-结构动力相互作用提供了更加先进的分析手段。

(2) 弹塑性动力固结理论应用。1984 年，Zienkiewicz 等推导了动力固结控制方程与有限元格式，将动力固结与动力反应相耦合，开发了著名的 SWANDYNE 饱和土体二维动力固结分析程序，可以计算振动全过程中孔隙水压力的产生、扩散和消散，较好地反映了土体在振动过程中的实际性态。2004 年，黄茂松等进一步讨论了饱和多孔介质土动力学的基本方程、饱和土中弹性波的传播特性以及饱和土体动力分析的时域数值解法等计算技术。2005 年，赵成刚等根据 Biot 饱和多孔介质动力方程，采用解耦技术提出了考虑耦合质量影响的饱和多孔介质中动力响应分析的显式有限元法，分析了耦合质量对固相和液相动位移的影响。这些研究为固液两相体耦合动力固结理论的研究与应用奠定了基础。

章根德等利用流固两相混合物连续介质理论研究了土-结构物体系的动力响应，采用有限元方法计算了建筑物基础受地震波激励的响应问题。王刚等于 2006 年采用 SWANDYNE 有限元分析程序分析了一个梯形沉箱防沙堤在波浪作用下的响应，给出了位移、应力、孔隙水压力分布和结构位移随波浪持续作用的累积过程。2006 年，吴敏敏和刘光磊利用 SWANDYNE 程序分别研究了重力码头的动力响应和地基液化对地铁上浮的危害。明海燕等于 2002 年进行了 San Fernando 地震中某堤坝的动力响应的完全耦合有限元分析，结果表明在堤坝的上游边坡会发生流动破坏，如果没有下游反压平台，堤坝有可能发生滑向下游的流动破坏。吴兴征等于 2001 年采用亚塑性边界面模型，对堆石料典型试验进行了数值模拟分析，结果表明该模型能够合理、有效地反映堆石料在复杂加载路径下的变形和强度特性，为深入揭示堆石料累积变形和孔隙水压力的发展特性和进行堆石坝的非线性耦合静动力分析提供了理论基础。2001 年刘汉龙等采用应变空间的多重剪切机构塑性模型，考虑地基、结构与流体的相互作用，利用非线性动力有效应力分析方法探讨了地震时岸壁的破坏机理，结果表明有效应力的预测结果与地震后实测结果基本一致。汪明武等于 2005 年基于动态土工离心模型试验，应用二维有效应力动力有限元法研究了强震动条件下液化土与构筑物间相互作用的特点以及建于可液化土地基上的实际栈桥式桩基础在大地震作用下的破坏程度、状态和机制。Popescu 等考虑非线性多孔介质动力学特性进行了饱和土体动力液化的研究。邵生俊于 2001 年总结了弹塑性固液耦合饱和土体动力学分析方法的特点：将饱和砂土视为固液耦合作用的两相介质，统一考虑土骨架的运动和孔隙水的动力渗流，统一求解变形和孔压。李荣建于 2008 年基于弹塑性固液耦合饱和土体动力学分析方法和离心模型试验分析了边坡地基液化对抗滑桩的影响机理。

4.8.2　动力固结方程的建立

土力学问题大多数可归结为 Biot 动力固结方程的求解。因此，把这一方程称为计算土力学的基本方程，根据如图 4.37 所示的土体受力平衡图和流体流量平衡图，可以推导出如下文所示的基本方程。

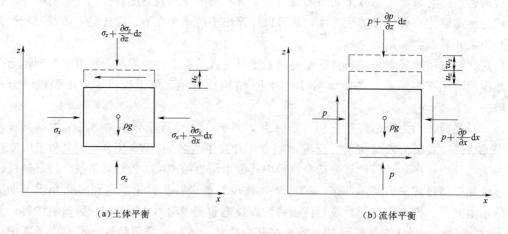

（a）土体平衡　　　　　　　　　　　　　　（b）流体平衡

图 4.37　微元体受力分析

设 u_x、u_y 及 u_z 为微分体积土骨架的位移分量，σ_x、σ_y、σ_z、τ_{xy}、τ_{yx}、τ_{yz}、τ_{zy}、τ_{xz} 及 τ_{zx} 为微分体积土骨架的应力分量（其中：$\tau_{xy}=\tau_{yx}$、$\tau_{yz}=\tau_{zy}$、$\tau_{xz}=\tau_{zx}$），ρ 为土体的密度，ρ_f 为流体的密度，w_x、w_y 及 w_z 为土中液相相对于土骨架的位移分量（在图 4.37 中只示出 x 和 z 方向的分量）。

根据图 4.37 动力固结微元体分析，可得到土体单元的微分平衡方程：

$$\frac{\partial \sigma_x}{\partial x} + \frac{\partial \tau_{xy}}{\partial y} + \frac{\partial \tau_{xz}}{\partial z} - \rho \ddot{u}_x - \rho_f \ddot{w}_x = 0 \tag{4.108}$$

$$\frac{\partial \tau_{yx}}{\partial x} + \frac{\partial \sigma_y}{\partial y} + \frac{\partial \tau_{yz}}{\partial z} - \rho \ddot{u}_y - \rho_f \ddot{w}_y = 0 \tag{4.109}$$

$$\frac{\partial \tau_{zx}}{\partial x} + \frac{\partial \tau_{zy}}{\partial y} + \frac{\partial \sigma_z}{\partial z} - \rho \ddot{u}_z - \rho_f \ddot{w}_z - \rho g = 0 \tag{4.110}$$

根据土力学有效应力原理，总应力 σ、有效应力 σ' 以及动孔隙水压力 p 满足如下关系：

$$\sigma_x = \sigma'_x + p, \ \sigma_y = \sigma'_y + p, \ \sigma_z = \sigma'_z + p \tag{4.111}$$

土体应力-应变关系：

$$\{\sigma'\} = f(\{\varepsilon\}) \tag{4.112}$$

式中：σ' 为有效应力；ε 为应变。

由弹性力学中变形几何关系：

$$\varepsilon_x = -\frac{\partial u_x}{\partial x} \ , \ \gamma_{xy} = -\left(\frac{\partial u_x}{\partial y} + \frac{\partial u_y}{\partial x}\right) \tag{4.113}$$

$$\varepsilon_y = -\frac{\partial u_y}{\partial y} \ , \ \gamma_{yz} = -\left(\frac{\partial u_y}{\partial z} + \frac{\partial u_z}{\partial y}\right) \tag{4.114}$$

$$\varepsilon_z = -\frac{\partial u_z}{\partial z} \ , \ \gamma_{zx} = -\left(\frac{\partial u_z}{\partial x} + \frac{\partial u_x}{\partial z}\right) \tag{4.115}$$

式中：ε_x、ε_y、ε_z、γ_{xy}、γ_{yz}、γ_{zx} 为应变分量。

式 (4.113)、式 (4.114) 及式 (4.115) 可简记作：

$$\{\varepsilon\} = -[B]\{u\} \tag{4.116}$$

式中：$[B]$ 为几何矩阵。

土孔隙中流体的平衡方程：

$$-\frac{\partial p}{\partial x} = \frac{1}{k_x} \dot{w}_x + \rho_f \ddot{u}_x + \rho_f \ddot{w}_x / n \tag{4.117}$$

$$-\frac{\partial p}{\partial y} = \frac{1}{k_y} \dot{w}_y + \rho_f \ddot{u}_y + \rho_f \ddot{w}_y / n \tag{4.118}$$

$$-\rho_f g - \frac{\partial p}{\partial z} = \frac{1}{k_z} \dot{w}_z + \rho_f \ddot{u}_z + \rho_f \ddot{w}_z / n \tag{4.119}$$

式中：n 为孔隙率；k_x、k_y、k_z 为 3 个方向的渗透系数。

渗流连续性方程：

$$-\frac{\mathrm{d}\dot{w}_x}{\mathrm{d}x} - \frac{\mathrm{d}\dot{w}_y}{\mathrm{d}y} - \frac{\mathrm{d}\dot{w}_z}{\mathrm{d}z} = \frac{\mathrm{d}\dot{u}_x}{\mathrm{d}x} + \frac{\mathrm{d}\dot{u}_y}{\mathrm{d}y} + \frac{\mathrm{d}\dot{u}_z}{\mathrm{d}z} + \frac{n}{K_f}\dot{p} \tag{4.120}$$

式中：K_f 为流体的压缩模量。

假使略去式 (4.117)~式 (4.119) 右端的后 2 项，留下的是土力学中有名的 Darcy 定律。

根据分析，除土体中高频振动的情况外，可以将流体相对于土骨架运动的惯性力 $\rho_f \ddot{w}$

略而不计。在此情况下，把式（4.117）~式（4.119）代入式（4.120），并以水头 $h = z + p/(\rho_f g)$ 作为场变量，于是有渗流连续性方程的另一种表达式：

$$\frac{\partial}{\partial x}k_x\frac{\partial h}{\partial x} + \frac{\partial}{\partial y}k_y\frac{\partial h}{\partial y} + \frac{\partial}{\partial z}k_z\frac{\partial h}{\partial z} - \frac{n}{K_f}\dot{h} - \left(\frac{\partial \dot{u}_x}{\partial x} + \frac{\partial \dot{u}_y}{\partial y} + \frac{\partial \dot{u}_z}{\partial z}\right) + \rho_f(\ddot{u}_x + \ddot{u}_y + \ddot{u}_z) = 0$$

$$(4.121)$$

记 $\beta = n/K_f$ 为单位土体内流体的压缩系数。

现在转而讨论平衡方程的另一种表达形式。

对于式（4.112）中表示应力-应变关系的 $[D]$ 矩阵有各种具体的形式。在岩土工程中具有重要意义的横向各向同性土体，$[D]$ 的形式如下：

$$[\boldsymbol{D}] = \begin{bmatrix} d_{11} & d_{12} & d_{13} & & & \\ d_{12} & d_{11} & d_{13} & & 0 & \\ d_{13} & d_{13} & d_{33} & & & \\ & & & d_{44} & & \\ & 0 & & & d_{44} & \\ & & & & & d_{66} \end{bmatrix}$$

式中：$d_{66} = d_{11} - d_{12}$。

可以看出，在 $[\boldsymbol{D}]$ 中只有 5 个独立常数。

把式（4.111）、式（4.112）、式（4.113）、式（4.114）、式（4.115）代入式（4.108）~式（4.110），就得到以位移分量表示的平衡方程：

$$d_{11}\frac{\partial^2 u_x}{\partial x^2} + d_{44}\frac{\partial^2 u_x}{\partial y^2} + d_{66}\frac{\partial^2 u_x}{\partial z^2} + (d_{12}+d_{44})\frac{\partial^2 u_y}{\partial x\partial y} + (d_{13}+d_{66})\frac{\partial^2 u_z}{\partial z\partial x} - \rho_f g\frac{\partial h}{\partial x} + X^0 = \rho\ddot{u}_x$$

$$(4.122)$$

$$d_{44}\frac{\partial^2 u_y}{\partial x^2} + d_{11}\frac{\partial^2 u_y}{\partial y^2} + d_{44}\frac{\partial^2 u_y}{\partial z^2} + (d_{12}+d_{44})\frac{\partial^2 u_x}{\partial x\partial y} + (d_{13}+d_{44})\frac{\partial^2 u_z}{\partial y\partial z} - \rho_f g\frac{\partial h}{\partial y} + Y^0 = \rho\ddot{u}_y$$

$$(4.123)$$

$$d_{66}\frac{\partial^2 u_z}{\partial x^2} + d_{44}\frac{\partial^2 u_z}{\partial y^2} + d_{11}\frac{\partial^2 u_z}{\partial z^2} + (d_{13}+d_{66})\frac{\partial^2 u_x}{\partial x\partial z}$$

$$+ (d_{13}+d_{44})\frac{\partial^2 u_y}{\partial z\partial x} + (\rho-\rho_f)g - \rho_f g\frac{\partial h}{\partial z} + Z^0 = \rho\ddot{u}_z \qquad (4.124)$$

式中：X^0、Y^0、Z^0 为由初应变 $\{\varepsilon_0\}$ 引起的等价体积力；$(\rho-\rho_f)g$ 为浮容重。

式（4.121）、式（4.122）、式（4.123）和式（4.124）构成三维条件下土力学的基本方程，即 Biot 动力固结方程。

边界条件：

（1）位移边界条件：

$$\{u\} = \{\tilde{u}\} \qquad (4.125)$$

（2）应力边界条件：

$$\{\sigma\}\{n\} = \{\tilde{t}\} \qquad (4.126)$$

（3）流势边界条件：

$$h = \widetilde{h} \tag{4.127}$$

（4）流量边界条件：

$$-k_n \frac{\partial h}{\partial n} = \widetilde{q} \tag{4.128}$$

4.8.3 动力固结方程的求解思路

Biot 动力固结方程是土力学的基本方程，它的求解可分 2 步进行，首先在空间上把计算域离散，然后在时间上离散。

设场变量 u_x、u_y、u_z 及 h 用下式近似：

$$\{\boldsymbol{u}\} = [\boldsymbol{N}_u]^{\mathrm{T}}\{\bar{\boldsymbol{u}}\} \tag{4.129}$$

$$\{\boldsymbol{h}\} = [\boldsymbol{N}_h]^{\mathrm{T}}\{\bar{\boldsymbol{h}}\} \tag{4.130}$$

式中：$[\boldsymbol{N}_u]$、$[\boldsymbol{N}_h]$ 分别为场变量 $\{\boldsymbol{u}\}$ 及 $\{\boldsymbol{h}\}$ 的形函数，形式可以取得一样，也可以取得不同；$\{\bar{\boldsymbol{u}}\} = \{u_x u_y u_z\}^{\mathrm{T}}$、$\{\bar{\boldsymbol{h}}\}$ 为结点的待定场变量。

将式（4.129）、式（4.130）代入式（4.121）、式（4.122）、式（4.123）和式（4.124），并用加权残数法得

$$[\boldsymbol{M}]\{\ddot{\bar{\boldsymbol{u}}}\} + [\boldsymbol{K}]\{\bar{\boldsymbol{u}}\} - [\boldsymbol{C}]\{\bar{\boldsymbol{h}}\} = \{\boldsymbol{F}_1\} \tag{4.131}$$

$$[\boldsymbol{C}]\{\dot{\bar{\boldsymbol{u}}}\} + [\boldsymbol{S}]\{\dot{\bar{\boldsymbol{h}}}\} + [\boldsymbol{H}]\{\bar{\boldsymbol{h}}\} = \{\boldsymbol{F}_2\} \tag{4.132}$$

式中：质量矩阵——$[\boldsymbol{M}] = \int_\Omega [\boldsymbol{N}_u]^{\mathrm{T}} \rho [\boldsymbol{N}_u] \mathrm{d}\Omega$

劲度矩阵——$[\boldsymbol{K}] = \int_\Omega [\boldsymbol{B}_u]^{\mathrm{T}} [\boldsymbol{D}(\{\varepsilon\})] [\boldsymbol{B}_u] \mathrm{d}\Omega$

耦合矩阵——$[\boldsymbol{C}] = \int_\Omega [\boldsymbol{B}_u]^{\mathrm{T}} [\boldsymbol{N}_h] \mathrm{d}\Omega$

流体压缩矩阵——$[\boldsymbol{S}] = \int_\Omega [\boldsymbol{N}_h]^{\mathrm{T}} \beta [\boldsymbol{N}_h] \mathrm{d}\Omega$

渗透矩阵——$[\boldsymbol{H}] = \int_\Omega [\boldsymbol{B}_h]^{\mathrm{T}} k [\boldsymbol{B}_h] \mathrm{d}\Omega$

结点力——$\{\boldsymbol{F}_1\} = \int_\Omega [\boldsymbol{N}_u] \begin{Bmatrix} X^0 \\ Y^0 \\ Z^0 - (\rho - \rho_f)g \end{Bmatrix} \mathrm{d}\Omega + \int_\Gamma [\boldsymbol{N}_u]\{\widetilde{\boldsymbol{t}}\} \mathrm{d}\Gamma$

结点流量——$\{\boldsymbol{F}_2\} = \int_\Gamma N_h \widetilde{q} \mathrm{d}\Gamma$

方程组式（4.131）和式（4.132）是一组对于时间的常微分方程，在时域上离散化。设 t_1、t_2、$\cdots$、t_n、t_{n+1} 时刻的结点变量为 $\{\bar{\boldsymbol{u}}\}_1$、$\{\bar{\boldsymbol{u}}\}_2$、$\cdots$、$\{\bar{\boldsymbol{u}}\}_n$、$\{\bar{\boldsymbol{u}}\}_{n+1}$ 以及 $\{\bar{\boldsymbol{h}}\}_1$、$\{\bar{\boldsymbol{h}}\}_2$、$\cdots$、$\{\bar{\boldsymbol{h}}\}_n$、$\{\bar{\boldsymbol{h}}\}_{n+1}$，则在时段 $\Delta t = t_{n+1} - t_n$ 内，可以用下列线性插值公式：

$$\dot{\bar{u}} = \dot{\bar{u}}_n + (\dot{\bar{u}}_{n+1} - \dot{\bar{u}}_n)\tau/\Delta t \tag{4.133}$$

$$\bar{h} = \bar{h}_n + (\bar{h}_{n+1} - \bar{h}_n)\tau/\Delta t, \ \tau:0 \to \Delta t \tag{4.134}$$

由此得

$$\bar{u} = \bar{u}_n + \dot{\bar{u}}\tau + (\dot{\bar{u}}_{n+1} - \dot{\bar{u}}_n)/\Delta t - \tau^2/2 \tag{4.135}$$

$$\ddot{\bar{u}} = (\dot{\bar{u}}_{n+1} - \dot{\bar{u}}_n)/\Delta t \tag{4.136}$$

$$\dot{\bar{h}} = (\bar{h}_{n+1} - \bar{h}_n)/\Delta t \tag{4.137}$$

将上述表达式代入式（4.131）和式（4.132），并在时域上用加权残数法：

$$\int_0^{\Delta t} W([\boldsymbol{M}]\{\ddot{\bar{\boldsymbol{u}}}\} + [\boldsymbol{K}]\{\bar{\boldsymbol{u}}\} - [\boldsymbol{C}]\{\bar{\boldsymbol{h}}\})\mathrm{d}\tau = \int_0^{\Delta t} W\{\boldsymbol{F}_1\}\mathrm{d}\tau \tag{4.138}$$

$$\int_0^{\Delta t} \overline{W}([\boldsymbol{C}]^{\mathrm{T}}\{\dot{\bar{\boldsymbol{u}}}\} + [\boldsymbol{S}]\{\dot{\bar{\boldsymbol{h}}}\} + [\boldsymbol{H}]\{\bar{\boldsymbol{h}}\})\mathrm{d}\tau = \int_0^{\Delta t} \overline{W}\{\boldsymbol{F}_2\}\mathrm{d}\tau \tag{4.139}$$

把以上 2 式的右端项仍记为 $\{\boldsymbol{F}_1\}$ 和 $\{\boldsymbol{F}_2\}$，于是有：

$$[\boldsymbol{M}]\{\ddot{\bar{\boldsymbol{u}}}\} + [\boldsymbol{K}]\left\{\theta_2\ddot{\bar{u}}_n\frac{\Delta t^2}{2} + \theta_1\dot{\bar{u}}_n\Delta t + \bar{u}_n\right\} - [\boldsymbol{C}]\{\theta_1\dot{\bar{h}}\Delta t + \dot{\bar{h}}_n\} = \{\boldsymbol{F}_1\} \tag{4.140}$$

$$[\boldsymbol{C}]^{\mathrm{T}}\{\theta_1\dot{\bar{u}}\Delta t + \bar{u}_u\} + [\boldsymbol{S}]\{\dot{\bar{\boldsymbol{h}}}\} + [\boldsymbol{H}]\{\bar{\theta}_1\dot{\bar{h}}\Delta t + h_n\} = \{\boldsymbol{F}_2\} \tag{4.141}$$

式中：

$$\theta_1 = \frac{\int_0^{\Delta t} W\tau\mathrm{d}\tau}{\Delta t\int_0^{\Delta t} W\mathrm{d}\tau} , \quad \theta_2 = \frac{\int_0^{\Delta t} W\tau^2\mathrm{d}\tau}{\Delta t\int_0^{\Delta t} W\mathrm{d}\tau} , \quad \bar{\theta}_1 = \frac{\int_0^{\Delta t} \overline{W}\tau\mathrm{d}\tau}{\Delta t\int_0^{\Delta t} \overline{W}\mathrm{d}\tau}$$

而 W 和 $\overline{W}$ 为相应的权函数。

把式（4.140）、式（4.141）中的 2 个方程式合并成

$$\begin{bmatrix} [\boldsymbol{M}] + [\boldsymbol{K}]\theta_2\dfrac{\Delta t^2}{2} & -[\boldsymbol{C}]\theta_1\Delta t \\[2mm] -[\boldsymbol{C}]^{\mathrm{T}}\bar{\theta}_1\Delta t & -[\boldsymbol{H}]\theta_1\Delta t - [\boldsymbol{S}] \end{bmatrix} \left\{ \begin{array}{c} \ddot{\bar{\boldsymbol{u}}} \\[1mm] \dot{\bar{\boldsymbol{h}}} \end{array} \right\} = \left\{ \begin{array}{c} \{\overline{\boldsymbol{F}}_1\} \\[1mm] \{\overline{\boldsymbol{F}}_2\} \end{array} \right\} \tag{4.142}$$

式中：

$$\{\overline{\boldsymbol{F}}_1\} = \{\boldsymbol{F}_1\} - [\boldsymbol{K}]\theta_1\{\dot{\bar{u}}_n\}\Delta t - [\boldsymbol{K}]\{\bar{u}_n\} + [\boldsymbol{C}]\{\bar{h}_n\} \tag{4.143}$$

$$\{\overline{\boldsymbol{F}}_2\} = -\{\boldsymbol{F}_2\} + [\boldsymbol{H}]\{\bar{h}_n\} + [\boldsymbol{C}]^{\mathrm{T}}\{\bar{u}_n\} \tag{4.144}$$

视权函数 W 和 $\overline{W}$ 的具体形式，θ_1、θ_2 和 $\bar{\theta}_1$ 可能在 $0\sim1$ 之间变化。但只有在满足下列条件时，上述时间差分方程才是无条件稳定的。

$$\theta_2 \geqslant \theta_1 \geqslant 1/2 , \quad \bar{\theta}_1 \geqslant 1/2 \tag{4.145}$$

解出 $\{\ddot{\bar{\boldsymbol{u}}}\}$ 及 $\{\dot{\bar{\boldsymbol{h}}}\}$ 以后，回代到式（4.133）~式（4.137），以便求解下一时刻的位移 $\{\boldsymbol{u}\}_{n+1}$ 和流势 $\{\boldsymbol{h}\}_{n+1}$。

复习思考题

1. 土的动力学特性指的是什么？

2. 土的振动液化现象是什么？

3. 土在循环荷载作用下的动应力—应变关系有哪些特点？

4. 什么是振动？什么是波动？有什么区别和联系？

5. 什么是动强度曲线？

6. 动强度的破坏标准是什么？

7. 研究动荷载作用下土中孔隙水压力的发展变化规律 2 个最常用的模型是什么？

8. 从土的动力学特性的角度出发，什么是液化？

9. 液化的表现形式有哪些？分别指的是什么？

10. 土体的振动液化必须具备 3 个基本条件是什么？

11. 影响地震液化的因素主要包括哪 4 个方面？

12. 依据现场和室内试验，液化的判别标准分别是什么？

13. 在周期荷载作用下，土的动应力-应变关系具有哪 3 方面的基本特性？

14. 土的 3 个基本力学属性可以抽象出对应的 3 个基本力学元件分别是什么？

15. 在土体动力分析中，等效线性黏弹性模型有哪些缺点？

16. 基于广义塑性理论建立的动本构 Pastor – Zienkiewicz Ⅲ模型具有哪些特点？

17. 拟耦合饱和土体的动力分析方法特点是什么？该方法有什么不足之处？

参考文献

[1] 吴世民. 土动力学 [M]. 北京：中国建筑工业出版社，2000.

[2] 吴世明. 土介质中的波 [M]. 北京：科学出版社，1997.

[3] 谢定义. 土动力学 [M]. 北京：高等教育出版社，2011.

[4] 谢定义. 应用土动力学 [M]. 北京：高等教育出版社，2013.

[5] 王钟琦，谢君斐，石兆吉. 地震工程地质导论 [M]. 北京：地震出版社，1983.

[6] 胡聿贤. 地震工程学 [M]. 2 版. 北京：地震出版社，2006.

[7] 陈国兴. 岩土地震工程学 [M]. 北京：科学出版社，2007.

[8] 顾淦臣，沈长松，岑威军. 土石坝地震工程学 [M]. 北京：中国水利水电出版社，2009.

[9] 刘玉海，陈志新，倪万魁. 地震工程地质学 [M]. 北京：地震出版社，1998.

[10] 李杰，李国强. 地震工程学导论 [M]. 北京：地震出版社，1992.

[11] 袁一凡，田启文. 工程地震学 [M]. 北京：地震出版社，2012.

[12] Kramer S L. Geotechnical earthquake engineering [M]. New Jersey：Prentice Hall，1995.

[13] Day R W. Geotechnical earthquake engineering handbook [M]. New York：McGraw – Hill，2001.

[14] Das B M，Ramana G V. Principles of soil dynamics (second edition) [M]. Stanford：Cengage learning，2011.

[15] Hardin B O，Drnevich V P. Shear modulus and damping in soils：design equations and curves [J]. Journal of soil mechanics and foundations，ASCE，1972 (7)：667 – 692.

[16] Hardin B O，Black W L. Vibration modulus of normally consolidation clay [J]. Journal of SMFD，ASCE，1968 (1)：353 – 369.

[17] Seed H B，Martin G R，Lysmer L. The generation and dissipation of pore water pressure during soil liquefaction [R]. Report No. EERC75 – 26，EERC，UC，Berkeley，1975.

[18] Finn W D L，Lee K W，Martin G R. An effective stress model for liquefaction [J]. Journal of Geotechnical Engineering，ASCE，1977 (6)：517 – 533.

[19] 徐志英，沈珠江. 地震液化的有效应力二维动力分析方法 [J]. 华东水利学院学报，1981，(3)：1 – 14.

[20] Martin G R，Finn W D L，Lee K W. Fundamentals of liquefaction under cyclic loading [J]. Journal

of Geotechnical Engineering，ASCE，1975（5）：423 - 438.

[21]　Seed H B，Knneth L L，Faiz I B. Dynamic analysis of the slide in the lower San Fernando Dam During the earthquake of the Februay 9 1971 [J]. Journal of the Geotechnical Engineering Division，ASCE，1975，Proc. No. GT9. 889 - 911.

[22]　周健，徐志英. 土（尾矿）坝的三维有效应力的动力反应分析 [J]. 地震工程和工程振动，1984，4（3）：60 - 70.

[23]　徐志英. 土坝地震孔隙水压力产生、扩散和消散的有限元法动力分析 [J]. 华东水利学院学报，1981，4：1 - 16.

[24]　徐志英，周健. 土坝地震孔隙水压力产生、扩散和消散的三维动力分析 [J]. 地震工程与工程振动，1985，5（4）：58 - 72.

[25]　盛虞，卢盛松，姜朴. 土工建筑物动力固结的耦合振动分析 [J]. 水利学报，1989，12：31 - 42.

[26]　Klar A，Baker R，Frydman S. Seismic soil - pile interaction in liquefiable soil [J]. Soil Dynamics and Earthquake Engineering，2004，24（8）：551 - 564.

[27]　Klar A，Frydman S，Baker R. Seismic analysis of infinite pile groups in liquefiable soil [J]. Soil Dynamics and Earthquake Engineering，2004，24（8）：565 - 575.

[28]　张建民，王刚. 考虑地基液化后大变形的桩-土动力相互作用分析 [J]. 清华大学学报（自然科学版）2004，44（3）：429 - 432.

[29]　Biot M A. General theory of three－dimensional consolidation [J]. J. Appl. Phys.，1941，12：155 - 164.

[30]　Biot M A. Theory of propagation of elastic waves in a fluid - saturated porous solid [J]. The Journal of the Acoustical Society ofAmerica，1956，28：168 - 191.

[31]　Hardin B O，Drnevich V P. Shear modulus and damping in soils：measurement and parameter effects [J]. Journal of the Soil Mechanics and Foundation Engineering Division，ASCE，1972，6（98）：603 - 624.

[32]　谢定义. 土动力学 [M]. 西安：西安交通大学出版社，1988.

[33]　张克绪. 土动力学 [M]. 北京：地震出版社，1989.

[34]　周健，白冰. 徐建平土动力学理论与计算 [M]. 北京：中国建筑工业出版社，2001.

[35]　Dafalias Y E，Popov E P. A model of nonlinearly hardening materials for complex loading [J]. Acta Mech.，1975，21（3）：173 - 192.

[36]　Dafalias Y E，Herrmann L R. A bounding surface soil plasticity model [J]. Int. Symp. Soils Cyclic Transient Loading，1980，1：335 - 345.

[37]　Prevost J H. A simple plasticity theory for frictional cohesionless soils [J]. Soil Dynamics and Earthquake Engineering，1985，4（1）：9 - 17.

[38]　Wang Z L，Dafalias Y F，Shen C K. Bounding surface hypoplasticity model for sand [J]. Journal of Engineering Mechanics，1990，116（5）：983 - 1001.

[39]　Mroz Z，Zienkiewicz O C. Uniform formulation of constitutive equaitons for clays and sands [J]. Mechanics of Engineering Material，Desai，C. S. and Gallagher，R. H.（eds），Willey，1984，ch. 22：415 - 449.

[40]　Zienkiewicz O C，Mroz Z. Generalized plasticity formulation and application togeomechanics [J]. Mechanics of Engineering Material，Desai，C. S. and Gallagher，R. H.（eds），Willey，1984，ch. 33：655 - 679.

[41]　Zienkiewicz O C，Leung K H，Pastor M. Simple model for transient soil loading in earthquake analysis：I. Basic model and its application [J]. International Journal for Numerical and Analytical Methods in Geomechanics，1985（9）：453 - 476.

[42] Pastor M, Zienkiewicz O C. Leung K H. Simple model for transient soil loading in earthquake analysis: II. Non-associative models for sands [J]. International Journal for Numerical and Analytical Methods in Geomechanics, 1985, 9 (5): 477-498.

[43] Pastor M, Zienkiewicz O C, Chan A H C. Generalized plasticity and the modeling of soil behavior [J]. International Journal for Numerical and Analytical Methods in Geomechanics, 1990, 14: 151-190.

[44] Zienkiewicz O C, Chan A H C, Pastor M, Schrefler B A, Shiomi T. Computational Geomechanics with Special Reference to Earthquake Engineering [M]. New York: John Wiley & Sons, 1998.

[45] Zienkiewicz O C, Taylor R L. The Finite Element Method [M]. 5th edition, London: Butterworth-Heinemann, 2000.

[46] Zienkiewicz O C, Shiomi T. Dynamic behavior of saturated porous media: the generalized Biot formulation and its numerical solution [J]. International Journal for Numerical and Analytical Methods in Geomechanics, 1984, 8: 71-96.

[47] 黄茂松，李进军. 饱和多孔介质土动力学理论与数值解法 [J]. 同济大学学报（自然科学版），2004，32 (7): 851-856.

[48] 赵成刚，闫华林，李伟华，等. 考虑耦合质量影响的饱和多孔介质动力响应分析的显式有限元法 [J]. 计算力学学报，2005，22 (5): 555-561.

[49] 章根德，宁书城. 地震载荷作用下土-结构相互作用的数值分析 [J]. 地震学报，1997，19 (4): 393-398.

[50] 王刚，张建民. 波浪作用下某防沙堤的动力固结有限元分析 [J]. 岩土力学，2006，27 (4): 555-560.

[51] 吴敏敏. 重力式码头震动响应规律研究 [D]. 北京：清华大学，2006.

[52] 刘光磊. 饱和地基中地铁地下结构地震反应机理研究 [D]. 北京：清华大学，2006.

[53] 明海燕，李相崧. Lower San Fernando 土坝破坏及加固的完全耦合分析 [J]. 岩土工程学报 2002，24 (3): 294-300.

[54] 吴兴征，栾茂田，李相崧. 复杂加载路径下堆石料动力本构模型及数值模拟 [J]. 世界地震工程，2001，17 (1): 9-14.

[55] 刘汉龙，吉合进. 大型沉箱式码头岸壁地震反应分析 [J]. 岩土工程学报，1998，20 (2): 26-30.

[56] 汪明武，井合进，飞田哲男. 栈桥式构筑物抗震性能动态离心模型试验的数值模拟 [J]. 岩土工程学报，2005，27 (7): 738-741.

[57] Popescu R, Prevost J H, Deodatis G, Chakrabortty P. Dynamics of nonlinear porous media with applications to soil liquefaction [J]. Soil Dynamics and Earthquake Engineering, 2006, 26 (6-7): 648-665.

[58] Pyke R M. Nonlinear soil models for irregular cyclic loading [J]. Journal of Geotechnical Engineering, ASCE, 1979 (6): 715-726.

[59] 陈国兴，庄海洋. 基于 Davidenkov 骨架曲线的土体动力本构关系及其参数研究 [J]. 岩土工程学报，2005 (8): 860-864.

[60] Martin P P, Seed H B. One dimensional dynamic ground response analysis [J]. Journal of Geotechnical Engineering, ASCE, 1982 (7): 935-952.

[61] Zhuang Haiyang, Chen Guoxing. A viscous-plastic model for soft soil under cyclic loadings [J]. Geotechnical Special Publication (GSP), ASCE, 2006: 343-350.

[62] 庄海洋，陈国兴，朱定华. 土体动力粘塑性记忆型嵌套面本构模型及其验证 [J]. 岩土工程学报，2006 (10): 1267-1272.

[63] 郑颖人，沈珠江，龚晓南. 岩土塑性力学原理 [M]. 北京：中国建筑工业出版社，2002.

[64] 王建华，要明伦. 软黏土不排水循环特性的弹塑性模拟 [J]. 岩土工程学报，1996 (3): 11-18.

［65］ 庄海洋，陈国兴. 地铁地下结构抗震［M］. 北京：科学出版社，2017.

［66］ 邵生俊. 砂土的物态本构模型及应用［M］. 西安：陕西科学技术出版社，2001.

［67］ 李荣建. 土坡中抗滑桩抗震加固机理研究［D］. 北京：清华大学，2008.

［68］ 朱百里，沈珠江. 计算土力学［M］. 上海：上海科学技术出版社，1990.

［69］ 李荣建，邓亚虹. 土工抗震［M］. 北京：中国水利水电出版社，2014.

［70］ 宋焱勋，李荣建，邓亚虹. 岩土工程抗震及隔振分析原理与计算［M］. 北京：中国水利水电出版社，2014.

第 5 章 天然水平地层动力分析

5.1 概述

地基的地震反应分析有 2 方面的意义：①它可以分析地层的地震动，如从基岩地震动推算地表土层的地震动，或者从地表土层的地震动特性推算基岩地震动；②研究地基本身的抗震性能，例如地基的液化分析、动强度分析等等。关于地基的地震反应分析方法，目前大多数是考虑由基岩发生的剪切波通过地基土层向上传播到地面的作用。基于剪切波向上传播的地基反应分析方法主要有如下 3 种。

（1）剪切层法。通过弹性介质的剪切振动微分方程和边界条件，求出地基的地震反应。

（2）集中质量法。把地基看作有限个集中质量的体系，采用结构动力学方法求出地震反应。

（3）有限单元法。该法将地基看作为有限多个单元组成的体系，采用结构动力学方法求解。比起前 2 种方法来，该法能考虑复杂地形、土的非线性、弹塑性、土中孔隙水影响等。

5.2 水平地层的剪切层时域动力分析法

5.2.1 振动方程的建立

设地基地面水平，土层厚度为 H，土层性质沿水平方向不变，土的动剪切模量 G 不随深度而变化。基岩面有一水平向地震运动，其水平位移为 $\delta_g(t)$，加速度为 $\ddot{\delta}_g(t)$，见图 5.1。

今考虑地基内的一个土柱，其水平横断面面积为 1 的正方形。剪切层法就是把地基"土柱"看作是受剪切振动的"竖直梁"。向下坐标系以 z 表示水平地层，水平方向的相对位移以 δ 表示，在 z 深度处截取厚度为 dz 的微分体，其上的作用力有：

顶部剪应力：
$$\tau = G\gamma = G\frac{\partial \delta}{\partial z}$$

底部剪应力：
$$\tau + \frac{\partial \tau}{\partial z}dz = G\frac{\partial \delta}{\partial z} + G\frac{\partial^2 \delta}{\partial z^2}dz$$

惯性力：
$$F_I = \rho dz\left[\frac{\partial^2 \delta}{\partial t^2} + \ddot{\delta}_g(t)\right]$$

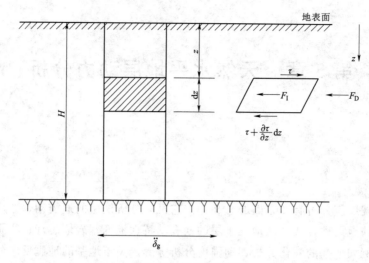

图 5.1　剪切层法简图

阻尼力：
$$F_D = c\,dz\,\frac{\partial \delta}{\partial t}$$

式中：γ 为剪应变；ρ 为土的密度；c 为土的阻尼系数，$c = 2\rho\lambda\omega$。

根据微分体的平衡条件 $\sum F_x = 0$，得到运动方程为

$$\frac{\partial^2 \delta}{\partial t^2} + \frac{c}{\rho}\frac{\partial \delta}{\partial t} - \frac{G}{\rho}\frac{\partial^2 \delta}{\partial z^2} = -\ddot{\delta}_g(t) \tag{5.1}$$

5.2.2　地基土的振动特性

如果在方程式（5.1）中令 $c = 0$ 和 $\ddot{\delta}_g = 0$，则获得地基无阻尼情况时的自由振动方程为

$$v_S^2\frac{\partial^2 \delta}{\partial z^2} = \frac{\partial^2 \delta}{\partial t^2} \tag{5.2}$$

式中：v_S 为土的剪切波波速，$v_S = \sqrt{\dfrac{G}{\rho}}$。

假定方程式（5.1）具有以下形式的解答，即

$$\delta = \phi(z)\sin\omega t \tag{5.2a}$$

即假定地基剪切梁按振型 $\phi(z)$ 做简谐运动。将上式代入式（5.2），消去 $\sin\omega t$ 后，得到关于振型 $\phi(z)$ 的常微分方程，为

$$\frac{d^2\phi}{dz^2} + \frac{\omega^2}{v_S^2}\phi = 0 \tag{5.2b}$$

该方程的通解为

$$\phi = C_1\cos\left(\frac{\omega}{v_S}z\right) + C_2\sin\left(\frac{\omega}{v_S}z\right) \tag{5.2c}$$

常数 C_1、C_2 根据边界条件决定，边界条件为

$$z = 0, \quad \tau = 0\left(\text{即}\frac{d\phi}{dz} = 0\right) \tag{5.2d}$$

$$z = H, \quad \delta = 0(\text{即}\ \phi = 0) \tag{5.2e}$$

将第一个条件代入式（5.2c），得 $C_2 = 0$；将第二个条件代入式（5.2c），得

$$C_1 \cos\left(\frac{\omega}{v_S} H\right) = 0 \tag{5.2f}$$

为了获得非零解，应使

$$\cos\left(\frac{\omega}{v_S} H\right) = 0 \tag{5.2g}$$

这就是线弹性地基的自振频率方程，不难看出，当

$$\frac{\omega}{v_S} H = \frac{(2j-1)\pi}{2} (j = 1, 2, \cdots) \tag{5.2h}$$

时，频率方程得以满足。因此，它就是频率方程的解答。从上式求得厚度为 H 的土层第 j 阶振型的频率 ω_j 为

$$\omega_j = \frac{(2j-1)\pi}{2H} v_S \tag{5.3}$$

相应的自振周期为

$$T_j = \frac{2\pi}{\omega_j} = \frac{4H}{(2j-1)v_S} \tag{5.4}$$

而且 $4H/(2j-1)$ 值表示周期 T_j 的波长。

当 $j=1$ 时，$T_1 = \dfrac{4H}{v_S}$。T_1 称为土层的基本周期，也称为"卓越周期"。由式（5.4）可知，土层的周期与土层的厚度成正比，而与其波速成反比。如果土的密度不变，则土层的周期与其剪切模量 G 的平方根成反比。因此，地震时，由基岩发出的剪切波向上传播，对土层的振动的影响为：①土层越厚，土层的自振频率越小，自振周期越大，地震时具有低频率的柔性建筑物易遭受破坏；②土层越软，土层的自振频率越小，自振周期越大，地震时具有低频率的柔性建筑物易遭受破坏。

对于成层地基，根据式（5.4），可以写出每层土的周期，即

$$\Delta T_{1.i} = \frac{4h_i}{v_{S.i}}$$

式中：$\Delta T_{1.i}$ 为厚度为 h_i 的土层的基本周期；$v_{S.i}$ 为厚度为 h_i 的土层的剪切波波速。

因此，成层土地基的基本周期为

$$T = 4 \sum_{i=1}^{n} \frac{h_i}{v_{S.i}} \tag{5.5}$$

5.2.3　地基振动方程的解答

设土是密度均匀、阻尼为常数的线弹性体，其动剪切模量 G 随深度的变化规律为

$$G = Az^B$$

运动方程式（5.1）改写为

$$\rho \frac{\partial^2 \delta}{\partial t^2} + c \frac{\partial \delta}{\partial t} - \frac{\partial}{\partial z}\left(Az^B \frac{\partial \delta}{\partial z}\right) = -\rho \ddot{\delta}_g(t)$$

该方程是二阶双曲型偏微分方程。当 $B=0$ 以及 $\ddot{\delta}_g$ 是时间的简单函数或等于 0 时，该方程就退化为线性双曲型偏微分方程，它的解答在有关的数学书中可查到。当 $B \neq 0$

时，该方程的解答已由伊德里斯（Idriss）等用分离变量法获得，即

$$\delta(z,t)=\sum_{n=1}^{\infty}\phi_n(z)T_n(t) \tag{5.6}$$

其中

$$\phi_n(z)=\left(\frac{\beta_n}{2}\right)^b\Gamma(1-b)\left(\frac{z}{H}\right)^{\frac{b}{\theta}}J_{-b}\left[\beta_n\left(\frac{z}{H}\right)^{\frac{1}{\theta}}\right] \tag{5.7}$$

而 T_n 是下列方程的解，即

$$\ddot{T}_n+2\lambda_n\omega_n\dot{T}+\omega_n^2T_n=-R_n\ddot{\delta}_g \tag{5.8}$$

J_{-b} 是 $-b$ 阶第一类贝塞尔（Bessel）函数；β_n 是 $J_{-b}(\beta_n)=0$ 的根，$n=1$，2，…；Γ 是 Gamma 函数；$\lambda_n=c/2\rho\omega_n$。

ω_n、R_n 表达式为

$$\omega_n=\frac{\beta_n\sqrt{\dfrac{A}{P}}}{\theta H^{\frac{1}{\theta}}}$$

$$R_n=\frac{1}{\left(\dfrac{\beta_n}{2}\right)^{1+b}\Gamma(1-b)J_{1-b}(\beta_n)}$$

b 与 θ 都是常数，它们与 B 的关系为

$$\begin{cases}B\theta-\theta+2b=0\\B\theta-2\theta+2=0\end{cases} \tag{5.9}$$

式（5.9）只限于 $B\leqslant\dfrac{1}{2}$ 的情况。当 $B>\dfrac{1}{2}$ 时，不能获得贝塞尔函数形式的解答。

方程式（5.7）确定出圆频率为 ω_n 的第 n 个振型 $\phi_n(z)$，方程式（5.8）可用数值积分求解。一旦 $\phi_n(z)$ 和 $T_n(t)$ 确定后，代入式（5.6）即可求得任意深度处的相对位移 $\delta(z,t)$。对时间 t 求导得相对速度，求导二次得相对加速度。

对于黏土地基一般可认为 G 为常数，不随深度而变，因此 $B=0$。但对于非黏性土地基，G 是随深度而变化的，一般随着周围压力的约 1/3 或 1/2 次幂而变化。

下面对 2 种特殊情况，给出其解答思路。

1. G 为常数的地基

这种情况下，$B=0$、$G=A$，从式（5.9）得，$b=1/2$、$\theta=1$。运动方程为

$$\rho\frac{\partial\delta^2}{\partial t^2}+c\frac{\partial\delta}{\partial t}-G\frac{\partial^2\delta}{\partial z^2}=-\rho\ddot{\delta}_g \tag{5.10}$$

方程式（5.10）为常系数的标准双曲型方程，已有现成的解答。然而也可用 $B=0$、$b=1/2$ 和 $\theta=1$ 代入方程式（5.7）和式（5.8）中得出解答，即

$$\begin{cases}\phi_n(z)=\cos\dfrac{(2n-1)}{2}\dfrac{z}{H}\\[2mm]\ddot{T}_n+2\lambda_n\omega_n\dot{T}+\omega_n^2T_n=(-1)^n\dfrac{4}{(2n-1)}\ddot{\delta}_g\\[2mm]\omega_n=\dfrac{(2n-1)\pi}{2H}\sqrt{\dfrac{G}{\rho}}\end{cases} \tag{5.11}$$

其解为

$$\delta(z,t) = \sum_{n=1}^{\infty} \cos \frac{(2n-1)\pi}{2} \left(\frac{z}{H}\right) T_n(t) \tag{5.12}$$

式中：$T_n(t)$ 由方程式（5.11）解出。

2. G 与深度立方根成正比的地基

这种情况下，$B = \frac{1}{3}$、$G = Az^{\frac{1}{3}}$，由式（5.9）得 $b = 0.4$、$\theta = 1.2$，因此

$$\begin{cases} \phi_n(z) = 0.6\Gamma\left(\frac{\beta_n}{2}\right)^{0.4}\left(\frac{z}{H}\right)^{\frac{1}{3}}J_{-0.4}\left[\beta_n\left(\frac{z}{H}\right)^{\frac{5}{6}}\right] \\[2mm] \ddot{T}_n + 2\lambda_n\omega_n\dot{T}_n + \omega_n^2 T_n = -\dfrac{1}{0.6\Gamma(\beta_n/2)^{1.4}J_{0.6}(\beta_n)}\ddot{\delta}_g \\[2mm] \omega_n = \dfrac{\beta_n\sqrt{\dfrac{A}{\rho}}}{1.2H^{\frac{5}{6}}} \end{cases} \tag{5.13}$$

其解为

$$\delta(z,t) = \sum_{n=1}^{\infty} 0.6\Gamma\left(\frac{\beta_n}{2}\right)^{0.4}\left(\frac{z}{H}\right)^{\frac{1}{3}}J_{-0.4}\left[\beta_n\left(\frac{z}{H}\right)^{\frac{5}{6}}\right]T_n(t) \tag{5.14}$$

式中 $T_n(t)$ 由式（5.13）解出；β_n 是 $J_{-0.4}(\beta_n) = 0$ 的根，如 $\beta_1 = 1.7510$、$\beta_2 = 4.8785$、$\beta_3 = 8.0166$、$\beta_4 = 11.1570$ 等。

5.3 天然地层的集中质量法

集中质量法就是将受到剪切振动的土柱质量集中在若干个点上，然后按多质点体系进行动力反应分析。实际上，这种方法同前述的剪切层法的概念一样的，但是剪切层法要求土层的 G 为常数或随深度作有规律的变化，才能得到闭合形式的解。如果土是成层的，土的 G 沿深度不是常数或没有规律性的变化，则就需要把地基分成若干接近于均质的土层。分层的原则就是按 G 相同的土层划分为一层或多层（图 5.2），把每层的质量的 1/2 集中作用在上部边界上，另 1/2 集中在下面边界上，最下层的下半部分的质量牢固地固定在基岩上。因而各个集中质量用下式计算，即

$$m_i = \frac{1}{2}(\rho_i h_i + \rho_{i+1} h_{i+1}) \tag{5.15}$$

式中：ρ_i、ρ_{i+1} 分别为第 i 层和第 $i+1$ 层的密度；h_i、h_{i+1} 分别为第 i 层和第 $i+1$ 层的厚度。

如图 5.2 所示，假定集中质点由适当的弹簧和阻尼器连接，弹簧代表弹性恢复力，阻尼器代表振动的黏滞阻力。这样，把地基看作某种劲度和阻尼的多质点振动体系，考虑各质点的动力平衡条件，可以得出运动方程，即

$$[M]\{\ddot{\delta}\} + [C]\{\dot{\delta}\} + [K]\{\delta\} = -[M]\{l\}\ddot{\delta}_g(t) \tag{5.16}$$

该方程可按第 3 章中相应的动力反应分析方法求解。

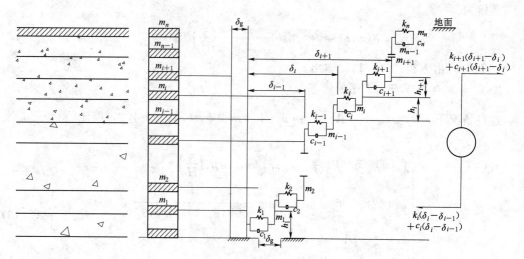

图 5.2 地基的集中质量法模型

5.4 天然地层的动力有限元法

有限单元法是近几十年来发展的一种有效的计算方法，在土体动应力、应变、强度和稳定性的研究中，有限单元法占据着重要的地位。

土体动力分析的有限元法和静力情况的方法一样（图 5.3），需先对土体离散化，把土体分割成在有限个结点处连接起来的单元（三角形、四边形、六面体等）的离散体网格，选好坐标，对单元和结点分别进行编号，对每个单元用有限个参数描述各自的力学特性和运动特性，再将这些单元体进行组装形成具有相应力学特性的连续的整体结构，由此建立各种物理量的平衡关系，最后归结为求解线性代数方程组。但是由于动力问题中作用在弹性体上的干扰荷载与时间有关，相应的位移、应变和应力都是时间的函数，因此在建立单元体的力学特性时，除静作用力之外，尚需再考虑作用力以及惯性力和阻尼力。引入这些力的影响之后，就可以建立单元体和连续体的动力基本方程，最后同样归结为求解线性代数方程组。

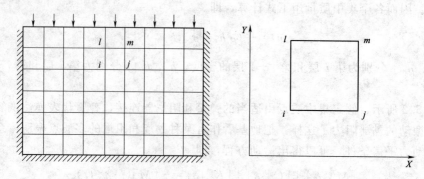

图 5.3 动力有限元分析

5.4.1 单元体的力学特性计算

确定单元体的力学特性就是建立结点位移分量与单元体中应变分量的关系（利用弹性力学中的几何方程），建立结点位移分量与单元体中应力分量的关系（用弹性力学中的物理方程），建立结点位移与结点力和荷载的关系（用虚功原理）。

为了使结点位移与单元内部和单元之间的变形保持完全协调性，常需在单元体内任一点的位移与结点坐标之间寻找满足变形协调的关系，再利用结点位移确定其中的待定常数，从而得出用结点位移和结点坐标来表示单元体内任一点位移的表达式 $\{\pmb{\delta}\}=[\pmb{N}][\pmb{\delta}]_e$，称为位移函数。

基于位移函数，可根据弹性力学中的几何方程将单元体内任一点的应变分量也用结点坐标和结点位移表示为 $\{\pmb{\varepsilon}\}=[\pmb{B}][\pmb{\delta}]_e$，$[\pmb{B}]$ 称为应变矩阵。有了单元体的应变分量，即可根据弹性力学中的物理方程，求得单元体的应力分量为 $\{\pmb{\sigma}\}=[\pmb{D}]\{\pmb{\varepsilon}\}$（$[\pmb{D}]$ 称为弹性矩阵）或 $\{\pmb{\sigma}\}=[\pmb{D}][\pmb{B}]\{\pmb{\delta}\}_e=[\pmb{S}]\{\pmb{\delta}\}_e$（$[\pmb{D}][\pmb{B}]$ 称为应力矩阵）。由于 $[\pmb{N}]$ 和 $[\pmb{B}]$ 都是以相应的形状函数为元素的矩阵，$[\pmb{D}]$ 是以材料的弹性常数函数为元素的矩阵，都与时间有关，故它们在动力问题中与其在静力问题中相同，即

$$\begin{cases} \{\pmb{\delta}(t)\}=[\pmb{N}]\{\pmb{\delta}(t)\}_e \\ \{\pmb{\varepsilon}(t)\}=[\pmb{B}]\{\pmb{\delta}(t)\}_e \\ \{\pmb{\sigma}(t)\}=[\pmb{D}][\pmb{B}]\{\pmb{\delta}(t)\}_e \end{cases} \tag{5.17}$$

为了得到节点的位移与结点力和载荷的关系，在静力条件下应用虚功原理，假定单元体结点发生了虚位移，即引起相应的虚应变，则外力（包括结点力和体力，面力引起的等效结点力）在单元体上所做的外部虚功在数值上应该等于虚应变在单元体内所引起的应变能的增量。再考虑前述的单元力学特性，即可在结点力与结点位移和其他荷载之间建立联系，如

$$\{\pmb{P}\}_e=[\pmb{K}]_e\{\pmb{\delta}\}_e+\{\pmb{P}\}_{ev}+\{\pmb{P}\}_{e\phi} \tag{5.18}$$

或写为

$$\{\pmb{R}\}_e=[\pmb{K}]_e\{\pmb{\delta}\}_e \quad （[\pmb{K}]_e 称为刚度矩阵） \tag{5.19}$$

式中：$\{\pmb{P}\}_e$ 为结点力；$\{\pmb{P}\}_{ev}$ 为体力引起的等效结点力；$\{\pmb{P}\}_{e\phi}$ 为面力引起的等效结点力；$\{\pmb{R}\}_e=\{\pmb{P}\}_e-\{\pmb{P}\}_{ev}-\{\pmb{P}\}_{e\phi}$；$[\pmb{K}]_e=[\pmb{B}]^{\mathrm{T}}[\pmb{D}][\pmb{B}]$。

同样，在动力条件下也可以利用虚功原理。此外，外力除包括结点力、体力、面力外，尚需考虑惯性力和阻尼力。如以 $\{\bar{\pmb{\delta}}(t)\}_e$ 表示单元体结点的任意虚位移，则在整个单元体上虚位移为

$$\{\bar{\pmb{\delta}}(t)\}=[\pmb{N}]\{\bar{\pmb{\delta}}(t)\}_e \tag{5.20}$$

一方面，外力在单元体上所作的虚功为

$$\{\bar{\pmb{\delta}}(t)\}_e^{\mathrm{T}}\{\pmb{P}(t)\}_e+\iiint\limits_{\Omega_e}\{\bar{\pmb{\delta}}(t)\}^{\mathrm{T}}\{\pmb{F}(t)\}\mathrm{d}v^{(\mathrm{T})}-\iiint\limits_{\Omega_e}\{\bar{\pmb{\delta}}(t)\}^{\mathrm{T}}\rho\frac{\partial^2\{\pmb{\delta}(t)\}}{\partial t^2}\mathrm{d}v$$

$$-\iiint\limits_{\Omega_e}\{\bar{\pmb{\delta}}(t)\}^{\mathrm{T}}b\frac{\partial^2\{\pmb{\delta}(t)\}}{\partial t}\mathrm{d}v+\iint\limits_{s_e\cap s_\sigma}\{\bar{\pmb{\delta}}(t)\}^{\mathrm{T}}\{\pmb{\phi}(t)\}\mathrm{d}s \tag{5.21}$$

上式中的 5 项依次为结点力、体力、惯性力、阻尼力及面力所作的虚功。Ω_e 表示单元的体积，$s_e \bigcap s_\sigma$ 表示 Ω_e 的边界 s_e 与弹性体面力边界 s_σ 重合的部分，b 为单位体积的阻尼系数。

另一方面，由于虚位移在单元体内引起的虚应变为

$$\{\bar{\varepsilon}(t)\} = [B]\{\bar{\delta}(t)\}_e \qquad (5.22)$$

故单元体应变能的增量（内虚功）为

$$\iiint\limits_{\Omega_e} \{\bar{\varepsilon}(t)\}^T\{\boldsymbol{\sigma}(t)\mathrm{d}v = \iiint [B]^T \{\bar{\delta}(t)\}_e^T [D][B]\{\boldsymbol{\delta}(t)\}_e \mathrm{d}v \qquad (5.23)$$

因此，令内虚功式（5.23）与外虚功式（5.21）相等，并将上列表达式中的 $\{\bar{\delta}(t)\}_e$、$\{\bar{\varepsilon}(t)\}$ 和 $\sigma(t)$ 均表示为与结点位移 $\{\boldsymbol{\delta}(t)\}_e$ 的关系，同时，考虑到 $\{\bar{\delta}(t)\}^T$ 和 $\{\boldsymbol{\delta}(t)\}$ 与积分变量无关，可以提到积分号外边，经过整理可得：

$$\{\bar{\delta}(t)\}\left\{\{\boldsymbol{P}(t)\}_e - \iiint [B]^T[D][B]\{\boldsymbol{\delta}(t)\}_e \mathrm{d}v - \iiint\limits_{\Omega_e} \rho[N]^T[N]\frac{\partial^2\{\boldsymbol{\delta}(t)\}_e}{\partial t^2}\mathrm{d}v \right.$$

$$\left. - \iiint\limits_{\Omega_e} b[N]^T[N]\frac{\partial\{\boldsymbol{\delta}(t)\}_e}{\partial t}\mathrm{d}v + \iiint\limits_{\Omega_e} [N]^T\{\boldsymbol{F}(t)\}\mathrm{d}v + \iint\limits_{s_e \bigcap s_\sigma}[N]^T\{\boldsymbol{\phi}(t)\mathrm{d}s\}\right\} = 0 \quad (5.24)$$

上式中由于 $\{\bar{\delta}(t)\}^T$ 的任意性，故在括号内的项必须等于零，即得到

$$\{\boldsymbol{P}(t)\}_e = [K]_e\{\boldsymbol{\delta}(t)\}_e + [M]_e\frac{\partial^2\{\boldsymbol{\delta}(t)\}_e}{\partial^2 t} + [C]_e\frac{\partial\{\boldsymbol{\delta}(t)\}_e}{\partial t} + \{\boldsymbol{P}(t)_v\}_e + \{\boldsymbol{P}(t)_\phi\}_e$$

$$(5.25)$$

式中：$[K]_e = \iiint\limits_{\Omega_e}[B]^T[D][B]\mathrm{d}v$ 为单元刚度矩阵；$[M]_e = \iiint\limits_{\Omega_e}\rho[N]^T[N]\mathrm{d}v$ 为单元质量矩阵；$[C]_e = \iiint\limits_{\Omega_e}b[N]^T[N]\mathrm{d}v$ 为单元阻尼矩阵；$\{\boldsymbol{P}(t)_v\} = \iiint\limits_{\Omega_e}[N]^T\{\boldsymbol{F}(t)\}\mathrm{d}v$ 为单元上的体力对结点的贡献或称体力的有效结点力；$\{\boldsymbol{P}(t)_\phi\}_e = \iint\limits_{s_e \bigcap s_\sigma}[N]^T\{\boldsymbol{\phi}(t)\}\mathrm{d}s$ 为单元上的面力对结点的贡献，或称面力的有效结点力。

5.4.2 整体的力学特性计算

通过考虑各结点 i 作用的结点力 P_{ei} 和结点集中荷载 $\{\tilde{R}\}_i$ 的平衡条件，可以组合整体的力学特性，要建立整个以结点位移为未知量的线性方程组。

因考虑体力的等效结点力 $\{P\}_{ev}$ 和面力的等效结点力 $\{P\}_{e\phi}$ 作用时，总有效结点力为

$$\{P\}_{ei} = [K]_e\{\boldsymbol{\delta}\}_e + \{P\}_{ev} + \{P\}_{e\phi} \qquad (5.26)$$

故力的平衡关系为

$$\{\tilde{R}\}_i = \sum_e \{P\}_{ei} \quad (i = 1, 2, \cdots, n_0) \qquad (5.27)$$

式中 $\sum$ 号出现的仅是在 i 结点周围且以 i 作为一个顶点的那些单元，n_0 为结点数。将式（5.26）中有效结点力代入上式，可得

$$\{\widetilde{\boldsymbol{R}}\}_i - \sum_e [\boldsymbol{K}]_e \{\boldsymbol{\delta}\}_e - \sum_e (\{\boldsymbol{P}\}_{ev} + \{\boldsymbol{P}\}_{e\phi})_i = 0 \qquad (5.28)$$

或写为

$$\sum_e [\boldsymbol{K}]_e \{\boldsymbol{\delta}_i\} = \{\boldsymbol{R}\}_i \quad (i = 1, 2, \cdots, n_0) \qquad (5.29)$$

式中

$$\{\boldsymbol{R}\}_i = \{\widetilde{\boldsymbol{R}}\}_i - \sum_e (\{\boldsymbol{P}\}_{ev} - \{\boldsymbol{P}\}_{e\phi})_i \qquad (5.30)$$

上式称为总刚度方程，是一个以结点位移表示的结点平衡方程，叠加后用矩阵表示为

$$[\boldsymbol{K}]\{\boldsymbol{\delta}\} = \{\boldsymbol{R}\} \qquad (5.31)$$

式中：$[\boldsymbol{K}] = \sum_e [\boldsymbol{K}]_e$，它是一个 $2n_0 \times 2n_0$ 阶矩阵。

对于动力作用情况，同样考虑各结点上作用的结点力 $\{\boldsymbol{P}(t)\}$ 和结点上的集中荷载 $\{\widetilde{\boldsymbol{R}}(t)\}_i$ 的平衡条件得

$$\{\widetilde{\boldsymbol{R}}(t)\}_i - \sum \{\boldsymbol{P}(t)\}_{ei} = 0 \qquad (5.32)$$

同样，其中 $\sum$ 号中出现的仅为 i 结点周围，且以 i 作为一个顶点的那些单元，若组合体有 n_0 个结点，则上式可对 n_0 个结点写出。将前面得到的有效结点力公式代入式 (5.32)，可得

$$\sum_e \left([\boldsymbol{K}]_e \{\boldsymbol{\delta}(t)\}_e + [\boldsymbol{M}]_e \frac{\partial^2 \{\boldsymbol{\delta}(t)\}_e}{\partial^2 t} + [\boldsymbol{C}]_e \frac{\partial \{\boldsymbol{\delta}(t)\}_e}{\partial t} \right)_i$$
$$= \{\widetilde{\boldsymbol{R}}(t)\}_i - \sum (\{\boldsymbol{P}(t)\}_{ev} + \{\boldsymbol{P}(t)_{e\phi}\})_i (i = 1, 2, \cdots, n_0) \qquad (5.33)$$

上式叠加之后，写成矩阵形式，得动力基本方程：

$$[\boldsymbol{M}]\{\ddot{\boldsymbol{\delta}}(t)\} + [\boldsymbol{C}]\{\dot{\boldsymbol{\delta}}(t)\} + [\boldsymbol{K}]\{\boldsymbol{\delta}(t)\} = \{\boldsymbol{R}(t)\} \qquad (5.34)$$

式中 $[\boldsymbol{M}]$、$[\boldsymbol{C}]$ 和 $[\boldsymbol{K}]$ 分别称为总质量矩阵、总阻尼矩阵和总刚度矩阵，$\{R(t)\}$ 是结点荷载向量，分别表示如下：

$$[\boldsymbol{M}] = \sum_e [\boldsymbol{M}]_e, [\boldsymbol{C}] = \sum_e [\boldsymbol{C}]_e, [\boldsymbol{K}] = \sum_e [\boldsymbol{K}]_e \qquad (5.35)$$

$$\{\boldsymbol{R}(t)\} = \{\widetilde{\boldsymbol{R}}(t)\}_i - \sum_e (\{\boldsymbol{P}(t)\}_{ev} + \{\boldsymbol{P}(t)\}_{e\phi})_i \qquad (5.36)$$

对于上述动力方程求解时，不仅需要考虑约束边界条件外，还需要考虑初值条件。初值条件为

$$\{\boldsymbol{\delta}(t)\}_{t=0} = \{\boldsymbol{\delta}_0\} \quad \{\dot{\boldsymbol{\delta}}(t)\}_{t=0} = \{\dot{\boldsymbol{\delta}}_0\} \qquad (5.37)$$

5.4.3 动力基本方程的求解

当用有限元法建立动力基本方程以后，问题在于如何求解这些高阶的代数方程组，采用第 3 章中讨论的逐步积分法是一种途径，动力基本方程可利用第 3 章中讨论的逐步积分法求解转化后的增量动力方程：

$$[\widetilde{\boldsymbol{K}}]\{\widetilde{\boldsymbol{\delta}}(t + \Delta t)\} = \{\widetilde{\boldsymbol{P}}(t + \Delta t)\} \qquad (5.38)$$

5.5　砂土地层液化与软土地层震陷评价

5.5.1　《地下结构抗震设计标准》（GB/T 51336—2018）中液化判别法

（1）场地地震液化的判别和处理应符合下列规定：

1）当抗震设防地震动分档为 0.05g 时，对丙类地下结构可不进行场地地震液化判别和处理；对甲类、乙类地下结构可按抗震设防地震动分档为 0.10g 的要求进行场地地震液化判别和处理。

2）当抗震设防地震动分档为 0.10g 及以上时，乙类、丙类地下结构可按本地区的抗震设防地震动分档的要求进行场地地震液化判别；甲类地下结构应进行专门的场地液化和处理措施研究。

3）对甲类、乙类地下结构，宜对遭遇罕遇或极罕遇地震作用时的场地液化效应进行评价。

（2）地下结构场地的地震液化判别应采用四步判别法，按下列步骤进行判别：

1）液化初步判别。当饱和砂土、粉土或黄土土层符合下列条件之一时，可初步判别为不液化或可不考虑液化影响：①地质年代为第四纪晚更新世及其以前的饱和砂土、粉土和第四纪中更新世及其以前的饱和黄土，地震烈度为 7 度、8 度时的可判为不液化；②粉土和黄土的黏粒含量百分率当地震烈度为 7 度、8 度和 9 度分别不小于 10、13、16 和 12、15、18 时，可判为不液化土。

2）液化复判。当初步判别认为有液化可能时，应进行复判。当饱和砂土、粉土或黄土的初步判别认为要进一步进行液化判别时，应采用标准贯入试验判别法判别地表下 20m 深度范围内土的液化。当饱和土标准贯入锤击数小于或等于液化判别标准贯入锤击数临界值时，应判为液化土。当有成熟经验时，尚可采用其他判别方法。在地表下 20m 深度范围内，液化判别标准贯入锤击数临界值可按下式计算：

$$N_{cr} = N_0 \beta \left[\ln(0.6 d_s + 1.5) - 0.1 d_w \right] \sqrt{\frac{3}{\rho_c}} \tag{5.39}$$

式中：N_{cr} 为液化判别标准贯入锤击数临界值；N_0 为液化判别标准贯入锤击数基准值，由表 5.1 确定；d_s 为饱和土标准贯入点深度，m；ρ_c 为黏粒含量百分率（不包含%），当小于 3 或者为砂土时，取 3；d_w 为地下水位深度，m；β 为调整系数，设计地震第一组取 0.80，第二组取 0.95，第三组取 1.05。

表 5.1　液化判别标准贯入锤击数基准值 N_0

设计基本地震加速度/g		0.10	0.15	0.20	0.30	0.40
液化判别标准贯入锤击数基准数	饱和砂土或粉土	7	10	12	16	19
	饱和黄土	7	8	9	11	13

3）液化详判。当距结构物底部 10m 深度范围内的地层存在饱和砂土、粉土或黄土时，应进行详判。

地下结构底部位于饱和砂土或粉土层时，应对场地液化深度进行详判，并应符合下列规定。

a. 可按下列公式计算液化深度：

$$D_s = D_f + (1 - \eta_{gs})H\xi_s \tag{5.40}$$

$$\eta_{gs} = \begin{cases} \dfrac{G_{st}}{G_{so}}, & G_{st} < G_{so} \\ 1, & G_{st} \geqslant G_{so} \end{cases} \tag{5.41}$$

$$\xi_s = \begin{cases} \dfrac{1.5B}{D_f + H + 0.25B - D}e^{\eta_{gs}}, & D_f > D \\ \dfrac{1.5B}{H + 0.25B}e^{\eta_{gs}}, & D_f \leqslant D \end{cases} \tag{5.42}$$

式中：D_s 为存在地下结构时的液化深度，m；D_f 为按液化复判得到的自由场液化深度，m；H 为结构高度，m；η_{gs} 为结构等效比重；ξ_s 为结构影响因子；G_{st} 为结构重量，N，对于复建式地下结构和地表存在堆载的情况，宜考虑地上结构重量和堆载；G_{so} 为结构所在空间对应的自由场的土的重量，N；B 为结构宽度，m；D 为结构上覆地层厚度，即埋深，m；e 为自然对数底数。

b. 考虑液化影响的土层范围不应含经液化初步判别为不液化或可不考虑液化影响的土层。

4）当详细判别认为有液化可能时，应对结构物和土层整体进行动力时程分析。

5.5.2 《地下结构抗震设计标准》（GB/T 51336—2018）中液化危害评价

对经过判别确定为地震时可能液化的土层，工程需要预估液化可能带来的危害。一般液化层土质越松，土层越厚，位置越浅，地震强度越高，则液化危害越大。对存在饱和砂土、粉土或黄土层的场地，应探明各饱和砂土、粉土或黄土层的深度和厚度，应按下式计算每个钻孔的液化指数，并按表5.2综合划分场地的液化等级：

$$I_{lE} = \sum_{i=1}^{n} \left(1 - \frac{N_i}{N_{cri}}\right) d_i W_i \tag{5.43}$$

式中：I_{lE} 为液化指数；n 为判别深度范围内每一个钻孔标准贯入试验点的总数；N_i、N_{cri} 为分别为 i 点标准贯入锤击数的实测值和临界值，当实测值大于临界值时应取临界值的数值；d_i 为 i 所代表的土层厚度，m，可采用与该标准贯入试验点相邻的上、下两标准贯入试验点深度差的1/2，但上界不高于地下水位深度，下界不深于液化深度；W_i 为 i 地层单位地层厚度的层位影响权函数值，m^{-1}，当该层中点深度不大于5m时应采用10，大于等于20m时应采用零值，5～20m时应按线性内插法取值，权函数 W_i 的图形见图5.4。

根据液化指数 I_{lE} 之值，按表5.2来判断液化等级（即液化危害的等级）。

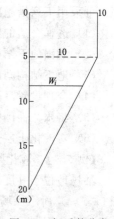

图5.4 权系数分布

表 5.2   **场 地 的 液 化 等 级**

液化等级	轻微	中等	严重
液化指数 I_{lE}	$0 < I_{lE} \leqslant 6$	$6 < I_{lE} \leqslant 18$	$I_{lE} > 18$

存在地震液化引起的地基侧向流动的影响时,应采取防土体滑动措施或结构抗裂措施。当饱和砂土、粉土或黄土层比较平坦且均匀时,宜按表 5.3 选用抗液化措施。

表 5.3   **抗 液 化 的 措 施**

结构分类	液 化 等 级		
	轻微	中等	严重
甲类、乙类	部分消除液化上浮或沉陷,或采用结构措施	全部消除液化上浮或沉陷,或部分消除液化上浮或沉陷且采用结构措施	全部消除液化上浮或沉陷
丙类	采用结构措施,亦可不采取措施	采用结构措施	全部消除液化上浮或沉陷,或部分消除液化上浮或沉陷且采用结构措施

消除结构液化上浮或沉陷的措施应符合下列规定:

(1) 对因土层液化而可能产生上浮或沉陷的结构,可采用桩基,桩端伸入液化深度以下稳定土层中的长度,应按计算确定,且对碎石土、砾砂、粗砂、中砂、坚硬黏性土和密实粉土尚不应小于 0.5m,对其他土类尚不宜小于 1.5m。

(2) 对饱和砂土、粉土和黄土层埋深较浅的情形,结构基础底面可埋入液化深度以下的稳定土层中,其深度不应小于 0.5m。

(3) 采用加密法加固时,应处理至液化深度下界;振冲或挤密碎石桩加固后,桩间土的标准贯入锤击数不宜小于本标准第 4.2.4 条中的液化判别标准贯入锤击数临界值。

(4) 采用加密法或换土法处理时,在结构边缘以外的处理宽度,应超过结构底面下处理深度的 1/2 且不应小于结构宽度的 1/5。

(5) 采用注浆、旋喷或深层搅拌等方法进行加固时,处理深度应达到饱和砂土、粉土或黄土层的下界。

可采用下列措施减轻场地地震液化的影响:

(1) 选择合适的地下结构埋置深度。

(2) 加强地下结构单体的整体性和刚度。

(3) 地下结构间的连接处采用柔性接头等。

(4) 合理设置沉降缝,不应采用对不均匀位移敏感的结构形式等。

(5) 将永久性围护结构嵌入非液化地层。

(6) 对液化土层采取注浆加固和换土等消除或减轻液化的措施。

【例 5.1】 液化判别和液化等级确定

某场地位于 8 度地震区,地震设计第 1 组,设计地震加速度 0.20g,钻孔的柱状图如图 5.5 (a) 所示。场地中将建若干甲类、乙类地下结构,要求在地下结构建设前对地基土进行液化判别。

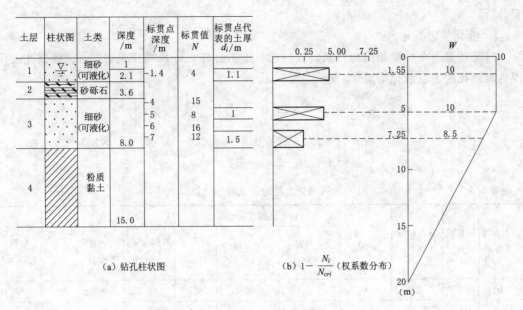

土层	柱状图	土类	深度/m	标贯点深度/m	标贯值 N	标贯点代表的土厚 d_i/m
1		细砂（可液化）	1 2.1	1.4	4	1.1
2		砂砾石	3.6			
3		细砂（可液化）	4 5 6 7 8.0	4 5 6 7	15 8 16 12	1 1.5
4		粉质黏土	15.0			

(a) 钻孔柱状图　　　　　　(b) $1-\dfrac{N_i}{N_{cri}}$（权系数分布）

图 5.5　［例 5.1］

解：

1. 液化初判

按《地下结构抗震设计标准》（GB/T 51336—2018）中的液化初判条件进行判别后可知，不符合不液化或可不考虑液化影响的条件，故应初步判别为有液化可能，应进行液化复判；

2. 液化复判

液化复判采用标准贯入试验判别法进行液化判别，8 度地震区，地震设计第 1 组，调整系数 $\beta=0.80$，设计地震加速度 $0.20g$，锤击贯入基准数 $N_0=12$，地下水位 $d_w=1m$，可以求出临界标贯值如下：

（1）$D_s=1.4m$ 时，$\rho_c=3$：

$N_{cr}=12\times0.80\times[\ln(0.6\times1.4+1.5)-0.1\times1]\times\sqrt{3/3}=7.20>N=4$，可液化

（2）$D_s=4m$ 时，$\rho_c=3$：

$N_{cr}=12\times0.80\times[\ln(0.6\times4+1.5)-0.1\times1]\times\sqrt{3/3}=12.10<N=15$，不可液化

（3）$D_s=5m$ 时，$\rho_c=3$：

$N_{cr}=12\times0.80\times[\ln(0.6\times5+1.5)-0.1\times1]\times\sqrt{3/3}=13.48>N=8$，可液化

（4）$D_s=6m$ 时，$\rho_c=3$：

$N_{cr}=12\times0.80\times[\ln(0.6\times6+1.5)-0.1\times1]\times\sqrt{3/3}=14.68<N=16$，不可液化

（5）$D_s=7m$ 时，$\rho_c=3$：

$N_{cr}=12\times0.80\times[\ln(0.6\times7+1.5)-0.1\times1]\times\sqrt{3/3}=15.75>N=12$，可液化

以上计算说明 $D_s=1.4m$、5m 和 7m 的 3 个标贯点均属可液化。

由于要求在地下结构修建前对地基土进行液化判别，因此无须进行液化详判和动力时

程分析。

3. 液化等级判定

只需计算 3 个可液化的标贯点，其他标贯点不必算，计算结果见表 5.4。根据此表可得到该钻孔的土层液化指数 I_{lE} 为

$$I_{lE}=\sum_{i=1}^{3}(1-\frac{N_i}{N_{cri}})d_iW_i=\sum_{i=1}^{3}(④×⑦×⑨)$$

$$=0.44×1.1×10+0.41×1×10+0.24×1.5×8.5$$

$$=4.84+4.10+3.06=12$$

表 5.4   **可液化土层的液化等级计算**

标贯点深度/m	标贯值 N	临界标贯 N_{cr}	$1-\dfrac{N}{N_{cr}}$	标贯点所代表土层			土层中点的深度 Z_0 /m	与 Z_0 对应的权函数 W	各层液化指数 $I=④×⑦×⑨$	总液化指数 $I=\sum⑩$
				上界面 /m	下界面 /m	厚度 d /m				
①	②	③	④	⑤	⑥	⑦	⑧	⑨	⑩	⑪
1.4	4	7.20	0.44	地下水位: 1	2.1	1.1	1.55	10	4.84	
5	8	13.48	0.41	$\frac{4+5}{2}=4.5$	$\frac{5+6}{2}=5.5$	1	5	10	4.10	12
7	12	15.75	0.24	$\frac{6+7}{2}=6.5$	8	1.5	7.25	8.5	3.06	

因 $6<I_{lE}\leqslant18$，故属中等液化危害场地。

5.5.3 《建筑抗震设计规范》(GB 50011—2010) 中液化震陷经验公式

前面虽然有了液化危害分析方法，但毕竟简化和不完善，它存在下列缺点：①没有考虑上部结构对液化和液化危害性的影响，在计算液化指数时没有顾及建筑物的存在；②没有考虑非液化土层和未完全液化砂和粉土层对沉陷的影响。很多情况下地基是由砂土、粉土和软黏土互层构成的，忽略这些土层的作用有时会导致不符合实际的结果。

目前软土震陷预测和评价方法还不够成熟，较难进行预测和可靠的计算，只能依据震害经验进行初步评价。依据实测震陷、振动台试验以及有限元法对一系列典型液化地基计算得出的震陷变化规律，发现震陷量取决于液化土的密度（或承载力）、基底压力、基底宽度、液化层底面和顶面的位置与地震震级等因素，刘惠珊等提出估计砂土与粉土液化平均震陷量的经验方法如下：

$$\begin{cases}砂土 \quad S_E=\dfrac{0.44}{B}\xi S_0(d_1^2-d_2^2)(0.01p)^{0.6}\left(\dfrac{1-D_r}{0.5}\right)^{1.5}\\[3mm]粉土 \quad S_E=\dfrac{0.44}{B}\xi kS_0(d_1^2-d_2^2)(0.01p)^{0.6}\end{cases} \tag{5.44}$$

式中：S_E 为液化震陷量平均值，m；B 为基础宽度，m；对住房等密集型基础以建筑平面的宽度代入，当 $B\leqslant0.44d_1$ 时，取 $B=0.44d_1$；S_0 为经验系数，对 7 度、8 度、9 度分别取 0.05、0.15 及 0.3；d_1 为由地面算起的液化深度，m；d_2 为由地面算起的上覆非液化土层深度，m；若液化层为持力层，则取 $d_2=0$；p 为宽度为 B 的基础底面压力设计

值，kPa；D_r 为砂土相对密度；k 为与粉土承载力有关的经验系数，当承载力特征值不大于 80kPa 时取 0.30，当不小于 300kPa 时取 0.08，其余可内插取值；ξ 为修正系数，直接位于基础下的非液化厚度满足《建筑抗震设计规范》（GB 50011—2010）（2016 年版）第 4.3.3 条第 3 款对上覆非液化土层厚度 d_u 的要求，$\xi=0$；当无非液化层，$\xi=1$；中间情况内插确定。

【例 5.2】 液化土的震陷预测。

某 6 层建筑为砖混结构，位于液化层上（持力层），液化土为砂层，其相对密度由标贯值推得大约为 0.55，房屋平面宽度 B 为 10.5m，基底平均压力为 65kN/m²。从地面算起的液化深度 8m，7 度区。试预测液化层不加处理时的可能震陷量，并提出对策。

解： 可用简化方法预测持力层型液化层的震陷，因液化层为持力层，故有 $d_2=0$，$\xi=1$。

对 7 度区，由题可知：

$$S_0 = 0.05$$
$$B = 10.5\text{m}$$
$$D_r = 0.55$$
$$p = 65\text{kN/m}^2$$
$$d_1 = 8\text{m}$$

根据计算公式：

$$S_E = \frac{0.44}{B}\xi S_0 (d_1^2 - d_2^2)(0.01p)^{0.6}\left(\frac{1-D_r}{0.5}\right)^{1.5}$$

计算得

$$S_E = \frac{0.44}{10.5} \times 1 \times 0.05 \times 8^2 \times (0.01 \times 65)^{0.6} \times \left(\frac{1-0.55}{0.5}\right)^{1.5} = 0.088(\text{m})$$

算出的 S_E 值为平均意义的震陷沉降，由于震陷量不大，若液化层较均匀可不必进行地基处理，但宜采用筏基，以更好地防止不均匀沉降。

5.5.4 《地下结构抗震设计标准》（GB/T 51336—2018）中场地震陷评价及处理措施

场地中含有非饱和结构性粉土、砂黄土及砂质粉黄土或饱和粉质黏土时，应进行场地震陷变形评价和处理，并应符合下列规定：

（1）当抗震设防地震动分档为 0.05g 时，对丙类地下结构可不进行场地震陷评价和处理；对甲类、乙类地下结构可按抗震设防地震动分档为 0.10g 的要求进行场地震陷评价和处理。

（2）当抗震设防地震动分档为 0.10g 及以上时，乙类、丙类地下结构可按本地区的抗震设防地震动分档的要求进行场地地震震陷评价；甲类地下结构应进行专门的场地震陷评价和处理措施研究。

（3）对甲类、乙类地下结构，宜对遭遇罕遇或极罕遇地震作用场地的震陷危害性进行评价。

（4）设计基本加速度为 0.30g 和 0.40g 时，对塑性指数小于 15 且符合下列公式规定的饱和粉质黏土应判定为震陷性软土：

$$W_S \geqslant 0.9 W_L \tag{5.45}$$

$$I_L \geqslant 0.75 \tag{5.46}$$

式中：W_S 为天然含水率；W_L 为液限含水率，采用液、塑限联合测定法测定；I_L 为液性指数。

非饱和结构性粉土、砂黄土及砂质粉黄土场地的震陷变形可按《地下结构抗震设计标准》（GB/T 51336—2018）附录 B 进行计算。场地震陷变形程度应按表 5.5 划分震陷等级。

表 5.5　地 基 震 陷 等 级

震陷等级	轻微	中等	严重
震陷变形标准 $\Delta\delta_f$/mm	$0 < \Delta\delta_f \leqslant 50$	$50 < \Delta\delta_f \leqslant 100$	$\Delta\delta_f > 100$

地基主要受力范围内存在非饱和结构性粉土、砂黄土及砂质粉黄土时，应同时考虑其湿陷和震陷，且应符合下列规定：

（1）应采用整片或局部垫层、强夯、挤密或其他复合地基进行地基处理，消除土层的全部或部分湿陷量和震陷量，或采用桩基础将荷载传至较深的非湿陷性、非震陷性土层中。

（2）应采取防止雨水和生产、生活用水及环境水渗入未处理的湿陷性、震陷性土层的防水措施。

（3）对地下结构可采取设置桩基础等措施，以提高地下结构适应场地土层不均匀下沉的能力。对震陷等级为中等和严重的地区，应计入震陷引起的桩基的负摩阻力。

消除非饱和结构性粉土、砂黄土及砂质粉黄土场地震陷的措施应符合下列规定：

（1）对地基震陷等级为严重的结构，可采用桩基，桩端伸入震陷土层深度以下稳定土层深度不应小于 0.5m。

（2）对震陷土层埋深较浅的场地，结构基础底面可埋入震陷土层深度以下的稳定土层中，其深度不应小于 0.5m。

（3）采用加密法加固时，应处理至震陷土层深度下界。

（4）采用加密法或换土法处理时，在结构边缘以外的处理宽度，应超过结构底面下处理深度的 1/2 且不应小于结构宽度的 1/5。

（5）采用注浆、旋喷或深层搅拌等方法进行加固时，处理深度应达到震陷土层的下界。

地基主要受力层范围内存在震陷性软土时，应采用桩基或对地基进行加固处理，并采取下列结构措施：

（1）选择合适的地下结构埋置深度。

（2）地下结构间的连接处采用柔性接头等。

（3）不应采用对不均匀沉降敏感的结构形式，并合理设置变形缝。

（4）对震陷等级为中等和严重的地区，采用桩基的抗震计算时，应计入震陷引起的桩基的负摩阻力及因孔压上升而减小的桩基摩阻力，并采用抗震措施。

5.5.5 抗液化措施

当地基已判定为液化，液化等级或震陷已确定后，下一步的任务就是选择抗液化措施。抗液化措施的选择首先应考虑建筑物的重要性和地基液化等级，对不同重要性的建筑物和不同液化等级的地基，有不同要求的抗液化措施。《建筑抗震设计规范》说明中已将这些要求作了原则性的规定，当根据这些原则采取具体措施时，还应考虑当地的经济条件、机具设备、技术条件和材料来源等。抗液化措施大体上分为3类：①地基加固方面的措施；②结构构造方面的措施；③利用液化减震。

5.5.5.1 地基基础方面的抗液化措施

抗液化措施有多种，多数方法是在静载作用下的地基加固常用方法。

1. 密度要求

液化地基加固目的是防止液化，提高地基承载力是次要的。在加固后的土的密度应达到不液化的要求：

（1）对以强夯加密法加固的液化地基应使加固后土的密度或波速或静探值满足抗液化临界值以上。

（2）对碎石桩等复合地基，考虑桩身的排水作用与抗剪强度较桩间土为高，宜按复合地基标贯值来评价其液化可能。

（3）对面积大的基础边缘土的加固要求不低于抗液化临界值，对地基中部的土则可降低一些要求。因为实验及理论分析均证明，最先发生液化的区域为基础下外侧的地方，最不易液化的区域是基础直下方的土，自由场的土则液化发生的时间在两者之间。

2. 确定加固宽度

我国工程有关技术规定，认为对强夯、振冲、碎石桩等方法的加固宽度宜满足下列要求：

加固区较基础边缘超出 $\frac{1}{2} \sim \frac{2}{3}$ 加固深度（自基底算起）且不小于3m。

3. 加固深度的要求

（1）对液化不均匀沉降敏感的建筑，其加固深度可直达液化深度的底部。

（2）对一般建筑，加固深度可小于液化深度，但残留的液化层所产生的液化指数应不小于5，因为根据液化震害调查，当液化指数小于5时，一般不致产生承重结构裂缝等震害。

4. 强夯加密法加固液化土

强夯加密法一般可按地基处理规范进行操作，强夯加密的加固深度应由加固后标贯（或静探、或波速）值大于抗震要求的抗液化临界值确定。

5. 围封法

围封法也可称为抑制剪应变法，即利用刚性的地下连续墙等结构与地下室底板相连，形成一封闭空间，将液化土围在其中。被围土体在透水与剪应变方面受到限制，因而不可能产生液化流动。

6. 排水法

用排水法防液化，排水法无噪声与振动，施工及造价均较易实现。故常为中小型建筑或已有建筑采用。排水法分为：

（1）主动排水。即利用事先在建筑物周围设计好的排水系统，如深井、井点或盲沟等，实施长期或至少在临震预报后不断降水，使液化土全部或大部处于水位线以上，成为非液化土。这种方法主要的麻烦在于长期降水，时间长短难以预估，因而排水系统的维护是个问题。

（2）被动排水。利用碎石桩或排水板等措施在地基中构成地震时排渗孔隙水的竖向通道，使土中孔压不至上升至液化，在静载时也可加速地基的沉降过程。

7. 压盖法与覆盖法

压盖与覆盖 2 种方法都是在建筑物周围铺上一圈重物或混凝土地面。当采用铺重物（砂石、土层或混凝土块）时则为压盖法；当建筑四周地面仅覆盖一层混凝土时则为覆盖法。

（1）压盖法。压盖法的抗液化原理是增加基础外侧的竖向应力，从而增加基础外侧液化敏感区的抗液化能力与减少地震剪应力，使原应发生在基础外侧的液化区推移到更远的地方或消失。压盖层与地面之间应设置 0.2m 左右厚度的砂砾层以利排水。

（2）覆盖法。覆盖法主要作用是防止建筑物周围近基础处发生喷冒。震害证明，有地面覆盖处很少喷冒，而裸露地面则容易喷冒。覆盖层的另一作用是防止或减轻孔压上升后因地基承载力下降而产生的基础下沉与土体上鼓。覆盖法应采用整浇配筋的钢筋混凝土板，板所承受的力是喷冒的上冲力，这种力不大，根据观察到的喷冒水柱高度，多在 1m 以下。它也不可能均匀分布在整个覆盖面积下，因此一般可对板的配筋采用与防收缩时相同的构造配筋即可，板厚度可采用 100～150mm。板下铺一层砂砾排水层，以利地震时由砂砾层中排出水分。

5.5.5.2　结构构造方面的抗液化措施

结构构造方面的抗液化措施很多与软土地基或湿陷黄土地基上的措施相似，主要是减少不均匀沉降的影响。常用的构造措施有：

（1）严格控制基础底面静荷载的偏心值，因此液化时土处于破坏阶段，静荷不均匀会产生过大的不均匀震陷与倾斜。

（2）控制建筑物的长高比在 2～3 以内。

（3）提高建筑物的整体刚度。

（4）采用简支结构等出现不均匀沉降时易于修复的结构形式。

（5）采用筏基、箱基等整体性好的基础形式。

（6）选择合适的基础埋深。

5.5.5.3　液化减震

液化减震现象有 2 方面含义：①液化场地比非液化场地的地面峰值加速度小；②场地本身液化后比液化前的地表加速度小。

1. 液化减震的实例

1964 年日本新潟地震，重灾区是液化区，但主要灾害是建筑与结构的不均匀沉降与倾斜，而上部结构倒塌者少，无形中保全了不少人的生命。图 5.6 是在某公寓场地记录到的地面地震波，波的前段峰值大，而周期短，据认为是液化前的波，而波的后半段，加速度减小，而周期变长，据认为是液化后的。

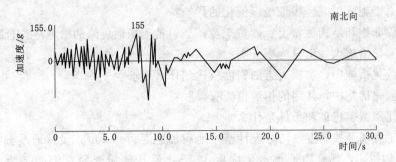

图 5.6　液化与非液化不同时段地震波的区别

　　1980 年南斯拉夫蒙特内哥罗地震（7 级），地面喷冒，建筑下沉，但上部结构无损坏。一个月之后该市又遭一次强度稍低的地震，地面未见喷冒，房屋亦无下沉，但上部结构却大量破坏。分析认为，第一次上部结构破坏小是液化减震的原因，而第二次地震时因无液化减震作用，上部结构的惯性力反而大了，导致结构严重破坏。

　　1976 年唐山地震中，唐山、乐亭等地人民总结出"湿震不重，干震重"的经验，表明当地基土有液化时，上部结构破坏不重，没有液化时，破坏较重。

　　2. 液化层减震的机理

　　液化层减震的机理：液化层减震主要是大变形条件下土体的塑性变形耗能的结果。

　　土在液化前后的抗剪强度极低，其剪切模量约为小应变时的 0.001～0.01，剪应变值达到（1～10）%，应力－应变的滞回圈面积很大，此时土的塑性变形能耗去输入液化层能量的大部分，因而能够通过液化层向地面传播的弹性波能量就很少了，从而显出了一定的减震效果。

　　在土中孔压上升不大时，液化土与非液化土在对地震波的反应上差别不大，一般情况下具有对地震波的放大作用，即增震，而在孔压上升较大和液化时，土变软，塑性变形增大，对地震波就具有减震作用。

复习思考题

　　1. 地基的地震反应分析有哪 2 方面的意义？

　　2. 基于剪切波向上传播的地基反应分析方法主要有哪 3 种？

　　3. 场地水平地基及多层地基的固有周期确定方法？

　　4. 场地地震液化的判别和处理应符合哪些规定？

　　5. 饱和砂土、粉土或黄土土层初判不液化条件是什么？

　　6. 地表 20m 深度范围内，液化判别标准贯入锤击数临界值计算公式？

　　7. 什么时候需要进行液化详判？计算公式是什么？

　　8. 针对已建成的地下结构，液化终判方法是什么？

　　9. 液化指数怎么计算？

　　10. 根据不同液化等级，乙类结构的抗液化措施是什么？

11. 消除结构液化上浮或沉陷的措施应符合哪些规定？

12. 什么措施可以减轻场地地震液化的影响？

13. 消除非饱和结构性粉土、砂黄土及砂质粉黄土场地震陷的措施应符合哪些规定？

14. 抗液化措施大体上分为哪 3 类？

15. 抗液化措施中，加固后土的密度应达到什么要求？

16. 抗液化措施中，常用的构造措施有哪些？

17. 液化层减震机理和条件是什么？

18. 某工程场地按 8 度设防，设计基本地震加速度为 $0.20g$，设计地震分组属于第二组，地下结构待建，场地的地下水位深度 1.0m，钻孔地质资料自上向下为：砂土层至 2.1m，砂砾层至 4.4m，细砂层至 8m，粉质黏土层至 15m，其他参数见表 5.6，对该工程场地进行液化评价。

表 5.6　　　　　　　　　　　　　　某工程场地标贯试验成果

测点	测点深度/m	标贯值 N_i
1	1.3	5
2	5.0	7
3	6.0	11
4	7.0	16

参考文献

[1]　谢定义. 土动力学 [M]. 北京：高等教育出版社，2011.

[2]　吴世明. 土动力学 [M]. 北京：中国建筑工业出版社，2000.

[3]　吴世明. 土介质中的波 [M]. 北京：科学出版社，1997.

[4]　谢定义. 应用土动力学 [M]. 北京：高等教育出版社，2013.

[5]　钱家欢，殷宗泽. 土工原理与计算 [M]. 北京：中国水利水电出版社，1996.

[6]　陈国兴. 岩土地震工程学 [M]. 北京：科学出版社，2007.

[7]　周健，白冰，徐建平. 土动力学理论与计算 [M]. 北京：中国建筑工业出版社，2001.

[8]　侯超群，李海滨，康佐. 土体工程动力分析与计算 [M]. 北京：中国建筑工业出版社，2013.

[9]　王显利，孟宪强，李长凤，等. 工程结构抗震设计 [M]. 北京：科学出版社，2008.

[10]　李克钏. 基础工程 [M]. 北京：中国铁道出版社，2000.

[11]　刘惠珊，张在明. 地震区的场地与地基基础 [M]. 北京：中国建筑工业出版社，1994.

[12]　王余庆，辛鸿博，高艳平. 岩土工程抗震 [M]. 北京：中国水利水电出版社，2013.

[13]　陈国兴. 高层建筑基础设计 [M]. 北京：中国建筑工业出版社，2000.

[14]　龚思礼. 建筑抗震设计手册 [M]. 北京：中国建筑工业出版社，2002.

[15]　刘惠珊. 液化震陷预估的经验公式 [C]. 第四届全国土动力学会议论文集，中国振动工程学会土动力学专业委员会，浙江大学出版社，1994，289 - 292.

[16]　GB 50011—2010　建筑抗震设计规范 [S]. 北京：中国建筑工业出版社，2010.

[17]　王协群，章宝华. 基础工程 [M]. 北京：北京大学出版社，2006.

[18]　华南理工大学，南京工学院，浙江大学，等. 地基及基础 [M]. 北京：中国建筑工业出版社，1991.

[19] 丰定国，王清敏，钱国芳，等. 工程结构抗震 [M]. 北京：地震出版社，1994.

[20] 李荣建，邓亚虹. 土工抗震 [M]. 北京：中国水利水电出版社，2014.

[21] 宋焱勋，李荣建，邓亚虹，等. 岩土工程抗震及隔振分析原理与计算 [M]. 北京：中国水利水电出版社，2014.

[22] GB/T 51336—2018 地下结构抗震设计标准 [S]. 北京：中国建筑工业出版社，2018.

第6章 地下结构抗震分析原则与方法

6.1 地下结构抗震设防与目标

抗震设防是指对建筑结构进行抗震设计，并采取一定的构造措施，以达到结构抗震的效果和目的。虽然人类目前无法避免地震的发生，但切实可行的抗震计算和抗震措施使人类可以有效地避免或减轻地震造成的灾害。

地下结构的抗震设防类别的划分，主要是根据其使用功能的重要性来划分的，按其受地震影响产生的后果，将地下结构分为 3 类（表 6.1），地下结构的抗震性能要求应划分为 4 个等级（表 6.2）。

表 6.1　　　　　　　　　　　　　地下结构抗震设防类别划分

抗震设防类别	定　　义
甲类	指使用上有特殊设施，涉及国家公共安全的重大地下结构工程和地震时可能发生严重次生灾害等特别重大灾害后果，需要进行特殊设防的地下结构
乙类	指地震时使用功能不能中断或需尽快恢复的生命线相关地下结构，以及地震时可能导致大量人员伤亡等重大灾害后果，需要提高设防标准的地下结构
丙类	除上述两类以外按标准要求进行设防的地下结构

表 6.2　　　　　　　　　　　　　地下结构抗震性能要求等级划分

等　　级	定　　义
性能要求 I	不受损坏或不需进行修理能保持其正常使用功能，附属设施不损坏或轻微损坏但可快速修复，结构处于线弹性工作阶段
性能要求 II	受轻微损伤但短期内经修复能恢复其正常使用功能，结构整体处于弹性工作阶段
性能要求 III	主体结构不出现严重破损并可经整修恢复使用，结构处于弹塑性工作阶段
性能要求 IV	不倒塌或发生危及生命的严重破坏

地下结构的抗震设防应分为多遇地震动、基本地震动、罕遇地震动和极罕遇地震动 4 个设防水准。设防水准与地震重现期的关系应符合表 6.3 的规定。设计地震动参数的取值可按现行国家标准《中国地震动参数区划图》（GB 18306—2015）规定的地震动参数执行。

主要针对地面结构提出的"小震不坏、中震可修、大震不倒"的抗震设计原则，对地下结构来说，应适当提高标准，因而《地下结构抗震设计标准》（GB/T 51336—2018）实际上提出了"小震弹性而不坏，中震弹性而可修，大震弹塑而可修，极震破坏而不塌"4 个水准的抗震设防目标。

表 6.3   设防水准与地震重现期的关系

设防水准	多遇	基本	罕遇	极罕遇
地震重现期/年	50	475	2475	10000

地下结构根据其重要性分类，应达到相应的设防目标。各类结构在不同地震动水准下的抗震性能要求应符合表 6.4 的规定。

表 6.4   地下结构抗震设防目标

抗震设防类别	设 防 水 准			
	多遇	基本	罕遇	极罕遇
甲类	I	I	II	III
乙类	I	II	III	—
丙类	II	III	IV	—

6.2 地震作用

《建筑抗震设计规范》（GB 50011—2010）常用概率的方法来预测某地区在未来的一定时间内，可能发生的地震概率的大小。根据地震发生的概率频度（50 年发生的超越频率）（图 6.1）将地震烈度分为"多遇烈度""基本烈度""罕遇烈度"和"极罕遇烈度"4种，分别简称"小震""中震""大震"和"极震"。

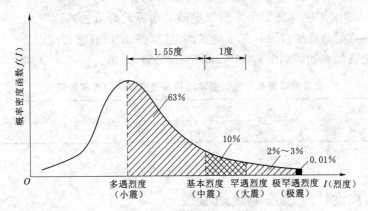

图 6.1 烈度概率密度函数

小震应是发生机会较多的地震，因此，可以将小震定义为烈度概率密度函数曲线上的峰值（众值烈度）所对应的地震，或称多遇地震，如图 6.1 所示。在 50 年期限内超越概率为 63% 的地震烈度为众值烈度，相当于 50 年一遇的地震烈度值，比基本烈度约低 1.55度，《地下结构抗震设计标准》（GB/T 51336—2018）取为第一水准烈度。

基本烈度是指某个地区今后一定时期内，在一般场地条件下，可能遭遇的地震烈度。《建筑抗震设计规范》（GB 50011—2010）进一步明确了基本烈度的概念，将其定义为在50 年设计基准期内，可能遭遇的超越概率为 10% 的地震烈度值（图 6.1），相当于 475 年一遇的地震烈度值，即《中国地震动参数区划图》（GB 18306—2015）规定的峰值加速度所对应的烈度，也叫中震。《地下结构抗震设计标准》（GB/T 51336—2018）取为第二水准烈度。

大震是罕遇地震，它所对应的烈度为在 50 年期限内超越概率 2%～3% 的地震烈度，相当于 1642～2475 年一遇的地震烈度值，《地下结构抗震设计标准》（GB/T 51336—2018）取为第三水准烈度。

极震是极罕遇地震，它所对应的烈度相当于 10000 年一遇的地震烈度值，《地下结构抗震设计标准》（GB/T 51336—2018）取为第四水准烈度。

场地地表水平向设计地震动加速度反应谱可按现行国家标准《城市轨道交通结构抗震设计规范》（GB 50909—2014）的规定执行。设计基本地震加速度值定义为：50 年设计基准期超越概率 10% 的地震加速度的设计取值。

地下结构的地震作用应符合下列规定：

（1）甲类地下结构，除有特殊规定外，应按高于本地区设防烈度的要求确定其地震作用；

（2）乙类和丙类地下结构，除有特殊规定外，应按本地区抗震设防烈度确定其地震作用。

地下结构所在地区遭受的地震影响，应采用相应于抗震设防烈度的设计基本地震加速度表征，但地下结构施工阶段可不计地震作用影响。依据《地下结构抗震设计标准》（GB/T 51336—2018），抗震设防烈度与设计基本地震加速度取值的对应关系应符合表 6.5 的规定，这个取值与《中国地震动参数区划图》（GB 18306—2015）中的图 A1（中国地震动峰值加速度区划图）所规定的"地震动峰值加速度"相当。我国主要城镇中心地区的抗震设防烈度、设计基本地震加速度值和所属的设计地震分组，可按现行国家标准《中国地震动参数区划图》（GB 18306—2015）采用。

表 6.5　　　　　　　　抗震设防烈度与设计基本地震加速度取值的对应关系

抗震设防烈度	6	7		8		9
设计基本地震加速度值	0.05g	0.10g	0.15g	0.20g	0.30g	0.40g

注　g 为重力加速度。

6.3　地下结构设计地震及地震动参数

6.3.1　地下结构设计地震动

（1）甲类地下结构抗震设计采用的地震动参数，应采用经审定的工程场地地震安全评价结果或经专门研究论证的结果与本节规定的地震动参数的较大值。乙类或丙类地下结构抗震设计采用的地震动参数，应采用地震动参数区划的结果与本节规定的地震动参数中的较大值。

（2）抗震设计采用的地震动参数应包括地表和基岩面水平向峰值加速度、竖向峰值加速度、地表峰值位移以及峰值加速度与峰值位移沿深度的分布。

（3）场地的地表水平向设计地震动参数取值应符合下列规定：

1）场地的地表水平向峰值加速度应根据现行国家标准《中国地震动参数区划图》（GB 18306—2015）中规定的地震动峰值加速度分区按表6.6取值并乘以场地地震动峰值加速度调整系数 Γ_a。Γ_a 应按现行国家标准《城市轨道交通结构抗震设计规范》（GB 50909—2014）的相关规定确定。

表 6.6		Ⅱ类场地地表水平向峰值加速度 $a_{\max Ⅱ}$			单位：g	
地震动峰值加速度分区	0.05	0.10	0.15	0.20	0.30	0.40
多遇地震	0.03	0.05	0.08	0.10	0.15	0.20
基本地震	0.05	0.10	0.15	0.20	0.30	0.40
罕遇地震	0.12	0.22	0.31	0.40	0.51	0.62
极罕遇地震	0.15	0.30	0.45	0.58	0.87	1.08

2）使用反应位移法Ⅰ进行计算时，场地地表水平向峰值位移应按现行国家标准《城市轨道交通结构抗震设计规范》（GB 50909—2014）的相关规定确定并乘以场地地震动峰值位移调整系数 Γ_u，Γ_u 应按现行国家标准《城市轨道交通结构抗震设计规范》（GB 50909—2014）的相关规定确定。对极罕遇地震作用情形应采用时程分析法计算。

（4）当考虑竖向地震动时，场地地表竖向设计地震动峰值加速度应按现行国家标准《城市轨道交通结构抗震设计规范》（GB 50909—2014）的相关规定确定。

（5）地震动参数沿深度的变化应符合下列规定：

1）使用反应位移法Ⅰ和反应位移法Ⅲ进行计算时，地表以下的峰值加速度应随深度的增加比地表相应减少。基岩处的地震作用可取地表的1/2，地表至基岩的不同深度处可按插值法确定。

2）使用反应位移法Ⅱ、整体式反应位移法或时程分析法进行计算时，地表以下一定深度的峰值加速度应根据地表峰值加速度进行反演。

6.3.2　设计地震加速度时程

（1）设计地震动加速度时程可人工生成，其加速度反应谱曲线与设计地震动加速度反应谱曲线的误差应小于5%。

（2）工程场地的设计地震动时间过程合成宜利用地震和场地环境相近的实际强震记录作为初始时间过程。

（3）当采用时程分析法进行结构动力分析时，应采用不少于3组设计地震动时程。当设计地震动时程少于7组时，宜取时程分析法计算结果和反应位移法计算结果中的较大值；当设计地震动时程为7组及以上时，可采用计算结果的平均值。

6.4　地下结构体系设计与抗震措施

6.4.1　地下结构抗震设计的基本原则

地下结构抗震设计的基本原则主要包括以下5个方面。

（1）主要针对地面结构提出的"小震不坏、中震可修、大震不倒"的抗震设计原则。对地下结构来说，应适当提高标准，因而《地下结构抗震设计标准》（GB/T 51335—2018）实际上提出了"小震弹性而不坏，中震弹性而可修，大震弹塑而可修，极震破坏而不塌"4 个水准的抗震设防目标。

（2）在地下结构抗震设计中，重要的是保证结构在整体上的安全，保护人身及重要设备不受损害，个别部位出现裂缝或崩坏是容许的。因为与其使地震作用下的地下结构完全不受震害而大大增加造价，不如在震后消除不伤元气的震害更为合理。

（3）具有抗震性能的地下结构，不仅可以采用整体刚度较好的钢筋混凝土现浇结构，也可以为了施工工业化、加快施工效率而采用装配式钢筋混凝土结构。前者关键在于实现地下结构的整体性和连续性，后者关键在于实现和加强拼装构件间的联系性和可靠性。

（4）使地下结构具有整体性和连续性，成为高次超静定结构，使得地下结构具有整体刚度大、构件间变形协调、能产生更多的塑性铰以便吸收更多的振动能量，以进一步消除局部的严重破坏。就地下结构抗震来说，出现局部裂缝和塑性变形有一定的积极意义。一方面，吸收振动能量；另一方面增加了结构柔性。

（5）地下结构抗震设计的目的是使地下结构具有必要的强度，良好的延性。实际产生的地震力，可能超过设计中规定的地震力，当地下结构的强度不足以承受较大的地震力时，延性对地下结构的抗震起重要作用，它可以弥补强度之不足，地下结构的部分构件在屈服后仍具有稳定的变形能力，就能继续吸收输入的振动能量。

6.4.2　地下结构体系的抗震概念设计

地下结构可分为地下单体结构、地下多体结构、隧道结构、下沉式挡土结构、复建式地下结构 5 类，其中隧道结构可分为盾构隧道结构、矿山法隧道结构、明挖隧道结构。

各类地下结构的结构体系应根据地下结构的抗震设防类别、抗震设防烈度、结构尺寸、场地条件、地基、结构材料和施工等因素，经技术、经济和使用条件综合比较确定。

1. 结构体系应符合的规定

（1）应具有明确的计算简图和合理的地震作用传递途径；大量震害资料表明，简单、对称的结构在地震时较不容易破坏。而且简单、对称的地下结构外力传递路径明确，容易估计结构地震时的反应，易于采取相应抗震构造措施和进行细部处理。

（2）不宜因部分结构或构件破坏而导致整个结构丧失抗震能力和承载能力或承建能力，抗震设计中应遵守"强柱弱梁"的原则。

（3）应具备必要的抗震承载能力、良好的变形能力和消耗地震能量的能力。

（4）对可能出现的薄弱部位，应采取措施提高其抗震能力。

（5）不应影响近旁既有建筑、构筑物或地下结构的抗震安全性。

2. 结构体系尚宜符合的规定

（1）宜具有多道抗震防线。

（2）宜具有合理的刚度和承载力分布。

（3）地下结构可以采用减震和隔震措施进行设计。

3. 结构构件应符合的规定

（1）混凝土结构构件应控制截面尺寸和受力钢筋、箍筋的设置，剪切破坏不宜先于弯曲破坏、混凝土的压溃不宜先于钢筋的屈服、钢筋的锚固黏结破坏不宜先于钢筋破坏；抗震设计中应遵守"强剪弱弯"的原则。

（2）结构构件的尺寸应合理控制，不应出现局部失稳或整个构件失稳。

4. 结构各构件之间的连接应符合的规定

（1）构件节点的破坏不应先于其连接的构件，抗震设计中应遵守"强节点"的原则。

（2）预埋件的锚固破坏不应先于连接件，抗震设计中应遵守"强锚固"的原则。

（3）装配式结构构件的连接应能保证结构的整体性。

5. 对可能出现的薄弱部位应采取提高抗震能力的措施

（1）薄弱部位，宜有多道抗震防线。

（2）宜避免因局部削弱或突变形成薄弱部位，产生过大的应力集中或塑性变形集中。

（3）对于软弱地层中的地铁车站和出入口通道结构，在地铁车站和出入口通道可设置柔性诱导缝，但应验算接头可能发生的相对变形，避免地震时脱开和断裂。同时加固处理地层，消除可能产生的不均匀沉陷。

（4）除地震动是引起结构破坏的直接原因外，场地条件恶化也是地震造成城市轨道交通区间隧道和地下车站结构破坏的次生原因。例如，地震引起地表错动与地裂，地基土不均匀沉陷、滑坡和粉、砂土液化等。因此线路的布置宜选择有利地段，避开不利地段。

6. 加强地下结构的延性

为了增强结构在罕遇地震作用下的抗倒塌能力，结构应具备较高的延性，特别是结构体系中主要承载力构件和主要耗能构件的延性。一般可在结构设计中采取如下措施来提高结构构件的延性：

（1）限制竖向结构构件的轴压比。分析表明，轴压比是决定竖向结构构件抗震受力性能的主要因素。对于地下矩形框架柱，它是控制截面偏心受拉钢筋先达到抗拉强度，还是受压区混凝土先达到极限应变的关键因素。试验研究表明，柱的延性随轴压比的增大而急剧降低，尤其在高轴压比下，即使增加箍筋配置数量也并不能明显改变柱的变形能力。减小限制柱的轴压比，不仅可改善柱的延性，还能够增加其弹塑性滞回耗能能力。无论采用何种形式的竖向结构构件，都应限制其轴压比在抗震规范允许的范围之内。

（2）控制结构构件的破坏形态。结构构件的破坏机理与破坏形态决定了其非弹性变形能力与滞回耗能能力。构件的弯曲变形与整体屈服机制对于增加结构的抗震性能较为有利。结构设计中，应通过概念设计及构造措施迫使非弹性状态的结构具备理想的出铰次序，从而实现对抗震有利的屈服机制。

（3）抗震加固措施设计中应遵守"强柱弱梁""强剪弱弯""强节点"和"强锚固"的概念设计原则。

6.4.3 地下结构抗震措施

抗震构造措施是提高地震作用下结构整体抗震能力、保证其实现预期设防目标、延迟结构破坏的重要手段。合理的抗震构造措施，可以充分发掘结构的潜力，在一定条件下，比单纯依靠提高设防标准来增强抗震能力更为经济合理。

以往震害资料显示，地下结构主要在结构连接处发生破坏，因此，提高结构连接处的整体抗震能力，采取必要的构造措施有利于提高地下结构抗震性能。

地下结构应根据抗震设防类别、烈度和结构类型采用不同的抗震等级，并应符合相应的构造措施要求。

（1）地下结构体系复杂、结构平面不规则或者施工工法、结构型式、地基基础、荷载发生较大变化处的不同结构单元之间，宜根据实际需要设置变形缝。

地下结构抗震设计中，变形缝的设置应符合下列规定：

1）变形缝应贯通地下结构的整个横断面。

2）当结构布置、基础、地层或荷载发生变化，变形缝两侧可能产生较大的差异沉降时，宜通过地基处理、结构措施等方法，将差异沉降控制在地下结构及其功能允许的范围内。

3）变形缝的设置位置宜避开地下结构公共区及出入口、风道结构范围，同时宜避开不能跨缝设置的设备。

4）变形缝的宽度宜采用 20～30mm，同时应采取措施满足地下结构的防水要求。

（2）地下结构刚度突变、结构开洞处等薄弱部分应加强抗震构造措施。

（3）地下结构内部构件的抗震构造措施可按现行国家标准《建筑抗震设计规范》（GB 50011）的有关规定执行。

6.5 地下结构的抗震验算规定

6.5.1 地下结构构件截面抗震验算规定

（1）地下结构构件的地震作用和其他荷载作用的基本组合效应的计算应符合下列规定：

1）当作用与作用效应按非线性关系考虑时，地下结构构件作用效应设计值宜按下式计算：

$$S_d = S(\gamma_G F_{GE} + \gamma_{Eh} F_{Ehk} + \gamma_{Ev} F_{Evk}) \tag{6.1}$$

式中：S_d 为地下结构构件作用效应设计值；$S(\ )$ 为作用组合的效应函数；γ_G 为重力荷载分项系数，一般情况应采用 1.2，当重力荷载对构件承载能力有利时不应大于 1.0；γ_{Eh}、γ_{Ev} 分别为水平、竖向地震作用分项系数，应按表 6.7 采用；F_{GE} 为重力荷载代表值；F_{Ehk} 为水平地震作用标准值；F_{Evk} 为竖向地震作用标准值。

2）当作用与作用效应按线性关系考虑时，地下结构构件作用效应设计值可按下式计算：

$$S_d = \gamma_G S_{GE} + \gamma_{Eh} S_{Ehk} + \gamma_{Ev} S_{Evk} \tag{6.2}$$

式中：S_{GE} 为重力荷载代表值的效应；S_{Ehk} 为水平地震作用标准值的效应；S_{Evk} 为竖向地震作用标准值的效应。

表 6.7　　　　　　　　　　地 震 作 用 分 项 系 数

地震作用	水平分项系数	竖向分项系数
仅计算水平地震作用	1.3	0.0
仅计算竖向地震作用	0.0	1.3
水平地震为主	1.3	0.5
竖向地震为主	0.5	1.3

（2）地下结构构件的截面抗震验算应在组合荷载作用下符合式（6.3）的规定。

$$S_d \leqslant R \tag{6.3}$$

式中：R 为地下结构构件承载力设计值。

（3）当仅计算竖向地震作用时，各类地下结构构件承载力抗震调整系数均应采用 1.0。

6.5.2 地下结构抗震变形验算规定

（1）地下结构进行弹性变形验算时，断面应采用最大弹性层间位移角作为指标，并应符合式（6.4）的规定。

$$\Delta u_e \leqslant [\theta_e] h \tag{6.4}$$

式中：Δu_e 为基本地震作用标准值产生的地下结构层内最大的弹性层间位移，m，计算时，钢筋混凝土结构构件的截面刚度可采用弹性刚度；$[\theta_e]$ 为弹性层间位移角限值，宜按表 6.8 采用；h 为地下结构层高，m。

表 6.8   **弹性层间位移角限值**

地下结构类型	$[\theta_e]$
单层或双层结构	1/550
三层及三层以上结构	1/1000

注   圆形断面结构应采用直径变形率作为指标，地震作用产生的弹性直径变形率应小于 0.4%。

（2）地下结构断面的弹塑性层间位移应符合式（6.5）的规定。

$$\Delta u_p \leqslant [\theta_p] h \tag{6.5}$$

式中：Δu_p 为弹塑性层间位移，m；$[\theta_p]$ 为弹塑性层间位移角限值，取 1/250；h 为地下结构层高，m。

（3）圆形断面地下结构在罕遇地震作用下产生的弹塑性直径变形率应小于 0.6%。

（4）地下结构纵向变形验算应符合下列规定：

1）变形缝的变形量不应超过满足接缝防水材料水密性要求的允许值。

2）伸缩缝处轴向钢筋或螺栓的位移应小于屈服位移；伸缩缝处的转角应小于屈服转角。

6.5.3 地震抗浮验算规定

地下结构在液化土体中经常遇到的一个问题是上浮，对地下结构场地进行地震液化判别时，详判后地下结构底部以下有液化可能时，应进行地震抗浮验算。

（1）结构所受上浮荷载应按下式计算：

$$F = F_S + F_P \tag{6.6}$$

式中：F 为地下结构所受上浮荷载设计值，N；F_S 为静力条件下的浮力设计值，N；F_P 为超静孔压引起上浮力标准值的效应，N。

（2）超静孔压引起上浮力标准值的效应 F_P 可由下式计算：

$$F_P = \sum_i p_{si} A_{hi} \cos\theta_i \tag{6.7}$$

式中：p_{si} 为与结构表层单元 i 外表面相接触的土单元超静孔压，Pa；A_{hi} 为结构表层单

元 i 外表面面积，m^2；θ_i 为结构表层单元 i 外表面外法向与竖直向下方向的夹角，(°)。

（3）地下结构抗浮力应按下式计算：

$$R_F = R_g + R_{sg} + R_{sf} \tag{6.8}$$

式中：R_F 为地下结构抗浮力设计值，N；R_g 为地下结构自重设计值，N；R_{sg} 为上覆地层有效自重设计值，N；R_{sf} 为地下结构壁和桩侧摩阻力设计值，N，R_{sf} 可按现行行业标准《建筑桩基技术规范》（JGJ 94—2018）取值。

（4）地下结构壁和桩侧摩阻力 R_{sf} 可按现行行业标准《建筑桩基技术规范》（JGJ 94—2018）的取值乘以地震弱化修正系数 ψ_e 计算，其中地震弱化修正系数 ψ_e 可按现行行业标准《建筑桩基技术规范》（JGJ 94—2018）取土层液化影响折减系数，也可由下式计算：

$$\psi_e = \frac{\sigma'_{z\min}}{\sigma_z} \tag{6.9}$$

式中：$\sigma'_{z\min}$ 为采用弹塑性动力时程分析时相应深度处竖向有效应力的最小值，Pa；σ_z 为采用弹塑性动力时程分析时相应深度处竖向有效应力为最小值 $\sigma'_{z\min}$ 时刻的竖向总应力值，Pa。

（5）地下结构的地震抗浮验算应符合下式规定：

$$F \leqslant R_F / \gamma_{RF} \tag{6.10}$$

式中：γ_{RF} 为地震抗浮安全系数，应取 1.05。

6.6　地下结构抗震计算方法分类

地下结构抗震设计计算方法是随着对地下结构地震响应认识的不断深入以及地震作用计算理论的不断提高而发展的。20 世纪中叶以后，各种类型的地下结构大范围开发，抗震问题逐渐成为地下结构设计计算必须考虑的问题之一。借鉴地面结构抗震设计计算方法，等效静力荷载法、反应位移法及动力时程分析有限元法逐渐成为地下结构抗震设计的典型方法。

等效静力荷载法又称为地震系数法，将地震作用视为结构由于地震动而产生的惯性力，再结合周围地层的动土压力，按静力计算对结构进行控制内力的计算。

反应位移法又称为"响应位移法"或"响应变位法"。该法可分为横向反应位移法和纵向反应位移法。反应位移法将地下结构周围地层不同位置深度的位移差视为地震响应，并以强制位移形式通过地基弹簧反作用于地下结构上，再结合地层剪力、结构自身惯性力等作用，从而求得地下结构的应变与内力。

等效应力荷载法、反应位移法本质仍属静力计算方法，主要应用于结构形式较为普遍、重要程度一般以及周围地层较为均匀的一般的地下结构。在目前数值计算方法应用受限制情况下，在日本等一些抗震理论研究较为先进的国家中，地铁车站、地下停车场、地下商场等结构的抗震设计主要采用反应位移法。

随着有限元计算理论的发展，对较为复杂的地质构造与重要地下结构的抗震设计，采用平面动力有限元与空间三维动力有限元的设计计算更能反映地下结构的地震响应。该方法将地基土、基础与结构各个部分看作一个整体并进行三维有限元网格剖分，输入地震波，进行动力响应分析，从而得出各个时刻地层与结构的应力与应变。这种方法能够考虑地基土的非线性、土-结构相互作用等因素，从而可有效仿真地下结构的动力响应，属于动力时程分析法。

值得注意的是，地下结构及隧道地震反应计算，应根据设防要求、场地条件、结构类型和埋深等因素，选用能较好反映其地震工作性状的计算分析方法，如反应位移法、反应加速度法、时程分析法等。其中，反应位移法和时程分析法可用于横向和纵向地震反应计算，反应加速度法可用于横向地震反应计算。不同于上部结构地震反应特性，地下结构物随周边地层的振动而振动，受惯性力影响小。只要周边地基的动态能精确地预测，根据反应位移法或反应加速度法进行静力分析可以比较精确地算出反应值。因此，具有一般地层条件和结构形式的隧道，可采用反应位移法或反应加速度法进行抗震分析。

总之，地下结构抗震设计计算可大致分为横断面抗震计算方法、纵向抗震计算方法和动力时程有限元分析法等三大类，如图6.2所示。

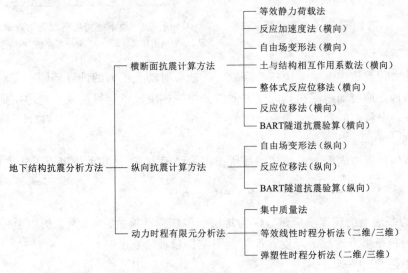

图6.2 地下结构抗震分析方法分类

6.7 等效静力荷载法

6.7.1 等效静力荷载法的原理

等效静力荷载法是将地震中由于地震加速度而在结构中产生的惯性力看作地震荷载，将其施加在结构物上，计算其中的应力、变形等，进而判断结构的安全性和稳定性的方法。这种方法广泛应用于桥梁、多高层建筑。地震荷载可由各部位质量乘以地震加速度来求得，也可以采用地震系数与结构重量直接相乘得出。

地上结构使用等效静力荷载法进行抗震设计时，对于响应加速度与基底加速度大致相等的较为刚性的结构物，可以直接采用该方法（图6.3），但对于较柔的结构物，其固有周期较长，或者越往上其振动越剧烈，这时可考虑各部分的响应特征不同，设定不同的响应加速度。这种方法叫修正等效静力法。

地下结构中，在纵向尺寸远大于横向尺寸的线形结构的横断面抗震计算、地下储油罐的抗震设计中，也用到该方法。这时作为地震荷载，不仅要考虑由于结构物的自重引起的惯性力，还要考虑上覆土的摩擦力影响、地震时动土压力等（图 6.4）。

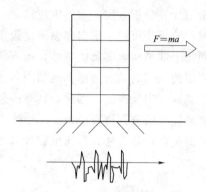

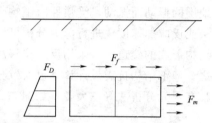

图 6.3　地上结构的等效静力荷载法　　图 6.4　地下结构的等效静力荷载法

F_D—主动土压力；F_f—上覆土的摩擦力；F_m—惯性力

等效静力荷载法中面临 2 个核心问题：①地震时动土压力的计算问题；②对于埋深较大的地下结构，地震加速度在其深度方向的分布往往决定了计算结果，地层中地震加速度的分布也是一个核心问题。

1. 上覆土的摩擦力

考虑结构顶板上表面与地层接触处所作用的摩擦力 F_f，其大小可由下式来求：

$$F_f = B \frac{G}{\pi H} S_v T_s \tag{6.11}$$

式中：S_v 为基底上的速度响应谱；G 为地层的剪切弹性模量；T_s 为顶板以上地层的固有周期；H 为顶板上方地层的厚度；B 为地下结构顶板的宽度。

2. 地下结构的惯性力

地震荷载由于是针对有质量的各部位产生的，其值用各部位的质量乘以地震加速度来求得，亦可通过地震系数（地震加速度与重力加速度的比值）与结构重量直接相乘得出地震荷载。

$$F_m = \sum_i m_{ei} a = k \sum_i G_{ei}$$

3. 地震土压力

我国相关规范中提出的地震作用下挡土墙土压力计算公式虽有不同，但主要区别仅在于对地震系数的计算方法上稍有不同。

(1)《铁路工程抗震设计规范》（GB 50111—2006）的方法。我国《铁路工程抗震设计规范》（GB 50111—2006）中采用"地震角"的概念来近似考虑地震作用，即地震时土的内摩擦角 ϕ、墙背摩擦角 δ 和土的重度 γ 都将要发生变化，应进行如下修正：

$$\phi = \phi - \theta \tag{6.12}$$

$$\delta = \delta - \theta \tag{6.13}$$

$$\gamma = \frac{\gamma}{\cos\theta} \tag{6.14}$$

式中：θ 为地震角，针对不同地震震级可按表 6.9 取值。

因此，结构一侧主动土压力增量为

$$\Delta p_a = \frac{1}{2}\gamma H^2(\lambda_a - \lambda_a') \tag{6.15}$$

$$\begin{cases} \lambda_a = \tan^2\left(45° - \dfrac{\phi}{2}\right) \\ \lambda_a' = \tan^2\left(45° - \dfrac{\phi - \theta}{2}\right) \end{cases} \tag{6.16}$$

式中：γ 为侧向土体重度；H 为挡土墙或地下结构高度。

地下结构另一侧与之反对称地布置主动侧向土压力。

表 6.9 地 震 角 的 取 值

地震角		A_g			
		$0.1g$，$0.15g$	$0.2g$	$0.3g$	$0.4g$
θ	水上	1°30′	3°	4°30′	6°
	水下	2°30′	5°	7°30′	10°

(2)《水工建筑物抗震设计规范》（DL 5073—2000）的方法。依据我国《水工建筑物抗震设计规范》（DL 5073—2000）建议的地震土压力计算公式，可得在水平向地震力作用下地下结构的一侧主动动土压力计算公式：

$$P_{ae} = \frac{1}{2}\gamma H^2\left(1 + \zeta\frac{a_v}{g}\right)C_e \tag{6.17}$$

$$C_e = \frac{\cos^2(\phi - \theta_e)}{\cos^2\theta_e(1 + \sqrt{Z})^2} \tag{6.18}$$

$$Z = \frac{\sin\phi\sin(\phi - \theta_e)}{\cos\theta_e} \tag{6.19}$$

式中：P_{ae} 为总主动动土压力；ζ 为计算系数，拟静力法计算地震作用效应时一般取 0.25，对钢筋混凝土结构取 0.35；C_e 为地震动土压力系数；θ_e 为地震系数角，$\theta_e = \arctan\dfrac{\zeta a_h}{a_v}$，$a_h$ 为水平向设计地震加速度代表值，a_v 为竖向设计地震加速度代表值。

(3) 基于物部冈部方法的地震土压力公式。物部·冈部计算公式是以静力库仑土压力理论为基础，考虑竖向和水平向地震加速度的影响，对原库仑土压力理论进行修正，根据一般地下结构所处场地的特点，可推导出水平向地震作用下地下结构侧向地震土压力的计算公式如下：

$$P_{ae} = \frac{1}{2}\gamma H^2 K_{ae}(1 - k_v) \tag{6.20}$$

$$K_{ae} = \frac{\cos^2(\phi - \theta')}{\cos^2\theta'\left[1 + \sqrt{\dfrac{\sin\phi\sin(\phi - \theta')}{\cos\theta'}}\right]} \tag{6.21}$$

$$\theta' = \arctan\frac{k_h}{1 - k_v} \tag{6.22}$$

式中：k_h 为水平地震系数，7 度地区 $k_h = 0.1$，8 度地区 $k_h = 0.2$，9 度地区 $k_h = 0.4$；k_v 为垂直地震系数，一般取 $(1/2 \sim 2/3)k_h$。

（4）基于地层位移的地震主动土压力计算公式。该计算方法是将地层位移沿深度变化假设为余弦函数，根据地层顶面与底面的最大相对位移计算出地下结构侧向地层的相对位移，根据地基动力弹簧系数，计算出地下结构侧向地基反力，具体计算简图如图 6.5 所示。

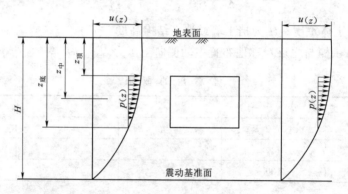

图 6.5　地震时地层变形模式

整个场地地层的相对位移为

$$u(z) = u_{a\max}\cos\frac{\pi z}{2H} \tag{6.23}$$

式中：$u(z)$ 为距地表面为 z 处的地震时的地层变形，m；$u_{a\max}$ 为地表与基准面的相对位移最大值，m；z 为地面以下任一点距地表面的深度，m；H 为地表至基准面的距离，m。

因此，地下结构侧向地层作用在地下结构的地震土压力计算公式为

$$p(z) = k[u_a(z) - u_a(z_B)] \tag{6.24}$$

式中：$p(z)$ 为从地表面到深 z（m）处地下结构侧向单位面积所受到地震时土压力，N/m^2；$u_a(z)$ 为从地表面到深 z（m）处地下结构侧向土层位移，m；$u_a(z_B)$ 为地下结构底面处土层侧向位移，m；k 为动力弹簧刚度，N/m^2。

4. 求解地下结构内力从而进行抗震验算

地下结构在自重惯性力、上覆土的摩擦力和地震时动土压力的共同作用下，计算地下结构的内力和变形，进而判断地下结构设计的安全性。

6.7.2　等效静力荷载法的适用范围

将等效静力荷载法用于地下结构时，作为结构物承受的荷载，除自身的惯性力以外，外荷载的惯性力、地震时的土压力等也有必要进行考虑。等效静力荷载法从本质上适合于地震荷载中惯性力部分占支配作用的结构物，如绝大多数地面结构物，但其也可适用于地

下结构。当地下结构物的重量比周围地层重量大许多时，结构物自重的惯性力就起支配作用。另外对于刚度比较大的地下结构，结构的响应加速度基本上和周围地层地震加速度相等。这 2 种情况均可以参照适用于地上结构物的等效静力法。对于较为柔软的地下结构，或不同部位其响应明显不同的地下结构，可以考虑到结构物的这种对于地震动响应的特性，对于结构不同部位考虑采用不同的加速度，即所谓的修正等效静力荷载法。

由于等效静力荷载法概念明确、计算简单，在地下结构的抗震计算中是个应用最早的方法，尽管该方法目前已不是地下结构抗震设计中的主流方法，但在特定的场合下还可以使用。

6.8 反应加速度法

6.8.1 反应加速度法的原理

反应加速度法的基本思路是通过对土层和地下结构施加自由场一维土层地震反应分析所得的有效惯性力来实现对整个模型土层与地下结构的模拟。计算模型如图 6.6 所示。

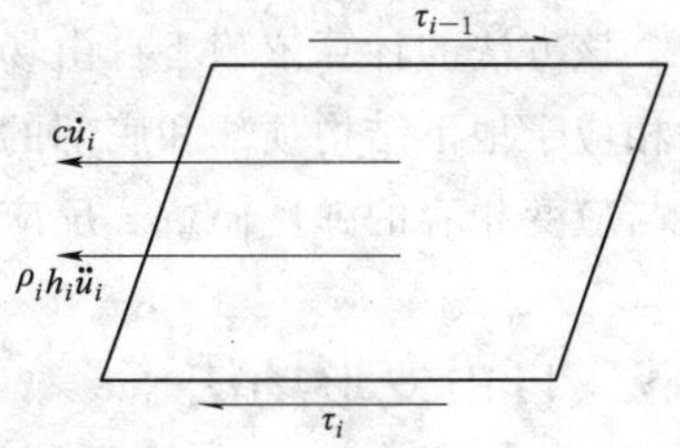

此时第 i 层土的运动方程为

$$\tau_i - \tau_{i-1} + m\ddot{u} + c\dot{u} = 0 \qquad (6.25)$$

式中：τ_i、τ_{i-1} 分别为第 i 层土底部剪应力和顶部剪应力；m 为质量；c 为阻尼比；$\dot{u}$、$\ddot{u}$ 分别为土层速度和加速度。

图 6.6 水平有效反应加速度求解方法

由式（6.25）可得土层水平有效加速度为

$$a_i = \frac{\tau_i - \tau_{i-1}}{\rho_i h_i} \qquad (6.26)$$

式中：a_i 为第 i 层土单元水平等效加速度；ρ_i 为第 i 层土单元密度；h_i 为第 i 层土单元高度。

当 $i=1$ 时，$\tau_0 = 0$。

6.8.2 反应加速度法的分析步骤

反应加速度法计算步骤如下：

（1）通过自由场一维场地地震反应分析，提取与应变相应的土体弹性模量和阻尼比，作为后续有限元分析时土层的输入材料参数。

（2）通过一维场地位移反应结果，确定结构顶面与底面对应自由场位置的相对水平位移最大的时刻，并提取该时刻地下结构对应位置的土层剪应力。

（3）根据式（6.26）计算土层水平有效加速度。

（4）通过有限元软件，建立土与地下结构相互作用分析模型（图 6.7），对模型底部施加固定约束，两边界设定水平滑移边界，对土层以及地下结构施加水平惯性力，然后求解地下结构位移和内力。

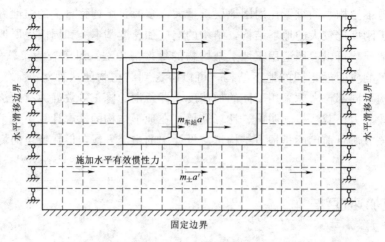

图 6.7　反应加速度法计算模型

6.8.3　反应加速度法的适用讨论

　　该方法的计算依赖于自由场地的土层等效线性化的分析结果,在计算中需提取自由场中相应于地下结构顶部和底部的最大相对位移时刻的土层位移和剪应力分布,并且导出土层与应变相容的弹性模量。反应加速度法的建模相应于反应位移法要简单。

6.9　自由变形场法

6.9.1　自由变形场法的原理

　　自由场变形法由 Newmark 在 20 世纪 60 年代提出,该方法反映了地下结构地震反应的主要因素是其周围土层变形反应这一根本特点,这比等效静力荷载法更为合理。该方法不考虑地下结构与周围土层刚度的差异,忽略了地下结构或地下开挖对土层变形的影响,将地震作用下结构位置处的自由场变形直接施加在结构上作为结构变形,以此计算结构的地震反应。

　　具体做法在计算地下结构地震内力时将结构底部简支,地震作用采用在结构顶部施加水平集中力 P 或在结构侧墙施加水平倒三角形分布力 q,逐步加载,使结构发生的变形达到自由场变形法计算得到的侧墙位置最大变形 Δ,如图 6.8 所示,此时结构的反应作为地下结构地震响应,即可求解地下结构内力,并进行抗震验算。

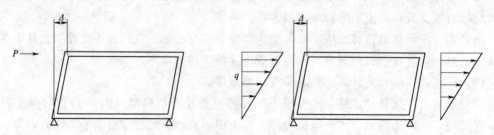

图 6.8　自由场变形法中地震荷载施加方法

6.9.2 自由变形场的确定与分析实例

1. 数值分析方法

数值分析方法估算自由场剪切变形是目前主要的方法,尤其是在场地层位变化的情况下,以及需要考虑土体非线性大变形条件下,数值分析法的优势是不言而喻的,常用的一维场地变形计算的专业软件 SHAKE、PROSHAKE 和 DEEPSOIL 等程序把场地模拟成水平成层土体系统并使用一维传播理论推导出结果。若需要考虑场地的二维问题,亦可采用 ANSYS、ABAQUS、FLAC 等软件。

2. 解析解

通过解析理论解可以用来初步估计隧道的应变和变形。这些简化的方法假定地震波是在隧道任何位置都具有相同幅值的平面波,只是地震波的抵达时间不同。Newmark 和 Kuesel 提出了一种计算由谐波引起的土体自由场应变的简化方法,这种谐波以给定入射角在均匀、各向同性、弹性介质中传播,如图 6.9 所示。最危险的入射角会产生最大的应变,这个准则通常被作为应对地震预测不确定性的安全措施,Newmark 提出的方法可以估计地震波引起的应变的数量级。

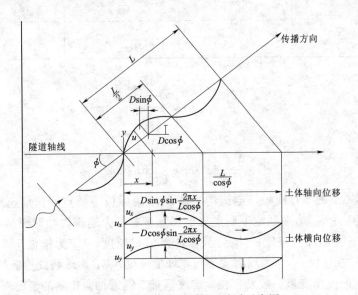

图 6.9 简谐波作用下场地波动示意图

John 和 Zahrah 使用 Newmark 的方法,提出了计算由压缩波、剪切波、瑞利波引起的自由场轴向和弯曲应变的方法,如表 6.10 所列,但是 S 波通常与峰值质点加速度和速度相关,通常很难确定哪种类型的波将主导设计。

通过将隧道看成弹性梁,可以得到组合的轴向和弯曲变形。采用梁理论,把轴向和弯曲变形引起的纵向应变组合起来,可以获得总的自由场轴向应变 ε^{ab}。

纵波:

$$\varepsilon^{ab} = \frac{V_P}{C_P}\cos^2\phi + r\frac{a_P}{C_P^2}\sin\phi\cos^2\phi \tag{6.27}$$

· 151 ·

表 6.10 不同波引起的自由场轴向和弯曲应变的计算公式

波的种类	纵向应变	正应变	剪应变	曲 率
纵波	$\varepsilon_l = \dfrac{V_P}{C_P}\cos^2\phi$	$\varepsilon_n = \dfrac{V_P}{C_P}\sin^2\phi$	$\gamma = \dfrac{V_P}{C_P}\sin\phi\cos\phi$	$\dfrac{1}{\rho} = \dfrac{a_P}{C_P^2}\sin\phi\cos^2\phi$
	$\varepsilon_{lm} = \dfrac{V_P}{C_P}$ ($\phi=0°$)	$\varepsilon_{nm} = \dfrac{V_P}{C_P}$ ($\phi=90°$)	$\gamma_m = \dfrac{V_P}{2C_P}$ ($\phi=45°$)	$\dfrac{1}{\rho_{max}} = 0.385\dfrac{a_P}{C_P^2}$ ($\phi=35°16'$)
横波	$\varepsilon_l = \dfrac{V_S}{C_S}\sin\phi\cos\phi$	$\varepsilon_n = \dfrac{V_S}{C_S}\sin\phi\cos\phi$	$\gamma = \dfrac{V_S}{C_S}\cos^2\phi$	$K = \dfrac{a_S}{C_S^2}\cos^2\phi$
	$\varepsilon_{lm} = \dfrac{V_S}{2C_S}$ ($\phi=45°$)	$\varepsilon_{nm} = \dfrac{V_S}{2C_S}$ ($\phi=45°$)	$\gamma_m = \dfrac{V_S}{C_S}$ ($\phi=0°$)	$K_m = \dfrac{a_S}{C_S^2}$ ($\phi=0°$)
瑞利波压缩分量	$\varepsilon_l = \dfrac{V_{RP}}{C_R}\cos^2\phi$	$\varepsilon_n = \dfrac{V_{RP}}{C_R}\sin^2\phi$	$\gamma = \dfrac{V_{RP}}{C_R}\sin\phi\cos\phi$	$K = \dfrac{a_{RP}}{C_R^2}\sin\phi\cos^2\phi$
	$\varepsilon_{lm} = \dfrac{V_{RP}}{C_R}$ ($\phi=0°$)	$\varepsilon_{nm} = \dfrac{V_{RP}}{C_R}$ ($\phi=90°$)	$\gamma_m = \dfrac{V_{RP}}{2C_R}$ ($\phi=45°$)	$K_m = 0.385\dfrac{a_{RP}}{C_R^2}$ ($\phi=35°16'$)
瑞利波剪切分量	—	$\varepsilon_n = \dfrac{V_{RS}}{C_R}\sin\phi$	$\gamma = \dfrac{V_{RP}}{C_R}\cos\phi$	$K = \dfrac{a_{RS}}{C_R^2}\cos^2\phi$
		$\varepsilon_{nm} = \dfrac{V_{RS}}{C_R}$ ($\phi=90°$)	$\gamma_m = \dfrac{V_{RS}}{C_R}$ ($\phi=0°$)	$K_m = \dfrac{a_{RS}}{C_R^2}$ ($\phi=0°$)

横波：

$$\varepsilon^{ab} = \frac{V_S}{C_S}\sin\phi\cos\phi + r\frac{a_S}{C_S^2}\cos^3\phi \tag{6.28}$$

瑞利波（压缩分量）：

$$\varepsilon^{ab} = \frac{V_R}{C_R}\cos^2\phi + r\frac{a_R}{C_R^2}\sin\phi\cos^3\phi \tag{6.29}$$

式中：r 为环形隧道的半径或矩形隧道的半高；a_P 为纵波下质点峰值加速度；a_S 为横波下质点峰值加速度；a_R 为瑞利波下质点峰值加速度；ϕ 为地震波相对于隧道轴向的入射角；V_P 为纵波下质点峰值速度；C_P 为纵波传播的视速度；V_S 为横波下质点峰值速度；C_S 为横波传播的视速度；V_R 为瑞利波下质点峰值速度；C_R 为瑞利波传播的视速度。

隧道横截面的推压变形一般发生在地震波垂于隧道轴向传播的情况下，垂直传播的剪切波才是引起这种变形的主导地震作用，因此，自由变形法主要用于地下结构横向抗震设计。

如图 6.10 所示，可以通过 2 种方式定义土体剪切变形。在尚未纵向开挖的土体中，最大径向应变是最大自由场剪切应变的函数：

$$\frac{\Delta d}{d} = \pm\frac{\gamma_{max}}{2} \tag{6.30}$$

经历纵向开挖后的土体中的径向应变进一步和土体的泊松比相关：

$$\frac{\Delta d}{d} = \pm 2\gamma_{max}(1+v) \tag{6.31}$$

在式（6.30）和式（6.31）两个公式中都假定不存在隧道衬砌时自由场地隧道位置的

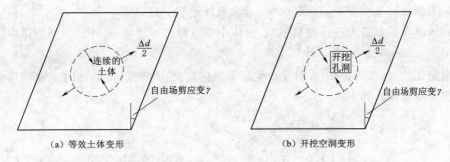

（a）等效土体变形　　　　　　　　　　　（b）开挖空洞变形

图 6.10　等效土体和开挖孔洞的自由场变形（开挖面为圆形）

等效土单元的径向应变，因此忽视了隧道与土体的相互作用。在自由场中，经历纵向开挖后的土体会比尚未开挖的土体遭受更大的推压变形，有时候可能会达 2～3 倍。这为刚度小于周围土体的衬砌结构提供了合理的推压变形计算值，然而当衬砌刚度等于土体刚度时，尚未纵向开挖的土体变形公式会更加适用。在衬砌刚度大于周围土体时，衬砌的推压变形甚至会小于式（6.30）给定的变形。

当矩形结构在地震中受到剪切作用时，结构将遭受横向推压变形，如图 6.11 所示。这种推压变形可以通过土体中的剪应变进行计算（如表 6.10 中的剪应变公式）。

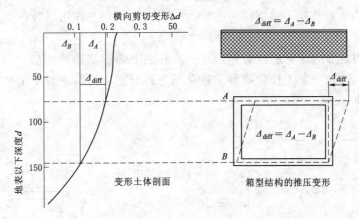

图 6.11　施加在地下矩形框架上的典型自由场推压变形

3. 计算实例

本设计工程实例以位于软土中的一个隧道为对象，假定在软土中使用现浇环形混凝土衬砌，地质、结构和地震参数如下：

（1）地层参数：横波视速度 $C_s = 110\text{m/s}$；土单元容重 $\gamma_t = 17.0\text{kN/m}^3$；土体泊松比 $\nu_m = 0.5$（饱和软黏土）；坚硬基岩上的土层覆盖厚度 $h = 30.0\text{m}$。

（2）结构参数：衬砌厚度 $t = 0.30\text{m}$；衬砌直径 $d = 6.0\text{m}$，半径 $r = 3.0\text{m}$；隧道长度 $L_t = 125\text{m}$；隧道截面的惯性矩 $I_c = \dfrac{\pi(3.15^4 - 2.85^4)}{4} \times 0.5 = 12.76\text{m}^4$（考虑到最大设计地震下混凝土的开裂和非线性行为，使用全截面惯性矩的一半）；衬砌横截面积 $A_s = 5.65\text{m}^2$；混凝土杨氏模量 $E_1 = 24840\text{MPa}$；混凝土屈服强度 $f_c = 30\text{MPa}$；弯压组合变形

下，混凝土的允许压应变 $\varepsilon_{\text{allow}} = 0.003$（最大设计地震下）。

（3）地震参数（最大设计地震下）：土体中质点峰值加速度 $a_{\text{s}} = 0.6g$；土体中质点峰值速度 $V_{\text{s}} = 1.0 \text{m/s}$。

根据简化式（6.28），40°入射波产生最大纵向应变 ε^{ab} 时隧道的轴向应变和弯曲应变的最大组合应变计算如下：

$$
\begin{aligned}
\varepsilon^{ab} &= \pm \frac{V_{\text{s}}}{C_{\text{s}}} \sin\phi \cos\phi \pm \frac{a_{\text{s}} r}{C_{\text{s}}^2} \cos^3\phi \\
&= \pm \frac{1.0}{2 \times 110} \times \sin 40° \times \cos 40° \pm \frac{0.6 \times 9.81 \times 3.0}{110^2} \times \cos^3 45° \\
&= \pm 0.0051
\end{aligned}
$$

计算出的最大压应变超过混凝土的允许压应变（即 $\varepsilon^{ab} > \varepsilon_{\text{allow}} = 0.003$）。

6.9.3　基于修正自由变形场的土与结构相互作用系数法

土-结构相互作用系数法以自由场变形法为基础，考虑土-结构因刚度不同而引起的相互协调作用。将自由场变形乘以土-结构相互作用系数作为地下结构在地震作用下的变形，土-结构相互作用系数法的原理可以表示为

$$\Delta_{\text{structure}} = \beta \Delta_{\text{free-field}} \tag{6.32}$$

式中：$\Delta_{\text{structure}}$ 为地震作用下地下结构变形；β 为土-结构相互作用系数；$\Delta_{\text{free-field}}$ 为地震作用下自由场变形。

以横断面为矩形的地下结构为例，对于具有地下矩形结构的地层，如图 6.12 所示，在纯剪条件下，选取一个土柱中矩形土体单元进行分析。纯剪应力下土单元的剪应变由式（6.33）给出：

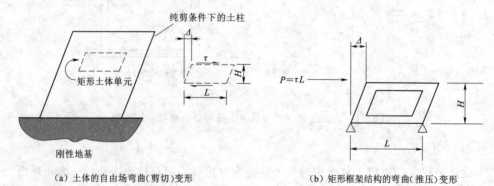

(a) 土体的自由场弯曲(剪切)变形　　　　　(b) 矩形框架结构的弯曲(推压)变形

图 6.12　土体与矩形框架结构的相对刚度

$$\gamma_s = \frac{\Delta}{H} = \frac{\tau}{G_m} \tag{6.33}$$

对式（6.33）变形后，单元的剪切刚度或弯曲刚度可以用剪应力与相应的角应变的比值表示：

$$\frac{\tau}{\gamma_s} = \frac{\tau}{\Delta/H} = G_m \tag{6.34}$$

通过把施加的剪应力和结构宽度 W 相乘，可以把剪应力转化成集中力，从而得到

$$\gamma_s = \frac{\Delta}{H} = \frac{P}{HS_1} = \frac{\tau W}{HS_1} \tag{6.35}$$

$$\frac{\tau}{\gamma_s} = \frac{\tau}{\Delta/H} = \frac{S_1 H}{W} \tag{6.36}$$

式中：S_1 为结构产生单位推压变形时需要的力；W 为结构的宽度。

可以同前述过程一样计算结构的柔性比：

$$F = \frac{G_m W}{S_1 H} \tag{6.37}$$

在这些表达式中，抗推压刚度是单位集中力引起的侧向推压变形的倒数（即 $S_1 = 1/\Delta_1$）。

对于任意矩形框架结构，可以使用传统的框架结构分析理论进行一个简单的框架分析，以获得结构的柔性比。对于一些简单的单筒框架，可以不用计算机分析就得出柔性比。下面以一个单筒框架为例计算柔性比，计算中顶板和底板采用同样的惯性矩 I_r，边墙的惯性矩为 I_w，计算式为

$$F = \frac{G_m}{24}\left(\frac{H^2 W}{EI_w} + \frac{HW^2}{EI_r}\right) \tag{6.38}$$

式中：E 为框架结构平面应变问题下的弹性模量。

对于顶板惯性矩为 I_r、底板惯性矩为 I_l、边墙惯性矩为 I_w 的单筒框架，柔性比为

$$F = \frac{G_m}{12}\frac{HW^2}{EI_r}\psi \tag{6.39}$$

式中：

$$\psi = \frac{(1+a_2)(a_1+3a_2)^2 + (a_1+a_2)(3a_2+1)^2}{(1+a_1+6a_2)^2} \tag{6.40}$$

$$a_1 = \frac{I_r}{I_l} \tag{6.41}$$

$$a_2 = \frac{I_r}{I_l}\frac{H}{W} \tag{6.42}$$

对于矩形结构，推压比 R 被定义为结构法向推压变形和土体自由场变形的比值：

$$R = \frac{\Delta_{结构}}{\Delta_{自由场}} = \frac{\dfrac{\Delta_{结构}}{H}}{\dfrac{\Delta_{自由场}}{H}} = \frac{\gamma_{结构}}{\gamma_{自由场}} \tag{6.43}$$

式中：γ 为角应变；Δ 为侧向推压变形。

有限元分析结果表明，土体与结构之间的相对刚度（用柔性比表示）对结构物的横向变形影响最大，这是因为：

（1）当 $F \to 0$ 时，由于结构是刚性的，无论土体变形多大，结构都不会发生推压变形（即结构必须承担所有荷载）。

（2）当 $F < 1.0$ 时，相对于土体，结构被看成刚性结构，因此变形要更小。

（3）当 $F=1.0$ 时，结构和土体刚度相等，因此结构的变形大约相当于土体自由场变形。

（4）当 $F>1.0$ 时，相对于自由场变形，结构的推压变形增大了，但这种增大并不是因为动态放大作用。事实是，如果结构的剪切刚度小于尚未纵向开挖的土体，那么由于土体经历了开挖产生了空洞，结构的变形就会因此增大。

（5）当 $F \to \infty$ 时，结构没有刚度，因此结构产生的变形和尚未经历开挖的土体相同。

具体计算时可以使用如图 6.13 所示的等效静载荷法把推压变形施加到地下结构上。对于深埋矩形隧道，大多数的推压变形一般由顶板外侧的剪切力引起，可以把载荷简化成作用在顶板和边墙连接处的集中力［图 6.13（a）］。对于浅埋矩形隧道，随着上覆土层减少，作用在土体与顶板的交界面处的剪切力也较小。结构发生推压变形时，占主导地位的外力不再是土体与顶板交界面处的剪切力，而是逐渐变成作用在边墙上的法向土压力。因此，模型上将产生一个三角形的压力分布［图 6.13（b）］。

在计算地下结构地震内力时将结构底部简支，地震作用采用在结构顶部施加水平集中力 P 或在结构侧墙施加水平倒三角形分布力 q，逐步加载，使结构发生的变形达到经推压比修正结构侧墙最大变形 Δ，如图 6.13 所示，此时结构的反应作为地下结构地震反应。

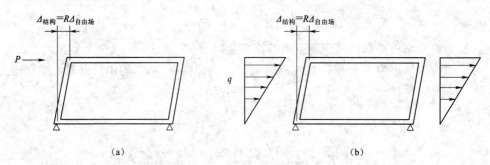

图 6.13　土-结构相互作用系数法中矩形地下结构地震荷载施加

一般来说，三角形的压力分布模型令矩形隧道底部接头产生了更大的弯矩，而采用简化为集中力的方法时，顶板与边墙的交界处会产生更危险的弯矩响应。上述讨论仅适用于均质土体中的隧道结构。如果隧道位于硬土层和软土层的交界处，分析时必须计算两土层交界处地震动的改变以及土层交界面的剪切变形。

设计矩形地下结构时，土-结构相互作用系数分析法是足够精确且合理的，总结具体分析步骤：

（1）进行静态结构的初步设计以及构件的初始尺寸设计。

（2）估算出在垂直传播的水平剪切波作用下所求深度处土体的自由场剪切应变/变形 $\Delta_{自由场}$。

（3）确定结构与自由场土体的相对刚度（即柔性比）。

（4）确定基于柔性比 F 的推压系数 R。

（5）根据 $\Delta_{结构}=R\Delta_{自由场}$ 计算结构的实际推压变形。

（6）在简化框架分析中施加地震波引起的推压变形。

（7）把推压变形引起的内力添加到其他载荷分量上。如果结构基于静止土压力设计，震前和震后都不需要考虑压力增量；如果结构基于主动土压力设计，主动土压力和静止土压力都要被考虑到动态载荷中。

（8）如果（7）的计算表明结构具有足够的承载力，这个设计就是令人满意的，否则的话，继续下一步的设计。

（9）如果强度和延性要求不满足，或非弹性变形超过允许的水平（这取决于结构的性能要求），应重新设计结构。在必要时对结构构件的尺寸进行修改。

（10）如果初始静态设计中的配筋能够使塑性设计中任何一点的极限条件都不被超越，那么这个设计足以抵抗最大设计地震。为了避免出现脆性破坏，有时候需要调整配筋率。在静态或拟静态荷载下，混凝土的最大允许压应变在弯曲时和施加轴向荷载时分别为 0.004 和 0.003。

该方法考虑了地下结构与周围土层刚度的差异，但忽略了地下结构或地下开挖对土层变形的影响，将地震作用下结构位置处的自由场变形经过推压比修正后施加在结构上作为结构变形，以此计算结构的地震反应。

【例 6.1】 矩形隧道的推压变形。

设计条件：地震，$M_w7.5$，震源到场地的距离为 10km；地面峰值加速度 $a_{max}=0.5g$；横波在土体中传播时的视速度 $C_m=180\text{m/s}$；软土，土体密度 $\rho_m=1920\text{kg/m}^3$。隧道参数（矩形钢筋混凝土隧道）：隧道宽度 $W=10\text{m}$，隧道高度 $H=4\text{m}$，顶部埋深 5m。

解：（1）确定自由场剪切变形 $\Delta_{\text{自由场}}$。

估计隧道所在深度处的地震动：

$$a_S=1.0a_{max}=1.0\times0.5g=0.5g（表6.11）$$

表 6.11 隧道埋深处地震动和地表地震动之比

隧道埋深/m	隧道埋深处地震动和地表地震动的比值	隧道埋深/m	隧道埋深处地震动和地表地震动的比值
≤6	1.00	15~30	0.80
6~15	0.90	>30	0.70

假定土体为软土，则

$$V_S=208\text{cm/s}\div g\times0.5g=104\text{cm/s}=1.0\text{m/s}（表6.12）$$

$$\gamma_{max}=\frac{V_S}{C_m}=\frac{1.0}{180}=0.0056（表6.10）$$

$$\Delta_{\text{自由场}}=\gamma_{max}H=0.0056\times4=0.022(\text{m})$$

（2）确定柔性比 F：

$$G_m=\rho_mC_m^2=\frac{1920}{1000}\times180^2=62000(\text{kPa})（表6.10）$$

通过结构分析可得，引起横截面单位长度上单位推压变形所需的力为 310000kPa，柔性比 F 是无量纲的，S 必须是单位面积上的力。

$$F=\frac{G_mW}{S_1H}=\frac{62000\times10}{310000\times4}=0.5$$

表 6.12 地面峰值速度和峰值加速度之比

矩震级 M_w		地面峰值速度（cm/s）和峰值加速度（g）之比		
		震源到场地的距离/km		
		0~20	20~50	50~100
岩体 $(V_s \geqslant 750\text{m/s})$	6.5	66	76	86
	7.5	97	109	97
	8.5	127	140	152
硬土 $(200\text{m/s} < V_s < 750\text{m/s})$	6.5	94	102	109
	7.5	140	127	155
	8.5	180	188	193
软土 $(V_s \leqslant 200\text{m/s})$	6.5	140	132	142
	7.5	208	165	201
	8.5	269	244	251

$F=0.5$ 时，推压比 $R=0.5$。

（3）确定结构的推压变形 $\Delta_{结构}$。

$$\Delta_{结构} = R\Delta_{自由场} = 0.5 \times 0.022 = 0.011(\text{m})$$

给结构施加 0.011m 的推压变形并进行结构分析来确定衬砌中的应力。集中荷载和三角分布荷载为侧向力模型都应该被分别用来计算结构的内力，以确定衬砌每个部位内力的最大值。

6.9.4 自由变形场法的适用讨论

自由场变形法反映了地下结构地震反应的主要因素是其周围土层变形反应这一根本特点，这比等效静力荷载法更为合理，但该方法不考虑地下结构与周围土层刚度的差异，并忽略了地下结构或地下开挖对土层变形的影响。土-结构相互作用系数法以自由场变形法为基础，考虑了土-结构因刚度不同而引起的相互协调作用。

隧道横截面的推压变形一般发生在地震波垂直于隧道轴向传播的情况下，垂直传播的剪切波才是引起这种变形的主导地震作用，因此，自由变形法主要用于地下结构横向抗震设计。

6.10 反应位移法

6.10.1 反应位移法的概念

地下结构地震中的响应规律与地上结构有着很大的不同，主要一点是地下结构不会产生比周围地层更为强烈的振动。这里有以下两个原因：首先地下结构的外观换算密度通常比周围地层小，从而使得作用在其上的惯性力也较小；其次即使地下结构物的振动在瞬时比周围地层剧烈，但由于其受到土体的包围，振动会受到约束，很快收敛，并与地层的振动保持一致。目前实施的有关地下结构地震时的响应观测以及模型振动实验等，也均清楚地表明：地下结构地震时跟随周围地层一起运动。因此，可以认为地下结构地震时的响应特点为其加速度、速度与位移等与周围地层基本上保持相等，地层与结构物成为一体，发生振动。天然地层在地震时，其振动特性、位移、应变等会随不同位置和深度而有所不同，从而会在对处于其中的地下结构上产生影响，因而，这种不同部位的位移差会以强制位移的形式作用在结构上，从而使得地下结构中产生应力和位移。

反应位移法就是根据上述的地下结构在地震中的响应特征而开发出来的计算方法，20世纪70年代初期，在地下管线及隧道等线形地下结构纵断面方向抗震设计方法中首次使用了该方法。当时把线形地下结构模型化为支撑在地基弹簧上的杆或梁（弹性地基梁），地基弹簧是考虑到结构刚度与地层刚度的不同，而定量表示两者间相互影响相互作用时引入的单元。作用在结构上的地震力，就是通过这一弹簧单元施加的。首先设定沿结构物轴线方向产生的地层位移分布（位移差），然后根据这一位移分布（位移差），在地层弹簧的端部施加强制位移，求得结构纵向应力和变形。20世纪70年代后期，反应位移法又用于大规模地下结构横断面方向的抗震计算中。这时将地下结构的横断面模型化为框架式结构，周围施加上地基弹簧，将结构深度方向的位移差值作为地震荷载施加在弹簧上。

由于反应位移法主要是规定地震时周围地层的变形为地震荷载，设计时使用的地层变形根据具体的地质条件沿地下结构的纵向或者横断面的深度方向进行设定，此时需按照设计规范进行确定，或者进行地层动力计算来求得位移值。

如上所述，反应位移法中需用到地基弹簧这种力学单元。由于地基弹簧的弹性模量对抗震计算的最终结果起到非常大的影响，因此如何合理评价其弹性模量成为这种方法的最大关键。另外，实际应用该方法时，对于施加在解析模型上的地震荷载有许多种考虑方法，对各种各样的方法进行统一也是一个必要的课题。

如上所述，反应位移法的主要思想是认为地下结构在地震时的响应取决于周围地层的运动，将地层在地震时产生的位移差（相对位移）通过地基弹簧以静荷载的形式作用在结构物上，从而求得结构物的内力及应力变形等。由于这种方法考虑到了地下结构响应的特点，能够较为真实地反映其受力特征，是一种有效的设计方法，从而在众多的设计规范中得到了应用。

反应位移法中，一般来说须将对结构物来说最为危险的瞬时地层变形分布输入体系中进行计算。对于纵向尺寸较长的线形地下结构来说，通常不同位置所受到的地震动也不同，而设计时是将复杂的实际位移分布进行简化，在此基础上进行计算和设计。

反应位移法最早是针对纵向尺寸很长的线形地下结构物纵向抗震计算而提出来的，而对于结构的横向抗震计算，最早只有针对断面较大的结构才进行。反应位移法用于其横断面的抗震计算最早是在20世纪70年代后期开始的，当时规定地震荷载仅仅是地层的位移（图6.14）。

其后，反应位移法在地下结构横断面抗震设计中有了发展，在一些抗震设计规范中得到了应

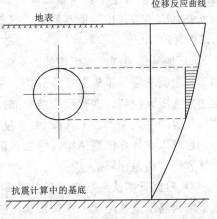

图6.14　反应位移法计算基本原理示意图

用。近年来的研究结果表明将反应位移法用于地下结构横断面的抗震计算中时，主要需考虑地层变形压力、地层剪力（周围剪力）以及结构自身的惯性力等 3 种地震作用。

6.10.2　横向抗震分析的反应位移法

6.10.2.1　反应位移法 Ⅰ《地下结构抗震设计标准》（GB/T 51336—2018）

1. 反应位移法 Ⅰ 适用条件

反应位移法认为地下结构在地震时的反应主要取决于周围地层的变形，而惯性力的影响相对较小。当结构断面形状简单、地层均质及场地覆盖层不大于 50m 时可采用反应位移法 Ⅰ 进行。设计基准面到地下结构距离不应小于地下结构有效高度的 2 倍，且该处岩土体剪切波波速不应小于 500m/s。

反应位移法 Ⅰ 除考虑静载外，应考虑地震引起的地层相对位移、结构惯性力和结构周围剪力作用。

2. 反应位移法 Ⅰ 分析原理

采用反应位移法 Ⅰ 进行地下结构横向地震反应计算时，主要需考虑地层变形、地层剪力（周围剪力）以及结构自身的惯性力等 3 种地震作用，进行反应位移法计算时，在计算模型中引入地基弹簧来反映结构周围地层对结构的约束作用，同时可以定量表示两者间的相互影响。将地层在地震作用下产生的变形通过地基弹簧以静荷载的形式作用在结构上，同时考虑结构周围剪力以及结构自身的惯性力，采用静力方法计算结构的地震反应。

在反应位移法 Ⅰ 的计算模型中，结构周围土体采用地基弹簧表示，包括压缩弹簧和剪切弹簧；结构一般采用梁单元进行建模，根据需要也可以采用其他单元类型（图 6.15）。

3. 反应位移法 Ⅰ 计算参数

采用反应位移法 Ⅰ 进行地下结构地震反应计算时，应考虑地层相对位移、结构惯性力和结构周围剪力作用。

（1）地基弹簧刚度。

1）地基弹簧刚度可按下式计算：

$$k = KLd \tag{6.44}$$

式中：k 为压缩、剪切地基弹簧刚度，N/m；K 为基床系数，N/m^3，可按现行国家标准《城市轨道交通岩土工程勘察规范》（GB 50307）取值，亦可采用岩土工程勘察报告所给的地基基床系数；L 为地基的集中弹簧间距，m；d 为地层沿地下结构纵向的计算长度，m，通常取 1m。

2）地基弹簧刚度也可按静力有限元方法计算。采用有限元方法计算基床系数的方法如下：根据土层一维地震反应分析，求出与地震震动最大应变幅度相应的土层参数，对土层建立有限元模型，在模型的结构部位分别沿纵向和横向施加均布荷载 q，由静力法算出结构位置的平均变形 δ（图 6.16），从而求得纵向基床系数和横向基床系数 $K = q/\delta$。另外，也可以在计算模型结构处施加单位强制位移，然后根据反力求出基床系数。上述 2 种计算方法本质是相同的。

3）根据日本铁路抗震设计规范确定参数。根据日本铁路抗震设计规范中相关规定，地下结构周围地基的动力弹簧系数可按下列公式计算。

顶板及底板下土层的竖直弹簧系数按式（6.45）计算：

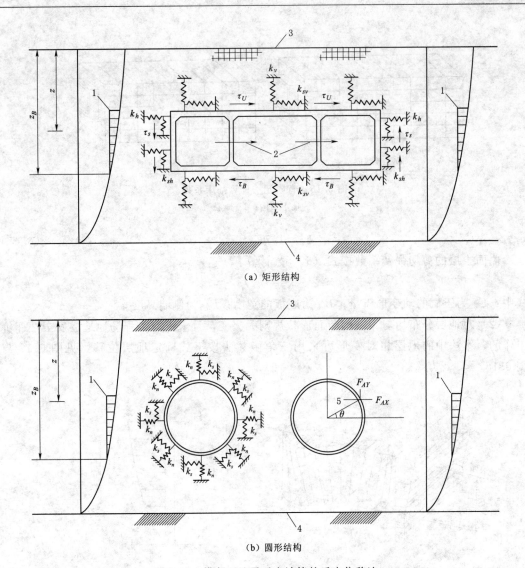

（a）矩形结构

（b）圆形结构

图 6.15 横断面地震反应计算的反应位移法

1—土层相对设计基准面位移；2—惯性力；3—地面；4—设计基准面；5—A 点；
k_v—结构顶底板拉压地基弹簧刚度，N/m；k_{sv}—结构顶底板剪切地基弹簧刚度，N/m；

k_h—结构侧壁压缩弹簧刚度，N/m；k_{sh}—结构侧壁剪切地基弹簧刚度，N/m；

τ_U—结构顶板单位面积上作用的剪力，Pa；τ_B—结构底板单位面积上作用的剪力，Pa；

τ_s—结构侧壁单位面积上作用的剪力，Pa；k_n—圆形结构侧壁压缩地基弹簧刚度，N/m；

k_a—圆形结构侧壁剪切地基弹簧刚度，N/m；F_{AX}—作用于 A 点水平向的节点力，N；

F_{AY}—作用于 A 点竖直向的节点力，N；θ—土与结构的界面 A 点处的法向与水平向的夹角，(°)

$$k_v = 1.7 E_0 B_v^{-3/4} \tag{6.45}$$

顶板及底板下土层的剪切弹簧系数按式（6.46）计算：

$$k_{sv} = k_v/3 \tag{6.46}$$

侧面土层的水平弹簧系数按式（6.47）计算：

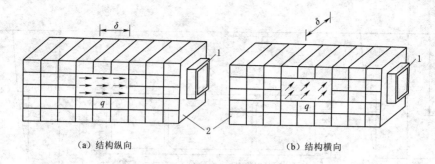

（a）结构纵向　　　　　　　　　　（b）结构横向

图 6.16　有限元法计算基床系数

1—地下结构；2—地层

$$k_h = 1.7 E_0 B_h^{-3/4} \tag{6.47}$$

侧面土层的剪切弹簧系数按式（6.48）计算：

$$k_{sh} = k_h / 3 \tag{6.48}$$

式中：E_0 为土层的动变形模量；B_v 为底板的宽度；B_h 为侧墙高度。

（2）对地层分布均匀、结构断面形状规则无突变，且未进行工程场地地震安全性评价工作的，本法中的地层相对变形可采用三角函数法按下式确定地层位移，见图 6.17 与图 6.18。

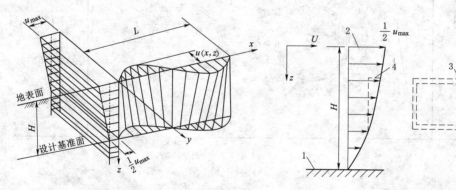

图 6.17　地层位移沿深度和隧道轴向分布

图 6.18　地层位移沿深度分布

1—设计基准面；2—地表最大位移；
3—地下结构；4—地层相对变形

$$u(z) = \frac{1}{2} u_{max} \cos \frac{\pi z}{2H} \tag{6.49}$$

式中：$u(z)$ 为地震时深度 z 处地层的水平位移，m；z 为深度，m；u_{max} 为场地地表最大位移，m；应按《地下结构抗震设计标准》（GB/T 51336—2018）第 5.1.3 条确定；H 为地面至地震作用基准面的距离，m。

地层相对位移，应按下式计算：

$$U'(z) = u(z) - u(z_B) \tag{6.50}$$

式中：$U'(z)$ 为深度 z 处相对于结构底部的自由地层相对位移，m；$u(z)$ 为深度 z 处自由地层地震反应位移；$u(z_B)$ 为结构底部深度 z_B 处的自由地层地震反应位移。

地层相对位移的作用，可通过在模型中的地基弹簧非结构连接端的节点的水平方向上施加强制位移来实现，按下式计算：

$$P(z) = kU'(z) \qquad (6.51)$$

（3）结构惯性力计算。

1）结构惯性力可按下式计算：

$$f_i = m_i \ddot{u}_i \qquad (6.52)$$

式中：f_i 为结构 i 单元上作用的惯性力，N；m_i 为结构 i 单元的质量，kg；$\ddot{u}_i$ 为结构 i 单元的加速度，取峰值加速度，m/s^2，应按《地下结构抗震设计标准》（GB/T 51336—2018）第 5.1.3 条确定。

2）结构惯性力亦可按下式计算。地下结构地震惯性力可按式（6.53）计算：

$$F = mgK_h \qquad (6.53)$$

$$K_h = C_z C_g C_v K_{h0} \qquad (6.54)$$

式中：F 为地震中地下结构的惯性力；m 为地下结构的质量；C_z 为区域修正系数，取 1.0；C_g 为土层修正系数，取值见表 6.13，场地类别划分方法见表 6.14；C_v 为深度修正系数，$C_v = 1 - 0.015z$，z 为结构的中心埋深；K_{h0} 为用反应位移法时设计水平地震的地震系数值。

表 6.13   土 层 修 正 系 数

II 类场地地震动峰值加速度	场 地 类 别				
	I_0	I_1	II	III	IV
$\leqslant 0.05g$	0.72	0.80	1.00	1.30	1.25
$0.10g$	0.74	0.82	1.00	1.25	1.20
$0.15g$	0.75	0.83	1.00	1.15	1.10
$0.20g$	0.76	0.85	1.00	1.00	1.00
$0.30g$	0.85	0.95	1.00	1.00	0.95
$\geqslant 0.40g$	0.90	1.00	1.00	1.00	0.90

表 6.14   抗震设计的场地类别

场地覆盖土层等效剪切波速 v_{se}（或岩石剪切波速 v_s）/(m/s)	场地覆盖土层厚度 d/m					
	$d=0$	$0 < d < 3$	$3 \leqslant d < 5$	$5 \leqslant d < 15$	$15 \leqslant d < 50$	$50 \leqslant d < 80$	$d \geqslant 80$
$v_s > 800$	I_0	—				
$800 \geqslant v_s > 500$	I_1	—				
$500 \geqslant v_{se} > 250$	—	I_1		II		
$250 \geqslant v_{se} > 150$	—	I_1		II		III
$v_{se} \leqslant 150$	—	I_1	II		III	IV

（4）矩形结构顶板底板剪力作用应按下式计算：

$$\tau_U = \frac{\pi G}{4H} u_{\max} \sin \frac{\pi z_U}{2H} \qquad (6.55)$$

$$\tau_B = \frac{\pi G}{4H} u_{\max} \sin \frac{\pi z_B}{2H} \tag{6.56}$$

式中：τ_U 为结构顶板剪切力，N；τ_B 为结构底板剪切力，N；z_U 为结构顶板埋深，m；z_B 为结构底板埋深，m；G 为地层动剪切模量，Pa；H 为地面至地震作用基准面的距离，m；$u_{\max}$ 为场地地表最大位移，m，应按《地下结构抗震设计标准》（GB/T 51336—2018）第 5.1.3 条确定。

矩形结构侧壁剪力作用应按下式计算：

$$\tau_S = (\tau_U + \tau_B)/2 \tag{6.57}$$

（5）圆形结构周围剪力作用应按下式分别计算：

$$F_{AX} = \tau_A L d \sin\theta \tag{6.58}$$

$$F_{AY} = \tau_A L d \cos\theta \tag{6.59}$$

式中：F_{AX} 为作用于 A 点水平向的节点力，N；F_{AY} 为作用于 A 点竖直向的节点力，N；τ_A 为圆形结构上任意点 A 处的剪应力，Pa；θ 为土与结构的界面 A 点处的法向与水平向的夹角，（°）。

4. 反应位移法 I 计算步骤

总结反应位移法 I 的计算分析，可得计算步骤为：

（1）计算求得动力弹簧刚度。

（2）将地层位移沿深度变化假设为余弦函数，计算出地层位移，然后计算出地震动土压力。

（3）将地震剪应力沿深度变化假设为正弦函数，计算出地下结构顶面、底面及侧向地震剪应力。

（4）计算得到地下结构的地震惯性力。

（5）各力施加在结构上，计算出结构内力。

6.10.2.2　反应位移法 II《地下结构抗震设计标准》

1. 反应位移法 II 适用条件

当地下结构断面形状简单、处于非均匀地层及复杂成层地层，且具有工程场地地震动时程时，可采用反应位移法 II 计算地下结构横向断面的地震反应。

采用反应位移法 II 时，对于覆盖地层厚度小于 50m 的场地，设计基准面到地下结构的距离不应小于地下结构有效高度的 2 倍，且该处岩土体剪切波速不应小于 500m/s；对于覆盖地层厚度大于 50m 的场地，可取场地覆盖地层超过 50m 深度且剪切波速不小于 500m/s 的岩土层位置。

2. 反应位移法 II 分析模型

采用反应位移法 II 计算时应考虑非均匀地层相对变形、结构周围剪力以及结构自身的惯性力等 3 种地震作用，可将周围岩土体作为支撑结构的地基弹簧，结构可采用梁单元进行建模（图 6.19）。

3. 反应位移法 II 中参数确定

（1）地层相对位移。采用反应位移法 II 进行地下结构地震反应计算时，由于地层是水平成层或复杂成层，地下结构所在位置的地层在地震中相对变形、加速度反应、动力反应的确定可根据实际地层参数，由一维地层地震反应分析或自由场地地震时程反应分析得

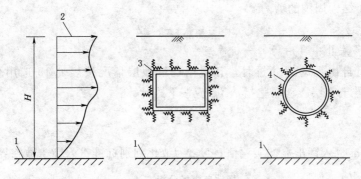

图 6.19 非均匀地层某时刻相对位移分布

1—设计基准面；2—地层相对位移分布；3—矩形断面结构；4—圆形断面结构

到。地层位移可以采用动力有限元方法等数值方法进行计算。

地层相对位移，应按下式计算：

$$U'(z) = u(z) - u(z_B) \tag{6.60}$$

式中：$U'(z)$ 为深度 z 处相对于结构底部的自由地层相对位移，m；$u(z)$ 为深度 z 处自由地层地震反应位移；$u(z_B)$ 为结构底部深度 z_B 处的自由地层地震反应位移。

反应位移法中要将地下结构周围自由地层在地震作用下的最大变形（可取相对变形，令相应于结构底面深度的位移为零）施加于结构两侧面压缩弹簧及上部剪切弹簧远离结构的端部。也可将地层相对位移的作用转换为作用于地基弹簧结构连接端的等效荷载，即化为直接施加在结构侧壁和顶板上的等效荷载。地层相对位移的作用，可通过在模型中的地基弹簧非结构连接端的节点的水平方向上施加强制位移来实现，按下式计算：

$$P(z) = kU'(z) \tag{6.61}$$

（2）地下结构惯性力。地下结构自身的惯性力可将结构物的质量乘以场地最不利时刻的相应位置的加速度进行计算，由于惯性力对地下结构地震反应影响非常有限，也可简化采用相应位置的最大加速度来计算，可以简化为作用在结构单元形心上的集中力。最不利时刻是指地震作用下地下结构最大变形时刻，由于实际地下结构最大变形时刻的确定比较困难，考虑到地下结构地震反应受周围地层的约束较大，因此可以用相应自由场的地层反应近似确定地下结构地震反应的最不利时刻。最不利时刻定义为地震作用下结构所在位置自由地层发生最大变形的时刻，对地下结构横断面反应分析可取地下结构顶底板位置处自由地层发生最大相对位移的时刻。

地下结构加速度可由一维地层地震反应分析或自由场地地震时程反应分析确定，惯性力可按下式计算：

$$f_i = -m_i \ddot{u}_i \tag{6.62}$$

式中：f_i 为结构 i 单元上作用的惯性力，N；m_i 为结构 i 单元的质量，kg；$\ddot{u}_i$ 为结构 i 单元的加速度，m/s^2。

（3）地下结构周围地震剪应力。矩形结构顶底板剪力、侧壁剪力作用宜按一维地层地震反应分析或自由场地地震时程反应分析确定，侧壁剪力作用也可按式（6.63）计算。圆形断面地下结构周围地层剪力可由自由场地震反应分析来获得，等于地震作用下结构周围自由地层相应于结构周围的剪力。

$$\tau_S = (\tau_U + \tau_B)/2 \tag{6.63}$$

4. 反应位移法 Ⅱ 中自由场的分析确定

对场地进行自由场动力分析时，宜根据场地地层情况按表 6.15 选用分析方法。表 6.15 中饱和砂性土土层震动弱化指数 I_w 应按下式计算：

$$I_w = \frac{N_{cr}}{N_l} \tag{6.64}$$

式中：N_l 为标准贯入锤击数的实测值；N_{cr} 为液化判别标准贯入锤击数临界值。

表 6.15 　　　　　　　　　　　　　**场地自由场分析方法**

分析方法	地　层　条　件
剪切层法	1. 地层力学性质无明显差异，且不含 $I_w>0.75$ 的饱和砂土、饱和粉土或软弱土； 2. 水平成层分布，不同层的力学性质有明显差异，且不含 $I_w>0.75$ 的饱和砂土、饱和粉土或软弱土
黏弹性动力时程分析法	1. 含软弱土，且不含 $I_w>0.75$ 的饱和砂土或粉土； 2. 非水平层状分布，不同层的力学性质有明显差异，且不含 $I_w>0.75$ 的饱和砂土或粉土
弹塑性动力时程分析法	含 $I_w>0.75$ 的饱和砂土或粉土，或含其他地震时超静孔压上升使得有效抗剪能力显著降低的土

（1）非液化成层地基。对于非液化成层地基对于非液化的水平成层地层，可采用剪切层法确定地层不同深度处的位移过程、加速度过程等动力反应。使用剪切层法时应按下列步骤进行：

第一步，假定各地层的剪切模量和阻尼比，利用动力平衡方程和各层的连续性条件计算出各地层水平位移。

第二步，由各地层水平位移计算出各地层的剪应变，利用模量比与剪应变的关系和阻尼比与剪应变的关系计算出各地层的剪切模量和阻尼比。

第三步，计算出的各地层的剪切模量和阻尼比与假定值相差在给定误差范围内时，则得到的各地层位移为所需结果；否则，以计算出的各地层的剪切模量和阻尼比作为第 1 步中假定的各地层的剪切模量和阻尼比，重复第一至第三步，直到计算出的各地层的剪切模量和阻尼比与假定值相差在给定误差范围内，得到所需结果。

（2）复杂成层、含软土、软硬交错层或含饱和砂土或粉土土层的地基。对于复杂成层、含软土、软硬交错层或含饱和砂土或粉土土层的地基，应采用有限元法确定地层中位移、加速度、剪应力等动力时程反应，且应符合下列规定：

1）应合理截取地层范围并细分计算网格，网格单元竖向最大尺寸应符合下式规定：

$$l_{\max} \leqslant \lambda_{\min}/n \tag{6.65}$$

式中：$l_{\max}$ 为网格单元竖向最大尺寸，m；$\lambda_{\min}$ 为输入地震波在该地层中向上传播的最小波长，m；n 为取 10。

2）对于除 I_w 大于 0.75 的饱和砂土或粉土之外的土体，其本构模型应采用黏弹性本构模型或弹塑性本构模型。当采用黏弹性本构模型时，本构模型应能反映土体滞回特性，软土的本构模型还应能反映软土的高压缩性；当采用弹塑性本构模型时，本构模型应能反映土体硬化特性和强度特性。并根据实际地质勘查与室内试验数据标定材料参数。

3）对于 I_w 大于 0.75 的饱和砂土或粉土，其本构模型应采用能反映其硬化特性、强度特性、循环剪切特性、液化变形特性的弹塑性本构模型，并应根据实际地质勘查与室内试验数据标定材料参数。

4）可采用动力人工边界模拟能量辐射与耗散。

6.10.3 纵向抗震分析的反应位移法

隧道结构刚度较大而密度小于地层，其纵向变形取决于隧道周围地层的位移，包括沿隧道纵向和横向水平位移，而隧道衬砌结构则通过弹性支承链杆与地层相连或视为弹性地基梁，并随地层位移而产生相关变形。目前，隧道纵向地震反应计算方法有很多种，根据地层和隧道变形情况大体上可以分为共同变形法和相对变形法两大类。共同变形法认为在地震波作用下，隧道随周围地层一并波动变形，两者间无相对位移；而相对变形法认为隧道的刚度对周围地层的变形会产生一定的影响，两者通过相互作用使得隧道的变形与自由场地层变形并不完全一致。历次震害表明，相对变形法能更准确地计算隧道纵向地震反应。

6.10.3.1 反应位移法Ⅲ《地下结构抗震设计标准》（GB/T 51336—2018）

1. 反应位移法Ⅲ的适用条件

当线长形地下结构处于沿纵向均匀地层时，可采用反应位移法Ⅲ进行地下结构纵向地震反应的计算，地下结构可用梁单元建模，并将地下结构周围土体作为支撑结构的地基弹簧，地震位移应施加于地基弹簧的非结构连接端。

由于变形缝与隧道结构在强度、刚度等方面存在差异，因此需采用不同的模型进行模拟。在施加横向地震动位移时，隧道结构将产生横向挠曲变形，变形缝由于采用了一定的抗震措施，因此可承受一定的弯矩作用，可将变形缝模型化为转动非线性弹簧模型。同样，在施加纵向地震动位移时，隧道结构将产生拉压变形，变形缝一样能承受一定的拉压荷载，同时，因为其抗拉压能力不同，因此可将变形缝模型化为非对称拉压非线性弹簧模型。

反应位移法Ⅲ计算分析应给出地下结构沿纵向的拉压应力和挠曲应力。对于盾构隧道，盾构施工时一般在盾构环之间的结构相对薄弱，因此可将结构梁单元取为一盾构环的长度；而对于明挖施工法，结构连续性较强，可按隧道自然节段确定，但为了保证计算精度，梁单元长度不应大于 10m。模型总长度应满足不宜小于地层变形波长或取全长的要求。

2. 反应位移法Ⅲ的分析原理

反应位移法Ⅲ是一种相对变形法，该方法是在求得结构周围地层地震变形的情况下，采用变形传递系数计算结构的地震反应。

地层地震动可以分解为与隧道纵轴平行和垂直的 2 个分量。其中，与隧道纵轴平行的分量可使隧道结构随周围地层产生平行于隧道轴线的拉压变形，隧道将产生拉压应力；与隧道纵轴垂直的分量可使隧道结构随周围地层产生垂直于隧道轴线的水平和竖直方向的横向变形，隧道将产生挠曲应力。因此评估隧道纵向地震反应时，要计算沿隧道纵向的拉压应力和挠曲应力。

采用反应位移法Ⅲ进行地下结构纵向地震反应计算时，可将结构周围土体作为支撑结构的地基弹簧，结构宜采用梁单元进行建模，见图 6.20。地震位移施加于地基弹簧的非结构连接端。

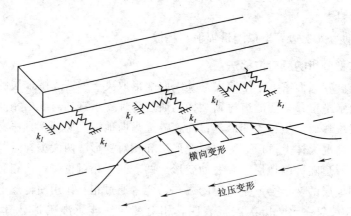

图 6.20　纵向地震反应计算的反应位移法

k_l—沿地下结构纵向侧壁剪切地基弹簧刚度，N/m；k_t—沿地下结构纵向侧壁拉压地基弹簧刚度，N/m

3. 反应位移法Ⅲ计算参数

(1) 地基弹簧刚度。地基弹簧刚度可按式（6.66）和式（6.67）计算：

$$k_t = KLW \tag{6.66}$$

$$k_l = \frac{1}{3}k_t \tag{6.67}$$

式中：K 为基床系数，N/m³；L 为地基的集中弹簧间距，m；W 为隧道横向平均宽度或直径，m。

此外，地基弹簧刚度亦可按静力有限元方法计算，可按现行国家标准《城市轨道交通结构抗震设计规范》（GB 50909—2014）的相关规定，对地层建立有限元模型，在模型的结构部位分别沿隧道纵向和横向施加均布荷载 q，由静力法计算得到相应位置的平均变形 δ，从而求得基床系数与地基弹簧刚度。

(2) 沿地下结构纵向轴线处施加的地层位移。沿结构纵向轴线处施加的地层位移分布可采用结构纵向轴线各处地层自由场的位移时程分布。

地层任一方向传递的横波都可分解为这两方向的波，值得注意的是：能使隧道衬砌结构产生最大纵向挠曲应变的横波，应与隧道轴线成 32°的入射角，此时它既产生横向挠曲变形，又产生纵向拉压变形。对于线长形地下结构，其沿纵轴和垂直纵轴的变形可通过自由场变形计算得到（图 6.21），作为简化，地层沿地下结构轴线方向的纵向位移 u_A 和与地下结构轴向垂直方向的横向位移 u_T 可按正弦规律变化计算。

$$u_A(x,z) = u(z)\sin\phi\sin\left(\frac{2\pi\cos\phi}{\lambda}x\right) \tag{6.68}$$

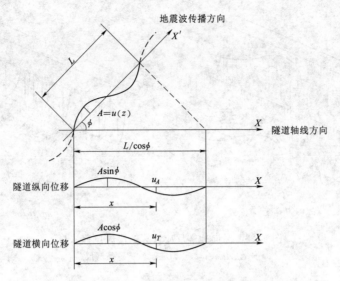

图 6.21 反应位移法Ⅲ的地层位移分解

$$u_T(x,z) = u(z)\cos\phi\sin\left(\frac{2\pi\cos\phi}{\lambda}x\right) \tag{6.69}$$

$$\lambda = \frac{2\lambda_1\lambda_2}{\lambda_1+\lambda_2} \tag{6.70}$$

$$\lambda_1 = T_s V_{SD} \tag{6.71}$$

$$\lambda_2 = T_s V_{SDB} \tag{6.72}$$

$$T_s = 1.25\frac{4H}{V_{SDB}} \tag{6.73}$$

式中：$u_A(x,z)$ 为坐标（x，z）处地震时的地层纵向位移，m；$u_T(x,z)$ 为坐标（x，z）处地震时的地层横向位移，m；$u(z)$ 为地震时深度 z 处地层相对设计基准面的水平位移，m；λ 为地层变形的波长，即强迫位移的波长，m；λ_1 为表面地层的剪切波波长，m；λ_2 为设计基准面地层的剪切波波长，m；V_{SD} 为表面地层的平均剪切波速，m/s；V_{SDB} 为设计基准面地层的平均剪切波速，m/s；T_s 为考虑地层地震应变水平的场地特征周期，s。ϕ 为地震波传播方向与地下结构轴线的夹角。

4. 反应位移法Ⅲ计算纵向地震内力及应力

把隧道结构沿纵向简化为梁单元进行建模，可将结构周围土体作为支撑结构的地基弹簧计算地基动弹簧刚度系数，沿隧道结构纵向的土层位移应施加于地基弹簧的非结构连接端，最终计算出沿隧道纵向的拉压应力和挠曲应力。

6.10.3.2 反应位移法Ⅳ《地下结构抗震设计标准》（GB/T 51336—2018）

当结构穿越复杂地层时，反应位移法Ⅲ中确定场地变形的简化方法不再适用，可采取自由场地地震时程反应分析得到结构所在地层的地震位移，再以此位移施加于纵向梁-弹簧模型中地层弹簧的非结构连接端（图 6.22），反应位移法Ⅳ就可以进而计算结构纵向地震反应。

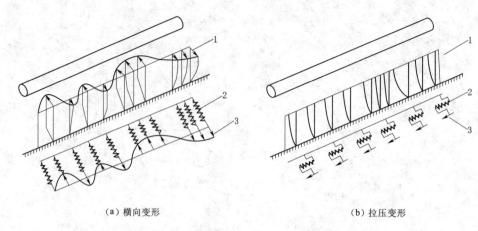

（a）横向变形 　　　　　　　　　　　　　（b）拉压变形

图 6.22　纵向地震反应计算的反应位移法Ⅳ

1—地层位移；2—地层弹簧；3—强制位移

6.11　整体式反应位移法

整体式反应位移法用于地下结构横断面地震反应计算。整体式反应位移法借鉴反应位移法的基本原理，采用岩土结构相互作用模型来直接反映岩土体与结构间的相互作用（图6.23），避免了引入地基弹簧带来的计算量和计算误差。采用自由场地层有限元模型计算等效输入地震动荷载（图6.24）。

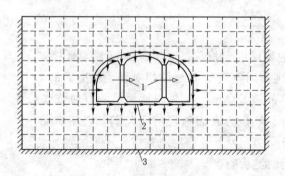

图 6.23　整体式反应位移法

1—惯性力；2—等效输入地震荷载；3—固定边界

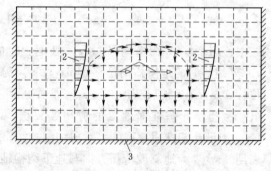

图 6.24　计算等效输入地震荷载

1—惯性力；2—地层相对位移；3—固定边界

在整体式反应位移法计算模型中，岩土体采用平面应变单元，结构一般采用梁单元进行建模，根据需要也可以采用其他单元类型。采用整体式反应位移法时，不需要计算结构周边对应自由场地的剪力，计算简便，适用于各种断面形式的地下结构。

整体式反应位移法基本思路：首先计算地下结构所在场地的自由场一维土层的地震反应，提出地下结构所在位置对应的土层变形和应力参数；然后，通过有限元建立土与地下结构的静力相互作用模型，把一维土层地震反应过程中提出的土层变形和应力条件施加到有限元分析模型中，进而得出地下结构的地震反应。

整体式反应位移法基本计算步骤：

（1）通过自由场一维场地地震反应分析，提取与应变相容的土体弹性模量和阻尼比，作为后续有限元分析时土层的输入材料参数。

（2）通过一维场地位移反应结果，确定结构顶底对应自由场位置的相对水平位移最大的时刻，并提取该时刻地下结构对应位置的土层位移分布以及加速度分布。

（3）通过有限元软件，建立场地二维自由场有限元模型，除地表外，四周采用固定边界，对地下结构所在位置处等代土单元的边界上强行施加（2）得到的位移，同时对等代土体施加相应的惯性力，如图 6.25 所示。提取等代土单元边界上相应位置的节点反力。

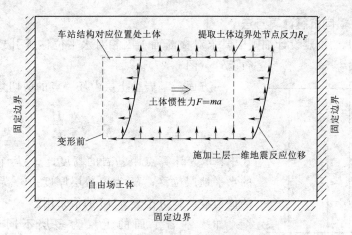

图 6.25　结构边界处荷载提取模型

（4）通过有限元软件，建立土与地下结构相互作用的二维有限元分析模型，土层参数采用（1）得到的土体弹性模量和阻尼比，模型四周除上表面外采用固定边界，对地下结构四周施加（3）得到的节点反力，同时对结构施加惯性力，如图 6.26 所示计算车站结构的内力和位移。

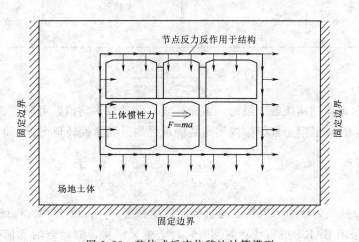

图 6.26　整体式反应位移法计算模型

经过以上 4 个步骤，即可求得整体式反应位移法中结构的最大地震内力。

　　此外，应该注意：①使用整体式反应位移法时，由于地层可能为水平成层或复杂成层，其在地震作用中相对位移和加速度可根据实际地层参数，由一维地层地震反应分析或自由场地地震反应分析得到；②结构惯性力采用结构质量乘以结构所在位置自由地层最不利时刻的水平加速度计算；当地下结构高度较小时，地下结构对应位置自由地层最不利时刻的加速度可由最不利时刻地下结构高度范围内自由地层的平均加速度代替。

6.12　BART隧道抗震设计法

6.12.1　BART横向抗震计算方法

　　美国BART的抗震设计细则中要求对横断面上因相对水平位移所引起的剪切变形进行验算（图6.27）。

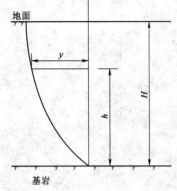

图6.27　表土层中的剪切位移

　　一方面，基岩上土层中任一点的剪切角为

$$\frac{y_s}{h}=0.8\frac{H}{v_s} \tag{6.74}$$

　　式中：h 为计算点距基岩的高度；y_s 为计算点所在位置的水平地层位移；H 为覆盖层厚度；v_s 为横波在地层中的传播波速，可按表6.16的值采用。

　　如果基岩上面的土层为多层不同性状的土，则式（6.74）中的 v_s 值可采用与地下结构接触土层的 v 或采用全部土层的加权平均值：

表6.16　　横波在土层中传播速度

土的种类	传播速度/(m/s)	土的种类	传播速度/(m/s)
紧密的粒状土	300	普通黏土	60
粉砂	150	软黏土	30

$$\bar{v}=\frac{v_1h_1+v_2h_2+\cdots}{h_1+h_2+\cdots} \tag{6.75}$$

　　一般针对与地下结构接触土层的 v 或全部土层的加权平均值，可取二者中的较小者。

　　另一方面，钢筋混凝土框架结构拐角处能承受的最大弹性转角可近似地按下式估算：

$$\alpha=\frac{1}{1000}\left(\frac{L_f}{5t_f}+\frac{L_w}{5t_w}\right) \tag{6.76}$$

　　式中：L_f、L_w 分别为转动约束点之间板或墙的净长度；t_f、t_w 分别为板或墙的厚度。

　　因此，在采用BART抗震计算判别时，对于框架结构，隅角点的几何关系如图6.28所示。

　　抗震验算判别条件：

（1）如果 $\alpha > \dfrac{y_s}{h}$，说明剪切变形满足要求，不需要特殊的抗震措施。实际上，对于粉砂、粒状土，其 $\dfrac{y_s}{h} < \dfrac{2}{1000}$，因此，只要板、墙的厚度小于其净长度的 1/5，一般就可满足要求。

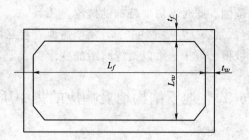

图 6.28　框架结构隅角点的几何关系

（2）如果 $\alpha < \dfrac{y_s}{h}$，则在拐角处刚度最小的构件产生塑性变形，拐角处能承受的最大弹塑性转角可近似地按下式估算：

$$\theta = 0.001\left(1.4 + \frac{L}{t}\right) \tag{6.77}$$

式中：L、t 分别为刚度最小构件的净长度和厚度。

框架结构出现塑性变形时，结构顶板、楼板、底板与边墙、端墙间的连接必须能适应预计的结构横向振动变形，拐角处的变形缝最好设置在边墙内。在所有预计会出现塑性变形和发生特殊变形的接缝处，应采取特殊的防水措施。

6.12.2　BART 纵向抗震计算方法

如果隧道位于较硬地层中，则隧道衬砌可以考虑为自由变形结构，美国旧金山海湾区快速运输系统（BART）的抗震设计细则中则采用了古塞尔（Kuesel）提出的相应计算方法。

（1）基本假定。隧道周围土层的刚度比隧道本身的刚度大，所以土层在地震力作用下产生变形，而土层将迫使隧道衬砌也产生相同的变形，不考虑土和结构之间的相互作用。

（2）设计原则。要求隧道结构有足够的延性或变形能力来吸收由于地震作用而施加于其上的变形。

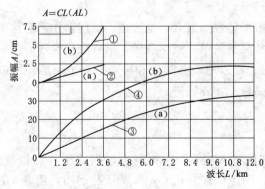

① $n = 1.86$　$C = 2.7 \times 10^{-7}$　软土
② $n = 1.95$　$C = 2.7 \times 10^{-8}$　硬土

③ 松散砂和软黏土
④ 紧密砂和硬黏土

图 6.29　横向地层位移谱

（3）水平方向振动引起的最大纵向变形。当隧道位于较硬地层中，则隧道衬砌结构可考虑为自由变形结构（如同没有地下结构物时的地层位移）。由纵向水平弯曲和伸缩变形合成造成的最大应变为

$$\varepsilon = 5.2\frac{A}{L} \tag{6.78}$$

式中：L 为临界波长，可取为 6 倍地下结构横向宽度。

振幅 A 值可按临界波长 L 由图 6.29 中查得。

抗震验算判别条件：

（1）当 $\varepsilon < 0.0001$ 时，变形属于弹性

范围，此时不需要特殊的抗震接头。

（2）当 $\varepsilon \geqslant 0.0001$ 时，就需要有特殊抗震措施，如采用柔性接缝，它应能够吸收掉在数值上等于 ε 乘以接缝间距的变形量。

6.13 地下结构地震响应的集中质量法

6.13.1 基本分析模型

1. 自由场的分析模型

对于水平成层自由场地的地震反应，将场地简化为作剪切运动的土柱，采用集中质量分析方法进行计算。在集中质量法中，将如图 6.30（a）所示的作剪切运动的土柱划分成 N 段，以如图 6.30（b）所示的 N 个质点体系代替，相邻质点以剪切弹簧连接。

2. 土-地下结构的分析模型

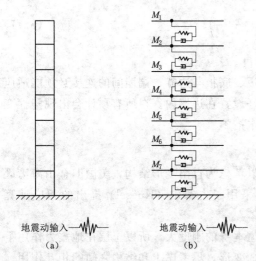

图 6.30 自由场地震反应分析的集中质量模型

按照集中质量法思想，将地下结构简化为串联多质点系，质点间采用杆件相连，设置质点连接杆件的弹性参数 EI（抗弯刚度）、GA（剪切刚度），以模拟层间的弯曲和剪切变形；土体被简化为一系列集中质量点，质点间采用剪切弹簧连接。将结构两侧土层的集中质量按照插值法分配于地下结构杆系集中质量的两侧，以模拟两侧土体对地下结构惯性力的影响。土质点与结构之间采用水平弹簧连接，并且在弹簧间并联阻尼器来模拟动力相互作用过程中的能量耗散，如图 6.31 所示。

该简化方法考虑了场地土的非均质性、阻尼特性等因素，也考虑了地震动作用时地下结构的惯性效应对地基土的影响，该方法力学模型简单、概念清晰，可以全面合理地考虑土-地下结构动力相互作用、结构本身惯性力、输入地震动特性和覆盖于地下结构顶部的上部荷载的影响，是一种科学和合理的地下结构简化方法。

6.13.2 模型方程建立

1. 自由场的运动方程

在地震动的作用下，土柱产生运动，如图 6.32 所示，oo 表示地震前土柱的位置。$o'A$ 表示地震时土柱与基岩一起的刚体运动，刚体位移为 u_g。$o'A'$ 为土柱运动，质点 i 的位移为 u_i^s。

土体层间剪切作用以质点间的剪切弹簧表示，土体质点 i 受到的剪切力为

$$F_{ssi} = k_i^s(z)(u_i^s - u_{i-1}^s) \tag{6.79}$$

式中：k_i^s 为土层质点 i 与质点 $i-1$ 之间的剪切弹簧系数。

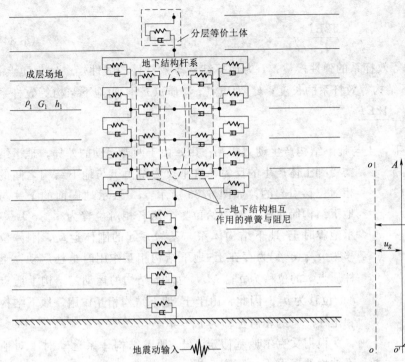

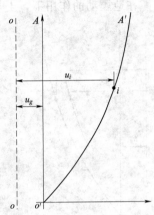

图 6.31 土-地下结构体系地震反应分析的集中质量模型　　图 6.32 自由场土柱的动力反应

水平方向的惯性力由土柱的运动引起，质点 i 惯性力为

$$F_{mi} = M_i^s(\ddot{u}_g + \ddot{u}_i^s) \tag{6.80}$$

式中：M_i^s 为土柱质点 i 的质量；$\ddot{u}_g$ 为基岩输入地震动加速度；$\ddot{u}_i^s$ 为土柱质点 i 相对于基岩的加速度。

土层质点之间由于剪切运动产生的阻尼力表示为

$$F_{ci}^s = c_i^s(\dot{u}_i^s - \dot{u}_{i-1}^s) \tag{6.81}$$

式中：c_i^s 为土柱质点 i 剪切作用的阻尼系数；$\dot{u}_i^s$、$\dot{u}_{i-1}^s$ 分别为土柱质点 i、$i-1$ 相对基底的运动速度。

在上述弹性力、土反力、阻尼力、惯性力作用下，土柱集中质量质点对的动力平衡方程可表示为

$$k_{i+1}^s(z)(u_{i+1}^s - u_i^s) + k_i^s(z)(u_i^s - u_{i-1}^s) + c_{i+1}^s(\dot{u}_{i+1}^s - \dot{u}_i^s) + c_i^s(\dot{u}_i^s - \dot{u}_{i-1}^s) + M_i^s(\ddot{u}_g + \ddot{u}_i^s) = 0 \tag{6.82}$$

整理式（6.82）后，可得土柱集中质量质点对的动力平衡方程：

$$M_i^s\ddot{u}_i^s + c_{i+1}^s\dot{u}_{i+1}^s + (c_i^s - c_{i+1}^s)\dot{u}_i^s - c_i^s\dot{u}_{i-1}^s + k_{i+1}^s\dot{u}_{i+1}^s + (k_i^s - k_{i+1}^s)\dot{u}_i^s - k_i^s\dot{u}_{i-1}^s = -M_i^s\ddot{u}_g^s \tag{6.83}$$

2. 土-地下结构体系的运动方程

假设地下结构位于水平成层土体中，根据地下结构的特点，将质量集中于每层的楼板处，质点间以无质量梁构件相连。假设地下结构为弹性体，地震时地下结构质点 i 的水平位移为 u_i^u，相邻两质点间的相对位移为 $u_i^u - u_{i-1}^u$，则由两质点的相对位移产生的水平弹

性力为

$$F_{u,i} = \frac{12EI}{l_i^3}(u_i^u - u_{i-1}^u) = k_i^u(u_i^u - u_{i-1}^u) \tag{6.84}$$

式中：E 为地下结构等效杆系的弹性模量；I 为地下结构等效杆件的惯性矩；l_i 为质点 i 与质点 $i-1$ 之间地下结构等效杆系的长度；k_i^u 为质点 i 与质点 $i-1$ 间地下结构等效杆系的水平刚度系数，$k_i^u = \dfrac{12EI}{l_i^3}$。

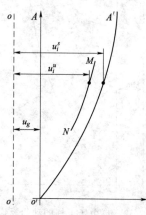

图 6.33 土-地下结构体系的动力反应

在地震动的作用下，土与地下结构产生动力相互作用，由于两者运动的差异，地下结构受到土体产生的反力，这个反力是由土与地下结构之间的相对位移引起的。如图 6.33 所示，oo 表示地震前的土柱与地下结构简化杆系的初始位置，两者相对位置为零。$o'A$ 表示地震时土-地下结构体系与基岩一起的刚体运动，刚体位移为 u_g。$o'A'$ 为存在土-地下结构相互作用时土柱运动，土柱质点 i 的位移为 u_i^s。MN 为地下结构的运动，结构上质点 i 的位移为 u_i^u。因此，由于土-地下结构相互作用，地下结构和土柱产生的相对位移为 $u_i^s - u_i^u$。

根据文克尔地基假定，土-地下结构体系运动时土对地下结构的反力 $F_{s,i}$ 可表示为

$$F_{s,i} = k_i^{su}(z)(u_i^s - u_i^u) \tag{6.85}$$

式中：$k_i^{su}(z)$ 为深度 z 处土体对地下结构的反力系数。

土体对地下结构的作用以附加质点上的弹簧表示，则土体对地下结构的反力系数 $k_i^{su}(z)$ 可由土弹簧系数 $k(z)$ 确定：

$$k_i^{su}(z) = k(z)\frac{l_{i-1} + l_i}{2} \tag{6.86}$$

式中：$k(z)$ 为深度 z 处的土弹簧系数；l_{i-1}、l_i 分别为质点 i 相邻上下段杆系的长度；z 为质点 i 到地面的距离。

土体层间剪切作用以质点间的剪切弹簧表示，土体质点 i 受到的剪切力为

$$F_{s,i} = k_i^s(z)(u_i^s - u_{i-1}^s) \tag{6.87}$$

式中：$k_i^s(z)$ 为土层质点 i 与质点 $i-1$ 之间的剪切弹簧系数。

当考虑相互作用时，地震时地下结构的运动是由基岩运动和土-地下结构体系共同作用引起的。因此，水平方向的惯性力由土柱惯性力和地下结构惯性力两部分组成：

$$F_{mi} = M_i^s(\ddot{u}_g + \ddot{u}_i^s) + M_i^u(\ddot{u}_g + \ddot{u}_i^u) \tag{6.88}$$

式中：M_i^s 为土柱质点 i 的质量；M_i^u 为地下结构质点 i 的质量；$\ddot{u}_g$ 为基岩输入地震动加速度；$\ddot{u}_i^s$ 为土柱质点 i 相对于基岩的加速度；$\ddot{u}_i^u$ 为地下结构质点 i 相对于基岩的加速度。

土-地下结构动力相互作用时，还需考虑土和地下结构的阻尼效应。地震时，由两质点的相对速度在地下结构上产生的阻尼力可表示为

$$F_{ci}^u = c_i^u(\dot{u}_i^u - \dot{u}_{i-1}^u) \tag{6.89}$$

式中：c_i^u 为地下结构的阻尼系数；$\dot{u}_i^u$、$\dot{u}_{i-1}^u$ 分别为地下结构上质点 i、$i-1$ 相对基底的

运动速度。

地震时，由于土-地下结构相互作用的存在，产生的附加速度为 $\dot{u}_i^s - \dot{u}_i^u$，因此，土-地下结构体系运动时土对地下结构的阻尼力可表示为

$$F_{ci}^s = c_i^{su}(\dot{u}_i^s - \dot{u}_i^u) \tag{6.90}$$

式中：c_i^{su} 为地下结构与土柱共同作用的阻尼系数；$\dot{u}_i^s$ 为土柱质点 i 相对基底的运动速度；$\dot{u}_i^u$ 为地下结构质点 i 相对基底的运动速度。

土层质点之间由于剪切运动产生的阻尼力表示为

$$F_{ci}^s = c_i^s(\dot{u}_i^s - \dot{u}_{i-1}^s) \tag{6.91}$$

式中：c_i^s 为土柱剪切作用的阻尼系数；$\dot{u}_i^s$、$\dot{u}_{i-1}^s$ 分别为土柱质点 i、$i-1$ 相对基底的运动速度。

在上述弹性力、土反力、阻尼力、惯性力作用下，土与地下结构集中质量质点对的动力平衡方程可表示为

$$
\begin{aligned}
&k_{i+1}^u(u_{i+1}^u - u_i^u) + k_i^u(u_i^u - u_{i-1}^u) + c_{i+1}^u(\dot{u}_{i+1}^u - \dot{u}_i^u) + c_i^u(\dot{u}_i^u - \dot{u}_{i-1}^u) \\
&+ k_i^{su}(u_i^s - u_i^u) + c_i^{su}(\dot{u}_i^s - \dot{u}_i^u) + k_{i+1}^s(z)(u_{i+1}^s - u_i^s) + k_i^s(z)(u_i^s - u_{i-1}^s) \\
&+ c_i^s(\dot{u}_{i+1}^s - \dot{u}_i^s) + c_i^s(\dot{u}_i^s - \dot{u}_{i-1}^s) + M_i^s(\ddot{u}_g + \ddot{u}_i^s) + M_i^u(\ddot{u}_g + \ddot{u}_i^u) = 0
\end{aligned} \tag{6.92}
$$

整理后，可得土-地下结构相互作用集中质量质点对的动力平衡方程：

$$
\begin{aligned}
&M_i^u \ddot{u}_i^u + c_{i+1}^u \dot{u}_{i+1}^u + (c_i^u - c_{i+1}^u - c_i^{su})\dot{u}_i^u - c_i^u \dot{u}_{i-1}^u + k_{i+1}^u u_{i+1}^u \\
&+ (k_i^u - k_{i+1}^u - k_i^{su})u_i^u - k_i^u u_{i-1}^u + M_i^s \ddot{u}_i^s + c_{i+1}^s \dot{u}_{i+1}^s \\
&+ (c_i^s - c_{i+1}^s - c_i^{su})\dot{u}_i^s - c_i^{ss}\dot{u}_{i-1}^s + k_{i+1}^s u_{i+1}^s \\
&+ (k_i^s - k_{i+1}^s - k_i^{su})u_i^s - k_i^s u_{i-1}^s = -(M_i^u + M_i^s)\ddot{u}_g
\end{aligned} \tag{6.93}
$$

6.13.3 模型分析参数确定

1. 各土层质量的确定

自由场采用单位面积土柱进行分析，每段土柱的质量等分给相邻的质点，每个质点的质量等于相邻两个土柱段质量的一半，即

$$
\begin{cases}
m_1 = \dfrac{1}{2}\rho_1 h_1 \\
m_i = \dfrac{1}{2}\rho_{i-1}h_{i-1} + \dfrac{1}{2}\rho_i h_i
\end{cases} \tag{6.94}
$$

式中：ρ_i 为第 i 层土的密度；h_i 为第 i 层土的厚度。

等价土体是参与土-地下结构相互作用的随地下结构运动而运动的土体，对土-地下结构体系的地震反应有较大的影响。Penzien 提出用能量相等的原则确定等价土质量 M_i^s 的值，对第 i 层土体，有：

$$M_i^s = \int_{-h}^{h}\int_{-\infty}^{+\infty}\int_{-\infty}^{+\infty} \frac{1}{3}(\psi_u^2 + \psi_v^2 + \psi_w^2)\rho_i \, dx\,dy\,dz \tag{6.95}$$

式中：ψ_u^2、ψ_v^2、ψ_w^2 为单位力作用在土体内 x、y 和 z 方向上产生的位移场，具体见式（6.100），由弹性半空间的 Mindlin 解答确定；ρ_i 为第 i 层土体的质量密度。

由此可以求得地下结构侧边产生惯性力影响的各层等价土体质量，假设地下结构不存

在，此时等价土体系应该与自由场地具有完全相同的振动，由于自由场质点之间的剪切弹簧系数和质量已知，可以根据这两个体系有完全相同的振动特性确定等价土体系的动力参数。等价土体的等价面积可表示为

$$\bar{A} = \frac{1}{n} \frac{M_i^s}{\rho_i h_i} \tag{6.96}$$

式中：M_i^s 为地下结构侧边第 i 层土的等效质量；n 为地下结构侧边的土层数。

经过修正，由等价土体的等价面积可以得到第 i 质点的等价质量 $\overline{M_i^s}$ 为

$$\overline{M_i^s} = m_i \bar{A} \tag{6.97}$$

式中：m_i 为自由场地单位面积土柱第 i 质点的质量。

2. 各土层层间剪切弹簧的刚度与阻尼

土层层间质点第 i 层层间剪切弹簧刚度 k，可由式（6.98）得到

$$k_{vi} = \frac{G_i \bar{A}}{h_i} \tag{6.98}$$

式中：G_i 为第 i 层土的剪切模量；$\bar{A}$ 为土体的等价面积；h_i 为第 i 层土的厚度。

层间阻尼系数采用刚度比例阻尼，其计算式为

$$c_{vi} = \frac{2\lambda_i}{\omega} k_{vi} = \frac{2\lambda_i}{\omega} \frac{G_i \bar{A}}{h_i} \tag{6.99}$$

式中：λ_i 为第 i 层土的阻尼比；ω 为场地的基频。

3. 土-地下结构水平相互作用弹簧的刚度与阻尼

通过半空间理论分析，运用 Mindlin 公式求解单位水平均布力作用下不同深度处的土体平均位移，在任意深度 z 处的水平位移是由沿结构连续分布的荷载引起的，假定作用在每层土的荷载是均匀分布的，而在不同土层内的荷载是不同的。所以，均布荷载 $p(0,0,c \pm h)$ 作用在土-地下结构接触面上所引起的平均位移 u 可由 $c-h$ 至 $c+h$ 之间的荷载强度 $p(0,0,c \pm h)$ 得出，并在 $[c-h, c+h]$ 区间内进行积分，得出土层的位移场函数：

$$\bar{u} = \frac{3p(0,0,c \pm h)}{8\pi E} \left\{ \begin{array}{l} ar\sinh\dfrac{c+h-z}{r} + ar\sinh\dfrac{c-h-z}{r} + ar\sinh\dfrac{c+h+z}{r} \\[2mm] -ar\sinh\dfrac{c+h-z}{r} + \dfrac{2}{3r^2}\left[\dfrac{r^2(c+h)-2r^2 z+(c+h)z^2+z^3}{\sqrt{r^2+(c+h+z)^2}}\right. \\[4mm] \left. -\dfrac{r^2(c-h)-2r^2 z+(c-h)z^2+z^3}{\sqrt{r^2+(c-h+z)^2}}\right] \\[4mm] -\dfrac{2}{3}\left[\dfrac{z-(c+h)}{\sqrt{r^2+(c+h-z)^2}} - \dfrac{z-(c-h)}{\sqrt{r^2+(c-h-z)^2}}\right] \\[4mm] +\dfrac{4}{3}\left\{\dfrac{r^2 z+(c+h)z^2+z^3}{\sqrt{[r^2+(c+h+z)^2]^3}} - \dfrac{r^2 z+(c-h)z^2+z^3}{\sqrt{[r^2+(c-h+z)^2]^3}}\right\} \end{array} \right\}$$

$$\tag{6.100}$$

式中：E 为土层的弹性模量；c 为土层上表面到均布荷载区间中点的距离；h 为土层厚度的

一半；z 为地表到土层中心的距离；r 为地下结构简化杆系的等效惯性半径，$r=\sqrt[4]{\dfrac{64I_u}{\pi}}$。

土层 i 的弹簧系数 k_{hi} 定义如下：在土层中心点 z 处产生单位 1 的水平位移时作用于该点的单位长度的反力。按此定义，有

$$k_{hi}=\frac{p(0,0,c\pm h)}{\bar{u}} \tag{6.101}$$

按上述定义，c 与 h 在数值上应取 $c=h=\dfrac{l}{2}$，l 为土层厚度，由此可得

$$k_{hi}=\frac{8\pi E}{3}\left\{\begin{aligned}&ar\sinh\frac{l+z}{r}+ar\sinh\frac{l-z}{r}+\frac{4}{3}\frac{r^2z+z^2(l+z)}{\sqrt{[r^2+(l+z)^2]^3}}\\&+\frac{2}{3r^2}\left[\frac{r^2(l-2z)+z^2(l+z)}{\sqrt{r^2+(l+z)^2}}+\frac{r^2(l-z)}{\sqrt{r^2+(l-z)^2}}-\frac{z(z^2-r^2)}{\sqrt{r^2+z^2}}\right]\end{aligned}\right\}^{-1} \tag{6.102}$$

水平阻尼系数的确定，用黏性阻尼器模拟波动能量向半无限场地逸散。

$$\begin{cases}c_{l1}=2rl_1\rho_1(v_{P,1}+v_{S,1})\\c_{li}=2r[l_i\rho_i(v_{P,i}+v_{S,i})+l_{i+1}\rho_{i+1}(v_{P,i+1}+v_{S,i+1})]\end{cases} \tag{6.103}$$

$$v_P=\sqrt{\frac{\lambda+2G}{\rho}}$$

$$v_S=\sqrt{\frac{G}{\rho}}$$

$$\lambda=\frac{\nu E}{(1+\nu)(1-2\nu)}$$

式中：r 为地下结构的等效惯性半径；E、G 分别为第 i 层土的弹性模量、剪切模量；v_P、v_S 为纵波波速、剪切波速；ν 为泊松比；ρ_i 为第 i 层土的密度；l_i 为第 i 层土的厚度。

4. 等价土体系和地下结构杆系的阻尼

等价土体系的阻尼按 Rayleigh 阻尼假设计算：

$$[\boldsymbol{C}]_s=\alpha[\boldsymbol{M}]_s+\beta[\boldsymbol{K}]_s \tag{6.104}$$

$$\alpha=\frac{2}{\omega_1+\omega_2}\lambda_s$$

$$\beta=\frac{2\omega_1\omega_2}{\omega_1+\omega_2}\lambda_s$$

式中：$[M]_s$ 为等价土体系的质量矩阵；$[K]_s$ 为等价土体系的刚度矩阵；λ_s 为土的阻尼比，近似地取自由场地震反应分析给出的与应变相容的阻尼比；ω_1、ω_2 分别为土-地下结构体系第一、第二阶自振圆频率。

同样，地下结构杆系的阻尼也按 Rayleigh 阻尼假设计算：

$$[C]_u=\alpha[M]_u+\beta[K]_u \tag{6.105}$$

$$\alpha=\frac{2}{\omega_1+\omega_2}\lambda_u$$

$$\beta=\frac{2\omega_1\omega_2}{\omega_1+\omega_2}\lambda_u$$

式中：$[M]_u$ 为地下结构杆系的质量矩阵；$[K]_u$ 为地下结构杆系的刚度矩阵；λ_u 为地下结构材料的阻尼比；ω_1、ω_2 分别为土-地下结构体系第一、第二阶自振圆频率。

6.13.4 求解

针对输入设计地震波作用下，求解各时刻的运动平衡方程，得到整个力学模型各个时刻的动力响应，从而进一步求得地下结构在设计地震波作用下各部分内力、应力、变形的时程变化。

6.14 地下结构地震响应的动力时程有限元法

6.14.1 动力时程分析法特点

在地下结构的数值计算分析中，动力时程有限元计算方法是将地层、结构体系分别根据其动力响应特性，将地层、结构物的质量、刚性、阻尼衰减等各种特性公式化，以有限元模型进行离散化，生成有限元网格，对整个体系输入设计地震波，在地震作用下，求解运动方程，计算整个力学模型各个时刻的动力响应，从而求得地下结构在设计地震波作用下各部分的应力、变形的时程变化。

利用动力有限元时程分析方法来进行地下结构的抗震计算，其意义在于，与等效静力荷载法、反应位移法等分析方法相比较，该方法能较为详细地反映周围地层的动力学特性，从而使抗震计算的结果更精确。尤其是对线形结构物纵向地形或地层结构变化较大，而使得地层震动性能也大幅度变化时，动力有限元时程分析方法比较好。但采用动力有限元时程分析时不仅建立动力分析的模型需要花费大量的时间，而且计算时需花费大量的计算时间和计算费用，还有一定的局限性。

《地下结构抗震设计标准》规定：进行动力时程分析时，鉴于不同地震波输入进行时程分析的结果不同，本条规定一般可以根据小样本容量下的计算结果来估计地震作用效应值。通过大量地震加速度记录输入不同结构类型进行时程分析结果的统计分析，选用不少于 2 组实际记录和 1 组人工模拟的加速度时程曲线作为输入时，计算的平均地震效应值不小于大样本容量平均值的保证率在 85% 以上，而且一般也不会偏大很多。当选用数量较多的地震波，如 5 组实际记录和 2 组人工模拟时程曲线，则保证率更高。

6.14.2 时程分析时地层的选择范围

进行动力时程分析时，计算模型的选取范围，一般顶面取地表面，底面和侧面要与结构有足够的距离以减小边界效应。该距离主要受结构宽度和高度的最大值，即单边最大尺寸的影响，同时也受地层条件的影响。

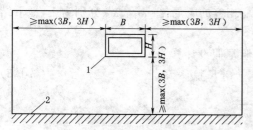

图 6.34 一般情况下计算模型选取范围
1—结构；2—设计基准面；H—结构高度；B—结构宽度

计算模型底面与地下结构底面距离不宜小于 3 倍结构单边最大尺寸，水平向自结构侧壁至边界的距离宜至少取结构单边最大尺寸的 3 倍，如图 6.34 所示。

当地下结构与基岩的距离小于 3 倍结构

单边最大尺寸时，计算模型底面取至基岩面即可，如图 6.35（a）所示；当地下结构嵌入基岩时，计算模型底面要取至基岩面以下，如图 6.35（b）所示。

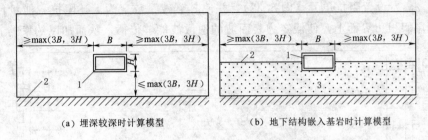

（a）埋深较深时计算模型　　　　　　　　（b）地下结构嵌入基岩时计算模型

图 6.35　特殊情况下计算模型选取范围

1—结构；2—基岩面；3—基岩；H—结构高度；B—结构宽度

6.14.3　地下结构时程分析要点

1. 数值模型

地层初始应力场对地下结构震动响应有很大影响，而施工过程会改变地层初始应力场，因而模拟结构施工过程，获得合理初始应力场是动力时程分析的基础。

在进行地下结构横断面方向的动力分析时，一般可建立如图 6.36 所示的数值模型并进行有限元整体动力计算，地震波从底面进行输入。该方法不仅可以正确地考虑地下结构的形状、地层构造等，而且可以进行精度较高的计算。一般情况下地层用平面应变单元进行模拟，而隧道、地铁车站等地下结构采用梁单元、杆单元或平面应变单元进行模拟。

地层土体的体积模量和剪切模量是随着振动时的剪切应变而变化的，必须对每一个单元在计算的全时间历程上将其刚度等进行根据应变大小的修正，同时整体刚度矩阵也每一个时步重新进行计算。

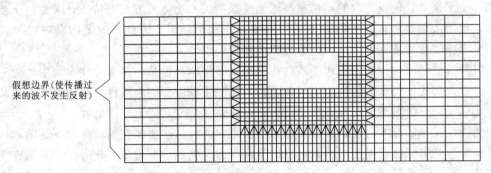

图 6.36　横断面动力分析模型

2. 边界条件

采用有限元法等数值方法求解土-结构动力相互作用问题时一般需要从无限介质中取出有限尺寸的计算区域，因此需通过在区域的边界上引入人工边界来模拟地基无限性。

由于修建地下结构以前的地层是无限延伸的地层，需要采用假想的边界条件来进行截断，将其建立为具有截断边界的有限模型，从而进行计算。这时假想的截断边界，必须不对传播过来的地震波产生反射，为此需要用特殊的边界处理，如黏性边界条件或能量传导边界条件或自由场边界条件等措施来进行处理。

黏性边界条件是在假想的边界的垂直方向和剪切方向分别对应 v_P 和 v_S 的波动阻抗（ρv_P，ρv_S）设置阻抗单元（图6.37），并使其衰减系数定为上述阻抗。能量传导边界条件则是在假想边界面上，使假定为表面波的逸散波能够传播，从而加以约束的方法。

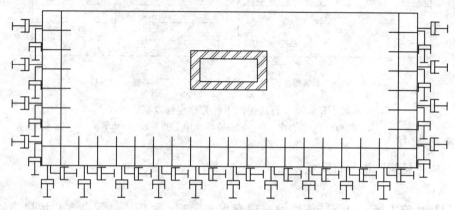

图 6.37 黏性边界条件的施加方法

3. 土的动力本构模型的选择

土的应力应变关系是很复杂的，尤其是土的动应力应变关系具有非线性、滞后性、变形累积性等特点，目前已有的本构模型都只能模拟某些加载条件下某类土的主要特征，没有一种本构模型能够全面地、正确地描述任何加载条件下各类土体的本构特征。同时，经验表明一些本构模型理论上虽然很严密，但可能由于参数取值不当，出现计算结果不合理的现象；相反，有些模型尽管形式简单，但由于其参数物理意义明确，容易通过试验确定，计算结果反而较为合理。因此，在选择本构模型时，往往需要在精确性和可靠性之间找到一个平衡点，使得选取的本构模型既能反映所关心土体某方面的特征，又要便于测定参数。地层土的性质将直接影响土与结构相互作用的结果，因此，应采用合理的本构模型，并根据实际地质勘查与室内试验数据测定材料参数。

等效线性动力时程法中本构关系往往采用黏弹性本构模型。在黏弹性本构中，骨干曲线表示最大剪应力与最大剪应变之间的关系，反映了动应变的非线性，滞回曲线表示某一个应力循环内各时刻剪应力与剪应变的关系，反映了应变对应力的滞后性，它们一起反映了应力应变关系的基本过程。采用的黏弹性模型应能够描述土体在循环荷载下的动本构关系特征，包括剪切模量变化规律、阻尼比变化规律、体积应变增量变化规律、剪切应变增量变化规律，且模量、阻尼比与剪应变关系符合试验测定曲线。当饱和土体处于完全不排水及部分排水条件下，还需配合孔压模型以便描述孔隙水压力增长和消散规律。

弹塑性动力时程法中本构关系往往采用弹塑性本构模型。在弹塑性本构模型中，选用的弹塑性本构模型应能够反映土体在循环荷载下的硬化特性、强度特性，能够合理反映土体在加卸载过程中产生的塑性变形。目前，针对饱和砂土或粉土，能否高精度地模拟循环剪切体应变规律已经成为评价一个循环动本构模型性能优劣的重要指标。因此，采用的本构模型应反映在复杂往返加载条件下的应力应变规律，特别是对循环剪切作用引起的体应变规律；同时，应能够合理描述饱和土体孔隙水压力增长、消散规律以及液化变形特性。

4. 多条地震时程的动力结果分析选择

当采用时程分析法进行结构动力分析时，应采用不少于 3 组设计地震动时程。当设计地震动时程少于 7 组时，宜取时得法计算结果和反应位移法计算结果中的较大值；当设计地震动时程为 7 组及以上时，可采用计算结果的平均值。

6.15 地下结构抗浮、抗侧压验算及抗浮措施处理

郑伟国（2013 年）提出，有必要将抗浮问题上升到同抗震和消防一致，抗浮设计也应是"百年大计，有备无患"。由于抗浮水位受种种不确定因素的影响，可以仿照抗震设计的理念来提出抗浮三阶段设计：①常年水位不裂；②设防水位不坏；③极限水位不浮。可以把常年水位、设防水位、极限水位统称为抗浮设计水位。

第一阶段，按常年水位采用现行规范进行结构的抗裂和变形设计，重点是各构件的耐久性验算，包括抗拔桩和锚杆。第二阶段，按设防水位进行强度设计。第三阶段，按极限水位作临界抗浮设计。前两个阶段应在既安全又经济的原则下对计算指标作些调整，抗浮水位的准确性已不再是关键。第三阶段的关键是临界抗浮设计的概念，也是抗浮设计的核心理念。

抗浮三阶段设计理念关键要把握好临界状态的设计，适当提高临界状态的荷载的安全系数。临界抗浮设计就是对结构将浮不浮的临界状态进行分析，使地下水达到极限水位时，水浮力刚好等于抗浮力。此时结构所具备的状态需要仔细研究。为了抗浮代价不致过高，结构设计指标可以按照极限或某特定值来设计，但要考虑折减以保证此状态的结构渗水或变形没有严重到事后不可修复的地步。

作为临界状态，抗拔桩（锚杆、锚索）的取值，不能简单地取极限抗拔力，抗拔桩（锚杆、锚索）的破坏存在各个击破效应，也就是一个个体破坏后，荷载会转移到周围的个体上去，引起周围个体的连锁破坏，所以应有足够的安全度来保证，为防止连锁破坏，抗拔桩（锚杆、锚索）的极限承载力至少对应于临界状态荷载的 1.25 倍。当然，还可设置保险措施，在地下室侧壁上设泄水孔，泄水孔周围设滤水区，把抗浮极限水位确定为泄水孔的标高，一旦地下水位超过泄水孔高度，水会注入地下室，避免出现上浮。

6.15.1 无侧向扩展情况下的抗浮与抗侧压验算

土在液化后变成液体，其重度等于土的饱和重度（约 $20kN/m^3$），其液压只与深度有关，且不随方向而改变，因此，液化土中某点的液压不论是水平向或竖向，都等于该点以上所有竖向压力的总和。对地下结构侧墙所受侧压及地下结构底板所受的浮力均需按下述方法校核土体液化后侧墙、底板的强度及抗浮能力。

图 6.38 为地下结构外墙及底板处液化后的侧压与底板的上浮力，即在液化土中任意深度 h 处液化后的侧压或上浮力均由下式决定：

$$\sigma_h = \sum \gamma_i h_i \tag{6.106}$$

式中：γ_i 为第 i 层土的饱和重度，kN/m^3；h_i 为第 i 层土的厚度，m。

在土液化前，地下结构外墙上的侧压一般按主动土压力或按静止土压力计算，与液化后所受压力相比，后者要远大于前者。因此，在震害调查中常常发现竖井井壁在液化层位

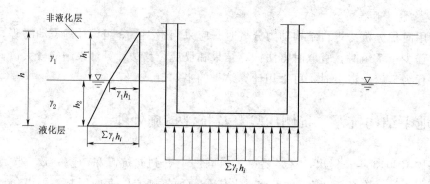

图 6.38　底板的上浮

置出现裂缝或地下轻型结构上浮的现象。液化层越深，液化前后的侧压与上浮力的差异也就越大。在设计时，设计者应该时刻注意已处理的液化层范围。

（1）抗浮验算时应使：

$$p/\sigma_h \geqslant 1.05 \tag{6.107}$$

式中：p 为基础或结构底部的平均压力，应按经常出现的不利情况考虑（如油罐不满载、地下室空载等），kPa。

（2）抗侧压的验算应使侧墙的强度满足抗剪与抗弯要求。

6.15.2　有侧向扩展情况下的抗浮与抗侧压验算

1. 抗浮验算

抗浮验算的方法与无侧扩时一样，见式（6.106）及式（6.107）。

2. 抗侧向压力的验算

液化侧向扩展时液化土与其上覆非液化层均向侧向滑动。如果地下结构保持不动，则需验算其抗侧压能力是否足够。根据阪神地震后对侧扩区内结构物的反算，得出如下结果：

（1）非液化上覆层的侧压力按被动土压力计算。

（2）液化层中的侧压为总的竖向压力（不扣浮力）的 $\dfrac{1}{3}$。

图 6.39 显示了破坏土楔与流动的土体的相对运动方向，土楔向上而流动土体向下。

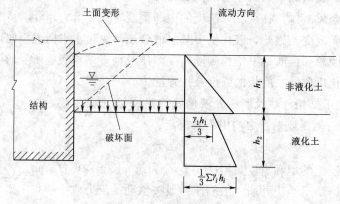

图 6.39　液化侧向扩展

这与挡土墙后被动破坏时的土楔、土体的相对运动方向一致，所不同的只是：侧扩情况下结构物不动而土体流动；挡土墙情况下则相反，土体不动而墙向土体挤压。

（3）日本规范规定，在距岸边水线 50m 范围内的结构按（1）、（2）所规定的侧压力计算；距水线 100m 以上则不需计算侧压，即按侧压为零考虑；在 $50\sim100$m 范围内的结构所受侧压按内插求之。

6.15.3 地下结构抗浮工程措施

地下结构在液化土体中经常遇到的一个问题是上浮。地基发生液化时，可能减小结构的地震力，对结构抗震有利，但是为结构安全考虑，在隧道结构的抗震设计中对地基液化减小地震力的有利作用不予考虑；另一方面，地基液化还可能导致结构过度下沉或倾斜，对结构产生破坏作用，因此要考虑这种不利条件下的工况。Schmidt 和 Hashash（1999）研究分析了液化地层中隧道的上浮机制，即随着隧道的上升，液化土体向产生位移的隧道下方运动，进一步抬升隧道。

地下结构抗浮方法很多，目前，国内外运用较多的技术措施主要有：增加自重法（包括顶板压载、底板加载及边墙加载）、降排截水法、抗拔桩、抗浮锚杆以及利用土层与地下室之间的摩擦力、利用废弃的临时挡土设施和隔离墙法等。常用地下结构抗浮措施见表 6.17。

表 6.17　　地下结构常用抗浮技术措施与比较

方法		措　施	优　缺　点
降低地下水浮力	调整底板标高	1. 抬高基地标高	影响建筑设计功能，调整余地不大
		2. 选择弱透水地层	
	排降地下水	设置排水层、盲沟排水和抽水井	适用水量不大的情况，需长期运行控制和维护管理 主要适用于施工期间或水池等构筑物，很少用建筑物地下室
	截水法	地基处理与截水帷幕	费用较高，地层适用性有限
抵抗地下水浮力	压载加固	1. 设置压重材料	增加工程量
		2. 增加基础底板厚度	增加基坑工程费用，调整幅度有限
		3. 增加上覆土厚度	增加填土工程量
		4. 增加墙厚及结构自重	可能影响建筑面积，加大基础埋深
	结构抗浮	1. 增加底板刚度，利用主体结构抗力平衡局部浮力	底板受力不均，影响范围小
		2. 挑出底板，利用周边土体增大压力	增加连接部位抗剪断计算
		3. 利用周边护坡结构竖向抗力	
		4. 利用周边土体的摩擦力	

续表

方法	措　施		优　缺　点
抵抗地下水浮力	基础抗浮	1. 抗浮桩	前期施工费用较高，但后期维护简单
		2. 抗浮锚杆	结构受力合理，施工工期短、节省材料，受地质条件影响，要考虑耐久性。锚杆在基岩较浅时采用，锚索防水处理困难
	防渗墙隔离墙	1. 石柱隔离墙	防渗墙可以抑制地下结构底部地震中超孔隙水压力的上升
		2. 旋喷隔离墙	
		3. 防渗板桩墙	

临时性（指施工期间）抗浮主要采用隔水、降水和排水等措施；永久性（指建筑物使用期间）主要采用抗拔桩和抗浮锚杆（索）下拉法。其中，采用隔水、降水和排水等措施属于主动抗浮措施；采用增加自重法、抗拔桩和抗浮锚杆等属于被动抗浮措施。对于具体工程，应结合实际情况，因地制宜地采用相应的抗浮措施。

针对北方的地下结构在设计使用年限内地下水位长期处于低水位，只在较短时间内才会出现可能危及抗浮稳定的极端水位，原则上适宜采用主动抗浮措施；而在南方及沿海地区，地下水位较高，适宜采用被动抗浮措施。通过比较可以得到：

（1）被动抗浮措施属于一次性工程投入，主动抗浮措施则需要计入其运营费用，两者需要进行技术经济比较选定最优方案。

（2）只要条件合适，即使在高水位地区也可以采用主动抗浮措施。

（3）采用主动抗浮措施还要考虑业主实力、管理能力及产权变动带来的风险。

（4）必须考虑在项目施工及建成投入运营的全寿命周期中，存在停工、停建、分期建设或中途改建的可能，分阶段考虑抗浮工况，有针对性地采取抗浮措施。

（5）主动抗浮措施需要长期抽排地下水，对场地周围一定范围内地下水位降低有较大影响，需要评估环境影响。

1. 压载抗浮技术

坐落在岩土体中的地下建（构）筑物因结构自重小于地下水浮力才可能发生上浮，因此最简便、最直接的措施就是增加配重法（图 6.40）。

增加配重法一般适用于埋深浅、浮力较小或自重与浮力相差较小的情况。增加配重法包括增加结构自重、覆土厚度和边墙加载等 3 种方式。根据浮力大小确定回填材料和厚度，常用的回填材料有土、砂石和混凝土等，必须保证回填料的压实度。若条件允许，可将底板沿外墙向外延展，以利用其上部填土的自重压力。对于纯地下车库、地下商场及地下水池等可在其顶板上覆土增加压重，也可增加底板厚度或其他压重措施。

增加覆土厚度或增加底板厚度对地下结构抗浮很有效，但基础埋深势必增加，地下水浮力也相应增加，于是所增大结构重量的作用会部分地被增加埋深所引起的浮力抵消，因此，抗浮设计使用压载抗浮技术措施时应认真核算。

2. 降排截水技术

由于地下水浮力是造成地下建（构）筑物上浮的主要因素，在条件允许的前提下，可采取降水、排水或截水等处理措施直接排除隐患。

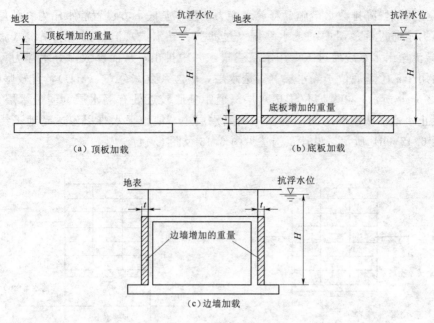

（a）顶板加载　　　　　　　　　　　　（b）底板加载

（c）边墙加载

图 6.40　增加配重法

（1）施工阶段基坑降水措施。地下结构施工阶段一般采用基坑内降排水措施将地下水位降至底板以下，以保证地下结构不致因水位上升造成上浮。基坑内布置若干降水井，降水井间距一般为 15m 左右，降水井伸入基坑底以下 3～5m。在开挖基坑四周每 25～30m 设一集水井，中部设排水明沟和集水井，在基坑顶面四周设截水沟。降水井布置见图 6.41。地下结构施工完成，且基坑四周按设计要求回填密实后才能停止基坑降水。

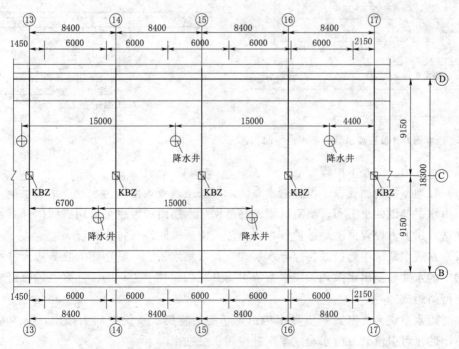

图 6.41　基坑降水井布置（单位：mm）

（2）使用阶段降排截水措施。释放水浮力法是在基底下方设置静水压力释放层，使基底下的压力水通过释放层中的透水系统（过滤层、导水层）汇集到集水系统（滤水管网络），并导流至出水系统后进入专用水箱或集水井中排出，从而释放部分水浮力。释放水浮力法适用于：①基底位于隔水层（弱透水层，渗透系数 $k \leqslant 10^{-5} \mathrm{cm/s}$），且较坚硬土层，如图 6.42 （a）所示；②基底位于透水层，但距基底较近处有隔水层（弱透水层），一般采用永久止水帷幕从室外地面一直插入到隔水层中，使地下水难以渗透到地下结构底板下，如图 6.42 （b）所示。设计及构造见图 6.43 及图 6.44。

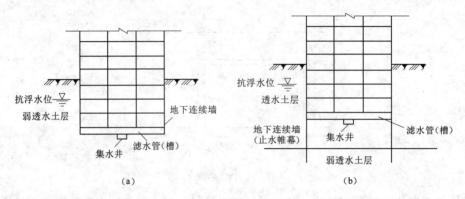

图 6.42　释放水浮力法

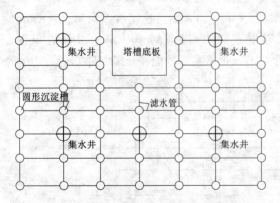

图 6.43　静水压力释放层滤水管、集水井平面布置

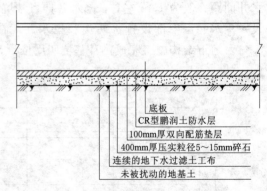

图 6.44　静水压力释放层做法示意图

释放水浮力法的基本原理如下：

（1）在地下结构底板以下设置透水系统，过滤土壤颗粒使压力水导进集水系统。透水系统可由水平铺设的土工布过滤层、聚乙烯格网导水层组成，也可采用满铺砂砾石层。必要时在透水层上方设置聚乙烯保护膜，防止浇灌混凝土时流入排水系统。

（2）在透水系统中的过滤层与导水层之间设置集水系统，其功能为收集渗入静水压力释放层中的水并导至出水系统。集水系统可由开孔后包扎土工布的多孔聚乙烯管组成的水平集水网络组成。

（3）出水系统为气密式垂直导水构造，功能为将集水系统中的水排出，减少基底水压。排出的水可引流到专门水箱或集水井中用水泵抽出。

（4）设置基底水压实时监测系统，当压力达到报警值时启动抽水系统。

3. 抗拔桩技术

抗拔桩是利用桩体自重和桩侧摩阻力来提供抗拔力以抵抗浮力的基础。抗拔桩基础作为抗浮设计的一种主要形式有着很多突出的优点，如桩周土体相对未受扰动或扰动较少，有利于发挥原状土的强度和变形特征；不需开挖基坑；有效缩短工期等，其在工程中的运用日趋广泛。如海上石油钻井平台下的桩基础；地下水位上升或水位较高时的地下车库、地铁车站等地下构筑物的基础；深水泵房、船坞等在地震荷载作用下，砂土或粉土地基液化，土体呈现为悬浮液状态，其基础连同上部封闭筒状结构一起上浮，这时抗拔桩基础就成为一种可靠的基础形式。

4. 抗浮锚杆技术

20世纪90年代，随着锚固技术的发展，抗浮锚杆在地下工程中得到广泛应用，随着抗浮锚杆在某些地下建筑物中成功的应用，抗浮锚杆在地下室抗浮问题的解决上起着不可替代的作用。在由地下水浮力造成破坏的加固处理工程中，一般常使用预应力锚杆作为永久抗浮措施。

锚杆是一种埋入岩土体深处的受拉杆件，承受由土压力、水压力或其他荷载所产生的拉力。锚杆用于抵抗地下水浮力时，通常称为抗浮锚杆，其锚固机理与抗浮桩相似，也是通过与锚侧岩土层的摩阻力来提供抗拔力。抗浮锚杆锚固直径小（≤300mm），单锚提供的抗拔力比抗拔桩小，但抗浮锚杆采用高压注浆工艺，浆液能渗透到岩土体的空隙及裂隙中，锚杆侧摩阻力比抗拔桩大，更有利于抗浮。因抗浮锚杆技术具有受力合理，造价低廉、施工便捷等优点，在沿海或沿江地区各大中型城市的工程建设中已推广使用。

在由地下水浮力造成破坏的加固处理工程中，一般常使用预应力锚杆作为永久性抗浮措施，此措施加固原理简单明确，但锚杆作为永久性结构的构件时，应考虑解决锚杆的腐蚀和蠕变两个问题。

采用压力型预应力锚杆是保证锚杆的耐久性的措施之一。此类锚杆采用无黏结预应力钢绞线将锚杆力传递到承载体上，将集中拉力转化为压力，作用于锚固段底端上。由于无黏结预应力钢绞线有油脂、聚乙烯护套保护，加之锚杆体受压，不易开裂，形成多层防腐保护，解决了锚杆的耐久性问题。为减少施工工期，可先进行基础底板施工，预留锚杆施工孔，底板施工完成后再进行抗浮锚杆施工（图6.45）。

5. 防渗墙措施及其隔离原理

防止重量相对较轻的地下结构上浮的一种方法是通过运用防渗墙和隔离原理（图6.46）。防渗墙可采用板桩墙也可采用旋喷柱或石柱来改善土体。带有排水功能的板桩（SPDC）还能减小地震产生的超孔隙水压力。Tanaka等人所做振动台试验表明SPDC可以有效地防止采用普通板桩遭受损坏的结构的上浮。

防渗墙可以抑制地下结构底部和地基中的超孔隙水压力上升。较长防渗墙的上浮要小于较短防渗墙，这表明防渗墙可有效地减小地下结构的上浮速度和累积竖向位移。

减轻液化引起的侧向运动在技术上唯一可行的方法是加固地基。除非危害发生的位置确定或侧向运动较小，否则无法确定地下结构的设计思想，即地下结构是抵抗该运动还是适应该运动。

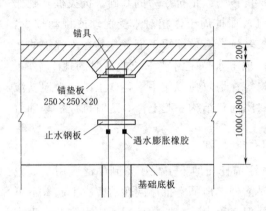

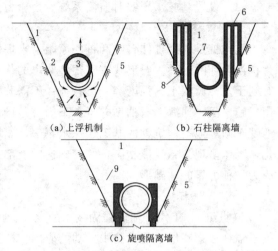

图 6.45　抗浮锚杆止水防腐措施（单位：mm）

图 6.46　防渗墙防止液化引起隧道上浮的隔离原理
1—松散的回填土；2—液化土层的流动；3—隧道上浮；
4—上浮力；5—原状土；6—排水垫层；7—石柱隔离墙；
8—插入原状土；9—旋喷隔离墙

防止支承隧道地基土液化的措施有：①基底土换填；②采用注浆、旋喷或深层搅拌等方法进行基底土加固，处理深度达到可液化土层的下界。

地层液化后仍使隧道保持稳定的措施有：①在隧道两侧设置防渗墙；②在隧道底部设置摩擦桩；③将围护结构嵌入非液化土层。

6.15.4　地铁车站抗浮工程措施

近年来，随着城市地下轨道交通建设规模的不断扩大，大部分地铁车站均以浅埋、明挖施工居多，而很多城市的地下水位又较高，水位也不是稳定不变。对于体量较大的地铁车站而言，抗浮措施的合理与否将关系到工程造价，使得地铁车站的抗浮设计在地铁设计中占有重要的地位。

地铁车站的抗浮设计常用的抗浮技术措施主要有：配重法、抗拔桩下拉法、抗浮梁压顶法及抗浮锚杆法。抗浮梁压顶法将围护结构、抗拔桩以及压重作为一个系统来共同抵抗浮力作用。

1. 施工阶段抗浮措施

地下车站施工阶段抗浮措施一般采用基坑外或基坑内降水使地下水位保持在开挖面下1m，直至结构施工完毕，顶板覆土完成后才停止降水。

2. 使用阶段抗浮措施

（1）配重法。这是一种常规的抗浮措施，对于地下车站，配重法可以采用以下方式：①可以在其顶板上加厚覆土；②可将车站底板延伸，利用外伸的覆土增加压重；③增加底板厚度。

地铁车站中，由于大部分均设在道路下方，增加覆土厚度一般不可行，而将车站底板延伸会使车站围护结构范围变大，围护结构与主体之间要回填压实，由于地铁车站基坑较深，施工较困难且填土一般达不到设计要求，对车站主体不利。且延伸部分使水浮力的受力面积增大，相应部分压载的作用部分被抵消；底板加厚会使基坑埋深加大，水浮力相应增加，这样压载的作用会部分被抵消。从经济角度来说后两种方法也会使车站造价相应提高。

（2）抗拔桩下拉法。这种方法是利用桩体自重与桩侧摩阻力来提供抗拔力。它不同于一般的基础桩，有其自身的独特性能，桩体承受拉力，桩体受力大小随地下水位变化而变化。由于基坑深度较深，在地铁车站设计中多采用钻孔灌注桩，抗拔桩一般根据浮力大小结合车站框架柱及底纵梁设计。但由于地下车站抗拔桩与底板相交处防水很难保证，抗拔桩下拉法一般在抗浮梁无法施作且必须进行抗浮设计时采用。

（3）抗浮梁压顶法。抗浮梁压顶是地铁车站设计中比较常用的抗浮方法，这种方法是利用地铁车站的围护结构（钻孔灌注桩或地下连续墙）在车站顶板上方沿围护结构设置一圈压顶梁（图6.47），使车站在受水浮力上浮时，压顶梁对车站顶产生向下压力，同时利用围护结构的自重及侧摩阻力共同达到抗浮目的。利用这种方法抗浮就目前来说在地铁抗浮设计中是一种比较经济实用的方法，一般车站抗浮优先考虑该方法。

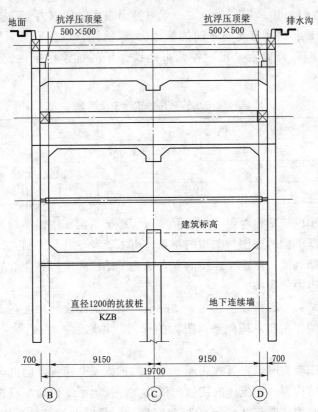

图 6.47　地铁车站压顶梁和抗拔桩（单位：mm）

（4）抗浮锚杆法。抗浮锚杆是在民用建筑中近年来大量应用的抗浮技术，一般采用高压注浆工艺，使浆液渗透到岩土体的孔隙或裂隙中，锚杆侧摩阻力比抗拔桩大，更有利于抗浮，且造价低，施工方便。但是普通锚杆受拉后杆体周围的灌浆体开裂，使钢筋或钢绞线极易受到地下水的侵蚀,直接影响耐久性,抗浮锚杆与底板的结点是防水的薄弱环节。国内对抗浮锚杆的设计还不够成熟,尤其是锚杆的耐久性缺乏可靠的技术控制,又由于地铁是百年工程,对耐久性及防水要求更为严格。目前在国内地铁车站的抗浮设计中缺少设计经验。

　　3. 围护结构在地铁车站抗浮设计中的应用

　　(1) 规范对于围护结构摩阻力的规定。对于我国沿海地区的城市轨道交通明挖地下结构往往采用有支护开挖,对于采用地下连续墙作为围护结构、且在基坑工程的结构设计中常采用"两墙合一"的设计理念,即把前期施工的围护结构作为地下结构的一部分来共同抵抗坑外水土压力的作用,地下连续墙的插入深度往往较地下结构要深得多。根据上海地区大量基坑的调研结果可知,采用地下连续墙作为围护结构基坑的平均插入比(围护结构在基坑开挖面以下的深度与开挖深度的比值)要大于 0.8。因此,在地下结构抗浮设计中,围护结构的抗拔力可能会贡献很大。

　　但在国内的有些地下结构抗浮设计中明确规定不考虑侧壁摩阻力,而在一些规范中虽然考虑围护结构侧壁摩阻力的作用,但没有明确摩阻力的计算方法,如《地铁设计规范》(GB 50157—2013)中规定"抗浮力一般有隧道自重、隧道内部静荷载及隧道上部的有效静荷载,也可考虑侧壁与地层之间的摩擦力"。抗浮稳定性安全系数尚无统一规定,根据各地的工程实践经验确定,我国各城市地铁采用的抗浮稳定性安全系数如表 6.18 所列。

表 6.18　　　　　　　　国内城市地铁采用的抗浮安全系数

城　市	安 全 系 数		说　　明
	不计侧壁摩阻力时	计入侧壁摩阻力时	
上海	1.05	1.10	摩阻力值根据经验决定,考虑软黏土的流变特性,一般取极值摩阻力的一半
广州、深圳、南京、北京	1.05	1.15	

　　(2) 抗浮设计中围护结构摩阻力的计算。对于围护结构和主体结构完全脱开的车站结构,在抗浮计算中既不能考虑围护结构的自重,也不能考虑其与周围土体的侧摩阻力。而对围护结构与主体结构通过压顶梁连接的复合墙地下结构和采用叠合墙的地下结构的抗浮计算需要考虑侧摩阻力的影响。

　　目前,在主体结构与围护结构连为一体的地下结构抗浮设计中存在 2 种计算方法,即不考虑侧壁摩阻力的作用和考虑侧壁摩阻力的作用,各地区抗浮安全系数取值如表 6.18 所列。

　　当不考虑侧壁摩阻力时,将其视为地下结构的抗拔安全储备,但由此可能会产生较大的浪费,因为围护结构与周围土体的接触面积较大,且地下结构如需设置抗拔桩时,要使抗拔桩发挥作用,必须使其产生一定的隆起变形量,此时围护结构可能发挥相当的抗拔力,因此这种设计方法过于保守。

　　结构抗浮设计中,应将围护结构、抗拔桩以及压重作用一个整体来共同抵抗浮力的作用,也即要考虑围护结构侧壁摩阻力对抗浮的影响。另外,考虑到地下结构的正常使用以及抗浮安全储备,围护结构设计抗拔力对应的隆起变形应很小,且要尽量保证处于弹性恢复阶段。

当考虑围护结构侧壁摩阻力时，将围护结构、抗拔桩以及压重作为一个系统来共同抵抗浮力作用，这是随着地下工程计算理论和方法不断改进的必然趋势，考虑到地下结构正常使用阶段不可能发生较大的隆起变形以及安全储备，在计算围护结构的抗拔力时，只能允许其产生微小的隆起变形，如 1~2mm。但目前在地下结构抗拔力计算中，侧壁摩阻力往往取一很小值，对应的围护结构隆起量可能只有零点几个毫米，与抗拔桩设计抗拔力对应的近 10mm 上拔量相距甚远，偏于保守。

6.16 地下结构的抗震缝与结合部变形缝

对于地下结构来说，车站隧道、区间隧道与通风井的连接，车站隧道与区间隧道的连接，都是在抗震构造设计中应受到高度重视的部分。因为由于不同结构的几何形状不同，刚度不同，地震荷载不同，振动变形特性不同，结合部的应力复杂，以致造成破坏。设置抗震缝是一个保证地下结构能否正常运营的关键问题，必要性在于：

(1) 长度较大的地下结构，经过不同的地层，由于不同地层土质的动力学特性不同，因而可能使结构产生不同的地震动力反应。

(2) 不同几何形状、不同刚度的结构的连接处，地震时由于结构产生不同的应力集中，使连接处受力情况异常复杂。

(3) 不同几何形状、不同刚度的结构连接处（如车站与隧道连接段），地震时由于结构产生不同的变形，隧道可能产生较大的不均匀变形而导致开裂破坏。

(4) 地震波作用到结构上，地震波的波长通常总比地下结构纵向长度要小，因此不可避免在地下结构纵向产生不同相位的变形，也会使长大的地下结构的受力情况异常复杂。

因此，地下结构及其连接处不仅需要设置抗震缝以避免隔开的两部分发生地震碰撞，也需要设置相应的变形缝，以适应地层不均匀变形。

抗震缝的宽度条件是，完全避免由抗震缝隔开的两段结构的碰撞，显然抗震缝的最小宽度应不小于地震作用时两段结构的最大的水平位移之和，并考虑适当的富余量。结构物周边的地层土质越差，产生不均匀沉陷的可能性越大，则抗震缝的宽度应越大。

因此，需在连接处设置防震缝。防震缝应留有足够的宽度。

抗震缝间距可按下式计算：

$$L = \frac{1}{n_g} \frac{\delta}{A} \frac{C_P T}{2\pi} \tag{6.108}$$

式中：n_g 为考虑地下结构动力工作系数（沿区间隧道长度均质的区段 $n_g = 2$）；δ 为保证防水层不破坏的使用条件相邻隧道区段的容许极限位移，cm；A 为地震时地表土层的振幅，$A = 1\sim30$cm；C_P 为纵波在土中的传播速度，m/s；T 为地震时地基振动周期，对于土，$T = 0.2\sim4$s。

在地震液化产生突沉的地段，隧道可能产生较大弯曲，在环向、纵向接缝处设置具有较大膨胀变形的橡胶垫（柔性接头），允许其在一定限度内发生变形。对于大型地下工程，在拱墙交接处、断面变化处，洞口部位用构造筋加强，防止地震断裂松脱。在对于地震断裂地段和对于地震设防高烈度区，可采用盾构法施工的区间隧道需要考虑设置内衬的复合衬砌结构。

无论是抗震缝（或兼作变形缝），还是不同结构的结合部，原则上都应设置柔性接头，允许其在一定限度内变形。

复习思考题

1. 什么是抗震设防？
2. 地下结构抗震设防类别有几种？地下结构抗震性能要求等级有几种？
3. 《地下结构抗震设计标准》中的 4 个水准的抗震设防目标是什么？
4. 根据地震发生的概率频度（50 年发生的超越频率）将地震烈度分为哪 4 种？
5. 什么是基本烈度？
6. 地下结构抗震设计的基本原则？
7. 地下结构体系应符合哪些规定？
8. 抗震加固措施设计中应遵守什么概念设计原则？
9. 地下结构抗震设计中，变形缝的设置应符合什么规定？
10. 什么是等效静力荷载法？
11. 什么是反应位移法？
12. 地下结构抗震分析方法主要分为哪 3 类？
13. 反应加速度法的基本思路和步骤是什么？
14. 地震中地下结构不会产生比周围地层更为强烈的振动，其主要原因是什么？
15. 场地自由场分析法分析思路与适用条件？
16. 整体式反应位移法基本思路和计算步骤是什么？
17. 地下结构地震响应的集中质量法有什么特点？
18. 与等效静力荷载法、反应位移法等静力分析方法相比较，利用动力有限元时程分析方法来进行地下结构的抗震计算有什么特点？
19. 使用时程分析法时，计算模型的尺寸与地下结构尺寸有什么规定？
20. 等效线性动力时程分析法中的本构关系一般选择什么模型？
21. 地下结构的三阶段抗浮设计理念是什么？
22. 地下结构主动抗浮措施和被动抗浮措施的主要区别是什么？
23. 地下结构抗浮措施中增加配重法有哪 3 种方式？一般应用于哪些情况？
24. 地下结构抗浮措施中释放水浮力法的基本原理有哪些？
25. 地下结构抗浮措施中抗拔桩有哪些优点？
26. 地铁车站的抗浮设计常用的抗浮技术措施主要有哪些？
27. 设置抗震缝的必要性是什么？

参考文献

[1] 郑永来，杨林德，李文艺，等. 地下结构抗震 [M]. 上海：同济大学出版社，2005.

［2］ 日経アーキテクチュア. 阪神大震災の教訓［M］. 东京：日經 BP 社，2002.

［3］ 陈国兴. 岩土地震工程学［M］. 北京：科学出版社，2007.

［4］ 龙驭球. 弹性地基梁的计算［M］. 北京：人民教育出版社，1981.

［5］ 黄义，何芳社. 弹性地基上的梁、板、壳［M］. 北京：科学出版社，2005.

［6］ 周健，白冰，徐建平. 土动力学理论与计算［M］. 北京：中国建筑工业出版社，2001.

［7］ 徐植信，孙钧，石洞，等. 土木工程结构抗震设计［M］. 上海：同济大学出版社，1994.

［8］ 郑颖人，朱合华，方正昌，等. 地下工程围岩稳定性分析与设计理论［M］. 北京：人民交通出版社，2012.

［9］ 张庆贺，朱合华，黄宏伟. 地下工程［M］. 上海：同济大学出版社，2004.

［10］ 王显利，孟宪强，李长凤，等. 工程结构抗震设计［M］. 北京：科学出版社，2008.

［11］ 杨新安，黄宏伟. 隧道病害与防治［M］. 上海：同济大学出版社，2003.

［12］ GB 50011—2010 建筑抗震设计规范［S］. 北京：中国建筑工业出版社，2010.

［13］ Okabe S. General theory on earth pressure and seismic stability of retaining walls and dams［J］. Journal of the Japan Society of Civil Engineering，1924，10（6）：1277 - 1323.

［14］ Newmark N M. Problems in wave propagation in soil and rock［C］// Proceedings of the International Symposium on Wave Propagation and Dynamic Properties of Earth Materials. Albuquerque，1967：703 - 722.

［15］ Wang J N. Seismic Design of Tunnels：A State - of the Art Approach［M］. New York：Parsons Brickerhoff Quade，1993.

［16］ Power M，Rosidi D，Kaneshiro J. Strawman：Screening，evaluation，and retrofit design of tunnels［R］. New York：National Center for Earthquake Engineering Research，1996.

［17］ Kuesel T R. Earthquake design criteria for subways［J］. Journal of the Structural Division，1969，95：1213 - 1231.

［18］ St John C M. Zahrah T F. Aseismic design of underground structures［J］. Tunnelling and Underground Space Technology，1987，2（2）：165 - 197.

［19］ Abrahamson N A. Review of apparent seismic wave velocities from spatial arrays［R］. Report，Geomatrix Consultants. San Francisco，CA，U. S.，1995.

［20］ Hashash Y M A，Hook J J，Schmidt B，et al. Seismic design and analysis of underground structures［J］. Tunnelling and Underground Space Technology，2001，16（4）：247 - 293.

［21］ Sakurai A，Takahashi T. Dynamic stresses of underground pipelines during earthquakes［C］// Proceedings of the 4th World Conference on Earthquake Engineering. Rome. 1969. 81 - 95.

［22］ Matsubara K. Hirasawa K. Urano K. On the wavelength for seismic design of underground pipeline structure［C］// Proceedings of the Fist International Conference on Earthquake Geotechnical Engineering. San Francisco，1995：587 - 590.

［23］ Idriss I M. Seed H B. 1968. Seismic response of horizontal soil layers［J］. Journal of the Soil Mechanics and foundations Division，ASCE. 1968，94（SM4），1003 - 1031.

［24］ Burns JQ. Richard R M. Attenuation of stresses for buried cylinders［C］// Proceedings the Symposium on Soil - Structure Interaction. Tucson，1964.

［25］ Peck R B，Hendron A J，Mohraz B. State of the art in soft ground tunneling. Proceedings of the Rapid Excavation and Tunneling Conference［C］// American Institute of Mining，Metallurgical and Petroleum Engineers. New York，1972：259 - 286.

［26］ Merit J L. Monsees J E，Hendron Jr A J. Seismic design of underground structures［C］// Proceedings of the 1985 Rapid Excavation Tunneling Conference. New York，1985，104 - 131.

［27］ Penzien J，Wu C L. Stresses in linings of bored tunnels［J］. Earthquake Engineering & Structural

Dynamics，1998，27（3）：283-300．

[28] Penzien J. Seismically induced racking of tunnel linings [J]. Earthquake Engineering & Structural Dynamics，2000，29（5）：683-691．

[29] Hwang R N，Lysmer J. Response of buried structures to traveling waves [J]. Journal of Geotechnical and Geoenvironmental Engineering，1981，107（2）：183-200．

[30] 小泉淳. 盾构隧道的抗震研究及算例 [M]. 张稳军，袁大军，译. 北京：中国建筑工业出版社，2009．

[31] 狄旭江，常素萍，陈国兴. 地下结构地震反应分析拟静力法与动力非线性时程法的比较 [J]. 地震工程与工程振动，2016，1（1）：44-51．

[32] 刘如山，胡少卿，石宏彬. 地下结构抗震计算中拟静力法的地震荷载施加方法研究 [J]. 岩土工程学报，2007，29（2）：237-242．

[33] 刘晶波，刘祥庆，李彬. 地下结构抗震分析与设计的 Pushover 分析方法 [J]. 土木工程学报，2008，41（4）：73-81．

[34] 李彬，刘晶波，刘祥庆. 地铁车站的强地震反应分析及设计地震动参数研究 [J]. 地震工程与工程振动，2008，28（1）：17-23．

[35] 刘晶波，王文晖，赵冬冬，等. 循环往复加载的地下结构 Pushover 分析方法及其在地震损伤分析中的应用 [J]. 地震工程学报，2013，35（1）：21-28．

[36] 陆新征，缪志伟，江见鲸，等. 静力和动力荷载作用下混凝土高层结构的倒塌模拟 [J]. 山西地震，2006，（2）：7-11．

[37] 陈国兴，左熹，杜修力. 土-地下结构体系地震反应的简化分析方法 [J]. 岩土力学，2010，31（S1）：1-8．

[38] Lysmer J，Udaka T，Tsai C，et al. FLUSH-A computer program for approximate 3-D analysis of soil-structure interaction problems [R]. California University，Richmond，U. S. Earthquake Engineering Research Center，1975．

[39] 刘晶波，王文晖，赵冬冬. 地下结构横截面地震反应拟静力计算方法对比研究 [J]. 工程力学，2013，30（1）：105-111．

[40] 庄海洋，陈国兴. 地铁地下结构抗震 [M]. 科学出版社，2017．

[41] 李荣建，邓亚虹. 土工抗震 [M]. 北京：中国水利水电出版社，2014．

[42] 宋焱勋，李荣建，邓亚虹，等. 岩土工程抗震及隔振分析原理与计算 [M]. 北京：中国水利水电出版社，2014．

[43] GB/T 51336—2018 地下结构抗震设计标准 [S]. 北京：中国建筑工业出版社，2018．

[44] GB 50909—2014 城市轨道抗震设计规范 [S]. 北京：中国计划出版社，2014．

[45] 郑伟国. 地下结构抗浮设计的思路和建议 [J]. 建筑结构，2013，43（05）：88-91．

[46] 唐孟雄，胡贺松，张程林. 地下结构抗浮 [M]. 北京：中国建筑工业出版社，2016．

第7章　地下结构地震动力分析应用

7.1　地铁车站的反应位移法分析

针对反应位移法，2017 年庄海洋、陈国兴等开展了南京地铁中典型的两层双柱三跨地铁车站结构抗震验算。

7.1.1　地铁车站地震分析模型与计算条件

在南京地铁中典型的两层双柱三跨地铁车站结构横断面尺寸如图 7.1 所示，地铁车站的宽度为 21.2m，车站的高度为 12.49m，取上覆土层厚度为 2m。车站结构的底板厚度为 0.8m，顶板厚度为 0.7m，中板厚度只有 0.35m，侧墙的厚度有 2 种尺寸，底层的侧墙厚度为 0.8m，顶层的侧墙厚度为 0.7m，车站结构的中柱采用直径为 0.8m 的圆柱，中柱的间距为 9.12m。

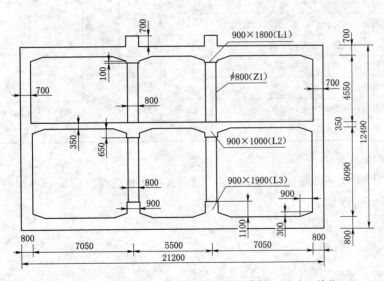

图 7.1　南京地铁典型两层三跨地铁车站结构横断面尺寸（单位：mm）

该地区地震按照《城市轨道抗震设计规范》属于 E2 地震作用，50 年超越概率 10%，$\alpha_{max}=0.1g$；地层土层参数见图 7.2 和表 7.1。场地条件：Ⅳ类场地，$v_{se}=138\text{m/s}$。针对这个两层三跨地铁车站结构设计，试采用反应位移法进行抗震验算。

7.1.2　地震条件下地铁车站反应位移法关键参数计算

根据上一章中反应位移法计算方法进行抗震设计验算。

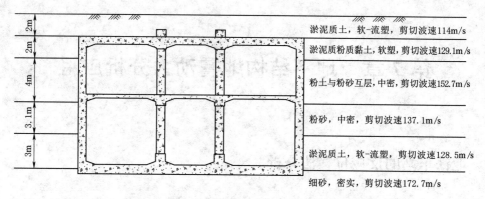

图 7.2 地铁车站侧向土层分布（单位：mm）

表 7.1 场地的土层剖面资料

层号	层厚 /m	土层描述	重度 /(kN/m³)	v_s /(m/s)
1	2.0	淤泥质土，灰色，软-流塑，饱和	19.0	114.0
2	2.0	淤泥质粉质黏土，灰绿色，软塑，饱和	17.8	129.1
3	4.0	粉土与粉砂互层，灰黄，中密，饱和	19.0	152.7
4	3.1	粉砂，灰黑，中密，饱和	20.5	137.1
5	3.0	淤泥质土，灰色，软-流塑，饱和	19.3	128.5
6	9.0	细砂，灰黄，密实，饱和	18.9	172.7
7	12.5	粉细砂，灰黑，中密-密实，饱和	21.2	205.8
8	10.3	细砂，灰黄，密实，饱和	18.9	236.3
9	5.2	粉砂，灰黑，中密，饱和	20.5	263.2
10	10.0	黏土，灰-灰黑，硬塑	19.3	491.6

1. 地基弹簧系数确定

地下结构周围地基弹簧间距为 1m，沿轴向截取 1m 长度。因此，根据相关规定，地基弹簧刚度计算过程如下。

（1）顶板上土层弹簧刚度。

顶板土层动剪切模量：

$$G = \rho v_s^2 = 1.9 \times 114^2 = 24692 (kPa)$$

顶板土层动变形模量：

$$E_0 = 2(1+\nu)G = 2.9 \times 24692 = 71607 (kPa)$$

竖向弹簧刚度：

$$k_v = 1.7 E_0 B_v^{-3/4} = 1.7 \times 71607 \times 21.2^{-0.75} = 12321 (kPa/m)$$

剪切弹簧刚度：

$$k_{vs} = \frac{k_v}{3} = \frac{12321}{3} = 4107 (kPa/m)$$

（2）底板上土层弹簧刚度。

底板土层动剪切模量：

$$G=\rho v_{\mathrm{S}}^2=1.89\times172.7^2=56370(\mathrm{kPa})$$

底板土层动变形模量：

$$E_0=2(1+\nu)G=2.6\times56370=146562(\mathrm{kPa})$$

竖向弹簧刚度：

$$k_v=1.7E_0B_v^{-3/4}=1.7\times146562\times21.2^{-0.75}=25218(\mathrm{kPa/m})$$

剪切弹簧刚度：

$$k_{vs}=\frac{k_v}{3}=\frac{25218}{3}=8406(\mathrm{kPa/m})$$

（3）侧面土体弹簧刚度、相对位移确定。

依据《城市轨道交通结构抗震设计规范》（GB 50909—2014）5.2.4 条，地震动峰值位移 $\mu_{\max}=0.07\times1.5=0.105(\mathrm{m})$。

侧面土体弹簧刚度和相对位移，如表 7.2 所列。

表 7.2 　　　　　　　　　　　　　**地基弹簧刚度计算值**

节点号	基准面/m	地表位移/m	节点深度/m	绝对位移/m	相对位移/m	竖向刚度/(kPa/m)	剪切刚度/(kPa/m)
1			3	0.0524	0.0039	6475	2158
2			4	0.0523	0.0038	12949	4316
3			5	0.0522	0.0037	18004	6001
4			6	0.0521	0.0036	18004	6001
5			7	0.0519	0.0034	18004	6001
6			8	0.0516	0.0031	18004	6001
7	60.1	0.105	9	0.0514	0.0029	15079	5026
8			10	0.0511	0.0026	15079	5026
9			11	0.0507	0.0022	15079	5026
10			12	0.0503	0.0018	13910	4637
11			13	0.0499	0.0014	13910	4637
12			14	0.0495	0.0010	13910	4637
13			15	0.0490	0.0005	16545	5515
14			15.49	0.0485	0.0000	5515	1838

2. 剪切力计算

车站结构顶板处：

$$\tau_U=\frac{G_{\mathrm{d}}}{2H}\pi u_{a\max}\sin\frac{\pi z}{2H}$$

$$=\frac{1.9\times114^2}{2\times60.1}\times3.14\times0.0525\times\sin\frac{3.14\times2}{2\times60.1}$$

$$=2.13(\mathrm{kN/m})$$

车站结构底板处：

$$\tau_B = \frac{G_d}{2H}\pi u_{a\max}\sin\frac{\pi z}{2H}$$

$$=\frac{1.9\times172.7^2}{2\times60.1}\times3.14\times0.0525\times\sin\frac{3.14\times14.49}{2\times60.1}$$

$$=26.9(\mathrm{kN/m})$$

车站结构侧墙处：

$$\tau_S = \frac{\tau_U+\tau_B}{2}=14.5(\mathrm{kN/m})$$

3. 惯性力计算

根据《建筑抗震设计规范》（GB 50011—2010）（2016 年版），南京属于设计地震分组第一组，确定 $C_g=1.2$。该工程场地设计水平地震的地震系数值：$K_{h0}=0.1$。地下结构的惯性力为

$$K_h = C_z C_g C_v K_{h0}=1.2\times1.0\times(1-0.015\times8.25)\times0.1=0.105$$

结构顶板惯性力：
$$F=mgK_h=(1\times0.7\times2.5)\times10\times0.105=1.84(\mathrm{kN/m})$$

结构中板惯性力：
$$F=mgK_h=(1\times0.35\times2.5)\times10\times0.105=0.92(\mathrm{kN/m})$$

结构底板惯性力：
$$F=mgK_h=(1\times0.8\times2.5)\times10\times0.105=2.10(\mathrm{kN/m})$$

结构中柱惯性力：
$$F=mgK_h=(1\times3.14\times0.4^2\times2.5)\times10\times0.105=1.32(\mathrm{kN/m})$$

结构上侧墙惯性力：
$$F=mgK_h=(1\times0.7\times2.5)\times10\times0.105=1.84(\mathrm{kN/m})$$

结构下侧墙惯性力：
$$F=mgK_h=(1\times0.8\times2.5)\times10\times0.105=2.10(\mathrm{kN/m})$$

把上述所得的地震荷载和侧向位移按反应位移法分析模型加到地下结构上，根据地下结构内力计算时考虑地震荷载的组合，即可计算出地下结构考虑地震工况时的结构内力，并可以开展后续抗震验算。

7.2　地铁区间隧道的地震反应分析

针对南京某一典型深厚软弱地基上双洞单轨区间隧道，2017 年庄海洋、陈国兴等研究了深软场地上地铁区间隧道的地震反应特性及地铁区间隧道对周围场地地震反应的影响规律。

7.2.1　地铁区间隧道的地震反应分析模型

南京地铁 1 号线区间隧道采用双洞单轨的结构形式，隧道内径为 5.5m，外径为 6.2m，采用的平板形管片的厚度为 35cm，沿隧道纵向的管片宽度为 1.2m。隧道底板埋

深为 2～15m，两洞之间的距离为 18～20m，盾构隧道采用 C50 混凝土，最大覆土层厚15m，最小覆土层厚 0.7m，隧道纵坡为 V 形，最大纵坡度为 3.3%，形成高站位与低区间的建设形式，最小平面曲线半径为 400m。盾构隧道穿越的主要地层有：可塑-软流塑的粉质黏土、粉土、粉细砂、粉砂夹细砂，其中淤泥质黏土具有高压缩性，易产生土体流动，开挖面极不稳定，粉细砂和粉砂夹细砂，含水量丰富，透水性强，易产生涌水、涌砂。

采用具有代表性的南京深软场地作为地铁区间隧道所处场地，对不同上覆土层厚度的地铁区间隧道进行非线性地震反应分析。南京地铁一号线采用浅站深隧的设计方法，即地铁车站上覆土层厚度较浅，两车站间的区间隧道埋深较深，区间隧道上覆土层厚度一般为9.0～14.0m，在地铁线路由地下转为地上时，区间隧道的上覆土层厚度较小。因此，区间隧道上覆土层的计算厚度分别取3m、9m 和 14m 三种计算的工况。

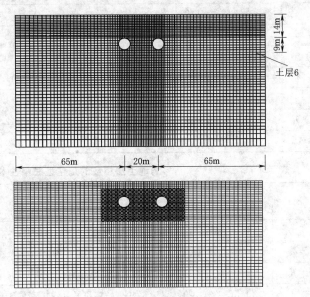

采用两结点二维梁单元和四结点平面应变单元模拟隧道结构，由于区间隧道为圆形结构，隧道周围的土体采用三结点平面应变二次单元模拟，剩余部分土体采用精度较高的四结点平面应变单元模拟；基岩面采用固定约束，场地两侧的竖向边界采用水平向自由加阻尼器的黏滞边界和竖向约束的边界条件，地基计算宽度为 200m；采用主从接触面模型模拟土体与区间隧道的接触面动力学行为。土-地铁区间隧道相互作用体系整体有限元网格划分如图 7.3 所示，地铁区间隧道的网格划分如图 7.4 所示。

图 7.3 土-地铁区间隧道体系有限元网格

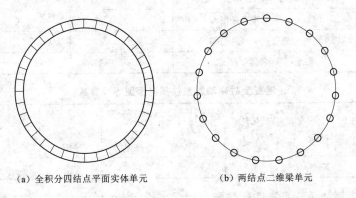

(a) 全积分四结点平面实体单元　　　(b) 两结点二维梁单元

图 7.4 采用不同单元时区间隧道网格划分

地基土的静力计算参数见表 7.3，土体的动力本构模型采用记忆型黏塑性本构模型，该场地土层相应的记忆型黏塑性本构模型参数详见表 7.4。区间隧道衬砌混凝土弹性模量 3.0×10^4 MPa，泊松比 0.15，轴心抗压强度 24.1MPa，轴心抗拉强度 2.9MPa，区间隧道混凝衬砌动力本构模型采用动力黏塑性损伤本构模型详见表 7.5。

表 7.3　　　　　　　　　　南京某典型深软场地土的静力计算参数

层号	土 层 描 述	重度 /(kN/m³)	弹性模量 /MPa	泊松比	内摩擦角 /(°)	侧压力系数
1	淤泥质土，软塑-流塑，饱和	19.0	1.0	0.45	16	0.82
2	淤泥质粉质黏土，软塑，饱和	17.8	1.0	0.45	16	0.82
3	粉土与粉砂互层，中密，饱和	19.0	5.2	0.35	26	0.80
4	粉砂，中密，饱和	20.5	7.5	0.30	30	0.75
5	淤泥质土，软塑-流塑，饱和	19.3	2.1	0.45	16	0.82
6	细砂，密实，饱和	18.9	10.0	0.30	27	0.76
7	粉细砂，中密-密实，饱和	21.2	11.1	0.32	30	0.77
8	细砂，密实，饱和	18.9	11.7	0.30	27	0.75
9	粉砂，中密，饱和	20.5	12.0	0.32	30	0.77
10	黏土，硬塑	19.3	3.2	0.42	21	0.82

表 7.4　　　　　　　　　场地土层相应的记忆型黏塑性本构模型参数

层号	层厚 /m	土 层 描 述	重度 /(kN/m³)	v_s /(m/s)	ν	φ /(°)	γ_0
1	2.0	淤泥质土，灰色，软塑-流塑，饱和	19.0	114.0	0.45	16	0.0004
2	2.0	淤泥质粉质黏土，灰绿色，软塑，饱和	17.8	129.1	0.45	16	0.0004
3	4.0	粉土与粉砂互层，灰黄，中密，饱和	19.0	152.7	0.35	26	0.00038
4	3.1	粉砂，灰黑，中密，饱和	20.5	137.1	0.30	30	0.00036
5	3.0	淤泥质土，灰色，软塑-流塑，饱和	19.3	128.5	0.45	16	0.0004
6	9.0	细砂，灰黄，密实，饱和	18.9	172.7	0.30	27	0.00036
7	12.5	粉细砂，灰黑，中密-密实，饱和	21.2	205.8	0.32	30	0.00036
8	10.3	细砂，灰黄，密实，饱和	18.9	236.3	0.30	27	0.00036
9	5.2	粉砂，灰黑，中密，饱和	20.5	263.2	0.32	30	0.00036
10	10.0	黏土，灰-灰黑，硬塑	19.3	491.6	0.42	21	0.00038

表 7.5　　　　　　　　　混凝土衬砌动黏塑性损伤模型等效参数

弹性模量 E /MPa	泊松比 ν	密度 ρ /(kg/m³)	扩张角 ψ /(°)	初始屈服压应力 σ_{c0} /MPa	极限压应力 σ_{cu} /MPa	初始屈服拉应力 σ_{t0} /MPa	w_t	w_c	d_c	ξ
3.0×10^4	0.15	2450	36.31	13.0	24.1	2.9	0	1	0	0.1

选取中长周期频谱较丰富的美国强震记录水平向 Loma Prieta 波、水平向南京人工地震波作为基岩输入地震动，其加速度时程分别如图 7.5 和图 7.6 所示，参考南京河西地区

某场地地震安全性评价工作给出的基岩峰值加速度值，小震、中震、大震条件下基岩输入地震动的峰值加速度可分别按表 7.6 进行调整。

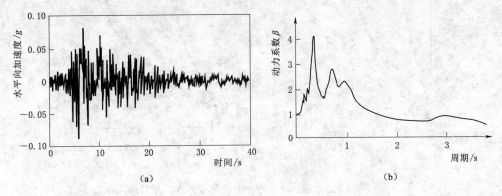

图 7.5　水平向 Loma Prieta 波

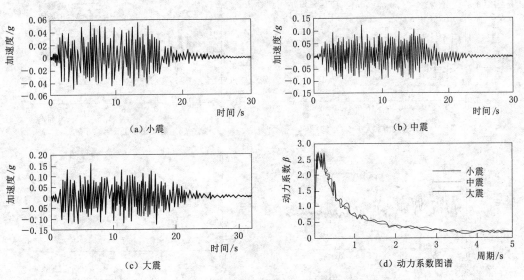

图 7.6　水平向南京人工地震波

表 7.6	基岩输入地震动的峰值加速度		
100 年超越概率水平	63%（小震）	10%（中震）	3%（大震）
水平向峰值加速度/g	0.053	0.116	0.154

7.2.2　地铁区间隧道相对水平位移和加速度反应

区间隧道周围土体的变形是影响其地震反应特征的主要因素。基岩输入南京人工波和 Loma Prieta 波时，相应于隧道位置的自由场地相对水平位移最大幅值随隧道高度的变化曲线、洞顶与洞底之间及自由场地相应点之间的相对水平位移反应时程曲线，埋深 9m 时的计算结果如图 7.7 和图 7.8 所示（埋深 3m 和埋深 14m 的结果与此大致相近），结果表明：

（1）在基岩输入不同地震动时，相应于隧道埋深 9m 位置的自由场土层相对水平位移反应最大，埋深 14m 位置的自由场土层相对水平位移反应次之，埋深 3m 位置的自由场

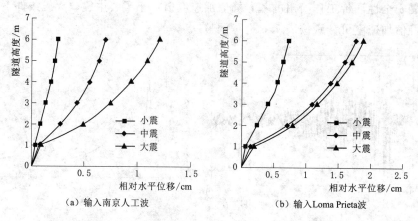

（a）输入南京人工波　　　　　　　　　（b）输入Loma Prieta波

图 7.7　相应于隧道埋深 9m 的自由场地相对水平位移最大幅值

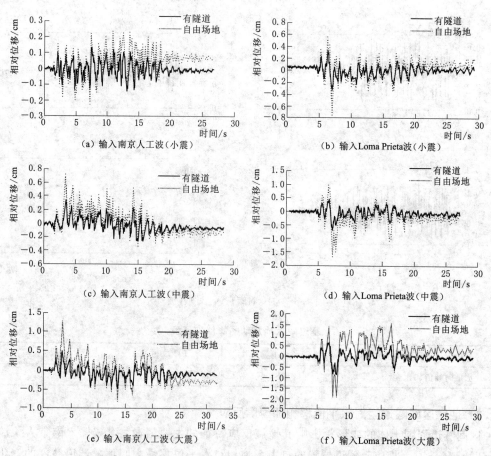

（a）输入南京人工波（小震）　　　　　　（b）输入Loma Prieta波（小震）

（c）输入南京人工波（中震）　　　　　　（d）输入Loma Prieta波（中震）

（e）输入南京人工波（大震）　　　　　　（f）输入Loma Prieta波（大震）

图 7.8　埋深为 9m 时隧道洞顶、底面之间的土层相对水平位移时程

土层相对水平位移反应最小。

（2）随着基岩输入地震动强度的增大，区间隧道顶、底面之间及其自由场地相应点之间的相对水平位移反应也随之变大：基岩输入 Loma Prieta 波时，隧道洞顶、底面之间的

土层最大相对水平位移大致发生在结构左摆状态，出现的时刻约为输入地震动后 7～8s 时；基岩输入南京人工波时，隧道洞顶、底面之间的最大相对水平位移大致发生在结构右摆状态，出现的时刻约为输入地震动后 3～4s 时。

（3）输入地震动的频谱特性明显影响地铁区间隧道的相对水平位移反应，基岩输入 Loma Prieta 波时隧道洞顶、底面之间及自由场地相应点之间的相对水平位移反应比之基岩输入南京人工波时的明显要大。

（4）隧道洞顶、底面之间的土层相对水平位移反应明显小于自由场地相应点之间的相对水平位移反应，即土-区间隧道动力相互作用效应使区间隧道洞顶、底面之间的土层相对水平位移反应减小。

对比分析隧道底面与自由场地对应深度处的地震动加速度反应表明，场地土-区间隧道动力相互作用对隧道底面地震动加速度的大小与频谱特性的影响不大。这里仅给出隧道底面处的地震动峰值加速度与基岩输入地震动峰值加速度之间的关系，见表 7.7。可以看出，随着基岩输入地震动峰值加速度的增大，隧道底面处的峰值加速度增大，而隧道底面处的峰值加速度与基岩输入地震动峰值加速度之比值则减小。

表 7.7　　隧道底面处的峰值加速度与基岩输入地震动峰值加速度之间的关系

输入地震动		隧道底面处的峰值加速度/g			隧道底面处的峰值加速度/基岩输入峰值加速度		
		埋深 3m	埋深 9m	埋深 14m	埋深 3m	埋深 9m	埋深 14m
Loma Prieta 波	小震	0.066	0.058	0.059	1.25	1.09	1.11
	中震	0.093	0.086	0.091	0.80	0.74	0.78
	大震	0.102	0.136	0.126	0.66	0.88	0.82
南京人工波	小震	0.047	0.047	0.048	0.89	0.89	0.91
	中震	0.073	0.066	0.073	0.63	0.57	0.63
	大震	0.082	0.105	0.098	0.53	0.68	0.64

7.2.3　地铁区间隧道的地震内力反应

为了比较软弱场地上区间隧道结构的地震内力与静内力之间的关系，在对土层中地铁区间隧道进行非线性地震反应分析之前，先进行地基土-地铁区间隧道体系静力有限元分析，场地地表荷载取 20kPa。图 7.9 给出了静力荷载作用下埋深 9m 时地铁区间隧道的结构内力分布图（埋深 3m 和埋深 14m 时结构内力分布图与此基本类同，仅是数值大小不一样）。在静力荷载作用下，区间隧道衬砌的最大轴力位于隧道的下部，最大剪力位于隧道与竖向对称轴成 45°圆心角的位置，最大弯矩通常位于隧道与水平和竖直 2 个方向轴线的交叉点位置。

图 7.10～图 7.12 给出埋深 9m 时地铁区间隧道结构的地震内力反应幅值包络图（埋深 3m 与埋深 14m 时内力反应幅值包络图的分布形式相同），可以看出：

（1）地铁隧道结构与洞顶、底成 45°角的 4 个点附近的动轴力较大，下部 2 个点附近的地震轴力比上部 2 个点附近的要大；同时，地铁隧道结构左下部处的地震轴力比右下部处的要大；地铁隧道结构洞顶、底及其左右 2 个端点处的地震剪力较大；地铁隧道结构与

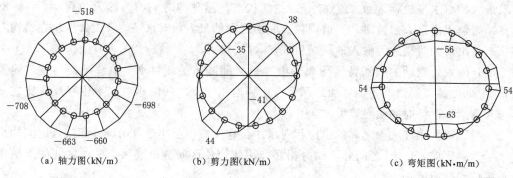

（a）轴力图（kN/m）　　　　（b）剪力图（kN/m）　　　　（c）弯矩图（kN·m/m）

图 7.9　埋深 9m 时地铁区间隧道结构静内力分布

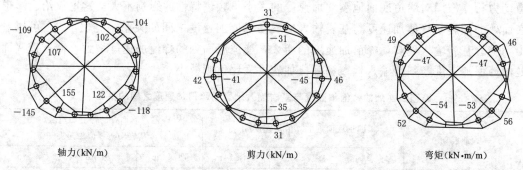

轴力（kN/m）　　　　　剪力（kN/m）　　　　　弯矩（kN·m/m）

图 7.10　小震、基岩输入 Loma Prieta 波时埋深 9m 的地铁区间隧道结构地震内力包络图

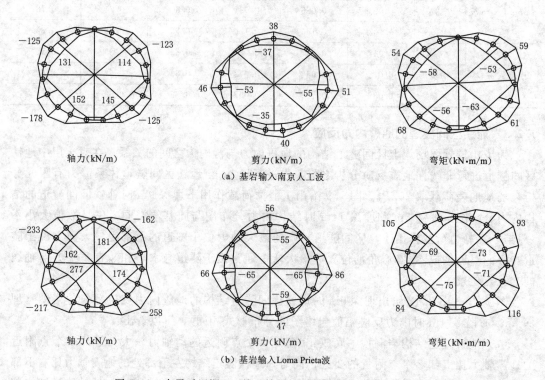

轴力（kN/m）　　　　　剪力（kN/m）　　　　　弯矩（kN·m/m）

（a）基岩输入南京人工波

轴力（kN/m）　　　　　剪力（kN/m）　　　　　弯矩（kN·m/m）

（b）基岩输入 Loma Prieta 波

图 7.11　中震时埋深 9m 的地铁区间隧道结构地震内力包络图

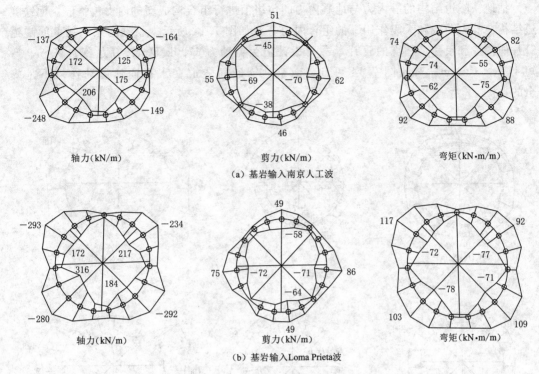

（a）基岩输入南京人工波

（b）基岩输入Loma Prieta波

图 7.12 大震时埋深 9m 的地铁区间隧道结构地震内力包络图

洞顶、底成 45°角的 4 个点附近的地震弯矩也较大。

（2）基岩输入同一地震波时，随着输入地震动峰值加速度的增大，地铁隧道结构的地震内力也随之增大，唯一例外的是基岩输入 Loma Prieta 波时，埋深为 14m 时地铁隧道结构在大震时的地震弯矩略小于小震时的地震弯矩，这是由于深度 15m 位置处于淤泥质土层 5 和细砂土层 6 的分层面上，该处土的屈服半径比的时程如图 7.13 所示，某些时刻的土单元屈服半径比超过临界值 1，表明该点土体已接近或达到破坏状态。

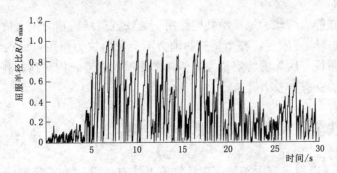

图 7.13 15m 深度处某土单元屈服半径比的时程

（3）地铁区间隧道埋深相同时，基岩输入 Loma Prieta 波时的隧道结构动内力反应明显比基岩输入南京人工波时的要大，这说明基岩输入地震动的频谱特性对地铁隧道结构的动力反应有显著的影响。

把地铁隧道结构的静内力与地震内力的包络值进行组合构成新的内力包络值，地铁隧道结构在静力荷载和大震作用下的组合内力分布如图 7.14 所示。根据南京地铁区间隧道管片的构造和尺寸，估算的管片承载力设计值为：轴力 6720kN/m、剪力 307kN/m、弯矩 417kN·m/m。对比图 7.14 可知，南京地铁区间隧道在水平向地震动作用下是安全的。

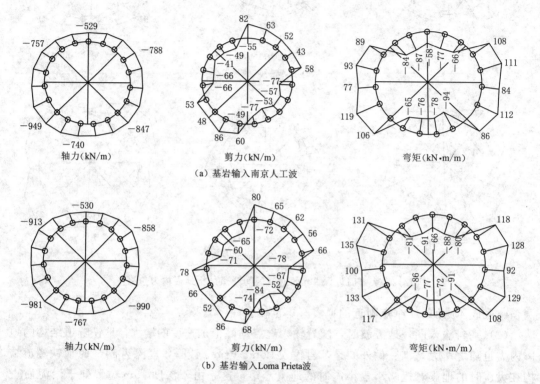

（a）基岩输入南京人工波

（b）基岩输入 Loma Prieta 波

图 7.14　大震时埋深 9m 的地铁区间隧道结构静、动内力组合图

7.2.4　规律认识

由此可见，在静力荷载和地震动共同作用下地铁隧道结构轴力最大值一般发生在与隧道洞底成 45°角的 2 个点附近，整个结构的轴力不会发生拉力作用；地铁隧道结构的剪力和弯矩最大值分布没有明显的特定位置，但通常在地铁隧道结构洞顶、洞底及隧洞的水平向 2 个端点附近的反应值较大。

7.3　大开地铁车站震害成灾机理分析实例

针对 1995 年 7.2 级日本阪神地震中地铁地下结构破坏，2004 年陈国兴等研究了大开地铁车站震害成灾机理。

7.3.1　大开地铁车站概况

1995 年 7.2 级日本阪神地震中发生了地铁地下结构的严重破坏，破坏最为严重的是大开地铁车站，一半以上的中柱完全坍塌，导致顶板坍塌和上覆土层的沉降，最大沉降量达 2.5m 之多。大开地铁车站为侧式站台，长 120m，主体结构主要有 2 种断面类型，破坏最为严重的断面型式如图 7.15 所示，该断面的车站结构埋深为 4.8m；但该车站的另一个断面的破坏却相对轻得多，其断面型式如图 7.16 所示，该断面埋深约 2m。地震中地表水平向和竖向地震动加速度记录如图 7.17 所示，南北向峰值加速度为 8.33m/s²、东西向峰值加速度为 6.17m/s²，竖向峰值加速度为 3.32m/s²。

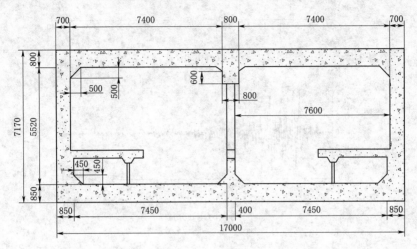

图 7.15 大开地铁车站典型横断面 I（单位：mm）

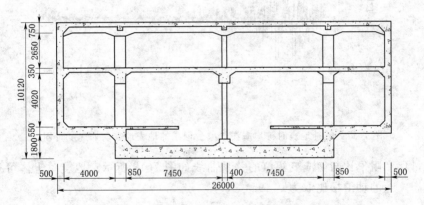

图 7.16 大开地铁车站典型横断面 II（单位：mm）

在阪神地震中，大开地铁车站破坏最为严重的部位为中柱，大部分中柱几乎完全坍塌，发生严重的压剪破坏。由于中柱的倒塌，顶板两端采用刚性结点，侧壁上部起拱部位附近的外侧受弯发生张拉破坏，使顶板在中柱左右两侧的位置发生折弯，在顶板中央稍微偏西的位置坍塌量最大，顶板中线两侧 2m 内的纵向裂缝宽达 150～250mm。底板和侧墙及中柱的连接部位附近也出现明显的纵向裂缝。

7.3.2 大开地铁车站地震数值分析模型

大开地铁车站顶面距地表 4.8m，所处场地主要由全新世砂土和更新世黏土组成，该场地的地层情况及其物理参数如表 7.8 所列；土的动力本构模型采用修正 Martin-Seed-Davidenkov 动黏弹塑性模型，由于缺少当地土体的动力参数，计算中采用的砂土和黏土

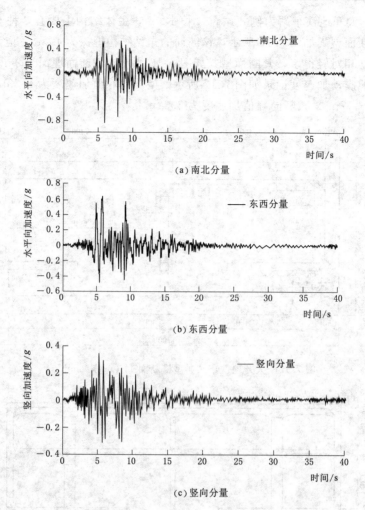

图 7.17 阪神地震时神户海洋气象台记录的地表地震动加速度时程

动剪切模量比和阻尼比与剪应变幅值的关系曲线如图 7.18 所示；地震时土体可视为处于不排水状态，土的动泊松比取为 0.49。

表 7.8 大开车站地基土物理特性参数

土 类	深度 /m	密度 ρ /(t/m³)	剪切波速 v_S /(m/s)	最大剪切模量 G_{max} /MPa	静泊松比 ν
人工填土	0~1.0	1.90	140	38.00	0.333
全新世砂土	1.0~5.1	1.90	140	38.00	0.32
全新世砂土	5.1~8.3	1.90	170	56.03	0.32
更新世黏土	8.3~11.43	1.90	190	69.40	0.40
更新世黏土	11.4~17.2	1.90	240	111.67	0.30
更新世砂土	17.2~22.2	2.00	330	222.24	0.26

大开地铁车站的中柱尺寸 0.4m×1.0m，中柱间距 3.5m，主体结构为 C30 混凝土，

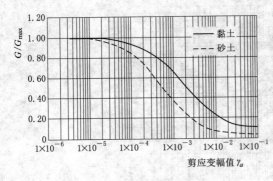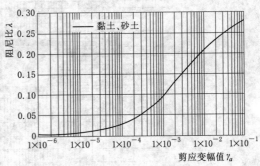

图 7.18　计算采用的砂土和黏土的 $\dfrac{G}{G_{\max}}$-γ_a 和 λ-γ_a 曲线

弹性模量 $3.0\times10^4\mathrm{MPa}$，轴心抗压强度 20.1MPa，轴心抗拉强度 2.0MPa，重度 25kN/ m^3，泊松比 0.18。混凝土的动力本构模型采用动力塑性损伤本构模型，C30 混凝土塑性动力损伤模型参数见表 7.9，阻尼比取 5%。

表 7.9　混凝土动黏塑性损伤模型等效参数

弹性模量 E /MPa	泊松比 ν	密度 ρ /(kg/m³)	扩张角 ψ /(°)	初始屈服压应力 σ_{c0} /MPa	极限压应力 σ_{cu} /MPa	初始屈服拉应力 σ_{t0} /MPa	w_t	w_c	d_c	ξ
3.0×10^4	0.15	2450	36.31	13.0	24.1	2.9	0	1	0	0.1

　　在把三维问题转化为二维问题时，车站中柱被等效为一面纵墙，采用等效前、后刚度不变的原则，把其弹性模量折减为 $0.857\times$ $10^4\mathrm{MPa}$。为了建模的方便，假设混凝土产生裂缝后钢筋的受拉强度转化为混凝土产生裂缝后的受拉强度；在混凝土塑性动力损伤模型中，受拉损伤因子 d_t 与裂缝宽度的关系曲线如图 7.19 所示。

　　采用四结点平面应变实体单元模拟车站周围土体，采用四结点平面应变实体单元和两结点二维梁单元模拟车站结构。土体侧边界采用简单边界，地基土宽度取 150m，地基宽度与车站结构宽度之比为 8.8，土-地铁

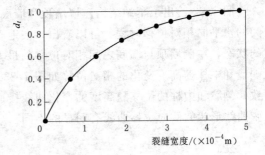

图 7.19　混凝土拉伸损伤因子与裂缝宽度的关系

车站结构体系整体有限元网格划分如图 7.20 所示；地铁车站结构网格划分如图 7.21 所示。

　　根据神户海洋气象台测定的阪神地震加速度时程记录及假设基岩面与实际加速度时程测得深度之间的关系，基岩面南北向加速度时程的峰值加速度被调整为 $0.40g$、竖向峰值加速度被调整为 $0.15g$。

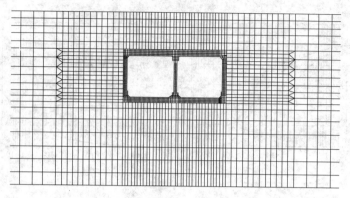

图 7.20 土-大开地铁车站结构体系网格划分

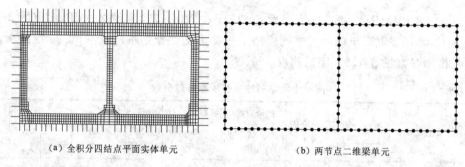

（a）全积分四结点平面实体单元　　　　（b）两节点二维梁单元

图 7.21 大开地铁车站结构网格划分

7.3.3 大开地铁车站的位移和加速度反应

图 7.22 给出了车站结构左墙墙顶和墙底的水平向相对位移反应时程及墙顶和墙底之间的水平向相对位移时程。可以看出，在地震动作用过程中，车站结构基本处于相对左摆的状态，左侧墙顶与墙底之间相对位移的最大值为 8.9cm，相对应的具体时间为 8.002s。侧墙和中柱随高度变化的相对位移如图 7.23 所示。由图可见，侧墙和中柱的位移基本一致，侧墙和中柱的位移随高度的变化曲线接近于双曲线形状，这与反应位移法中假设的正弦曲线形状的侧向位移曲线有明显的不同。

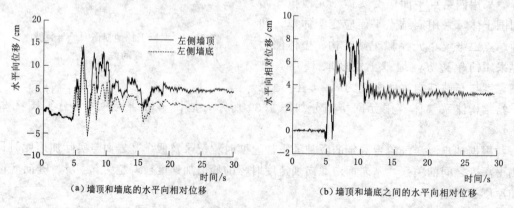

（a）墙顶和墙底的水平向相对位移　　　　（b）墙顶和墙底之间的水平向相对位移

图 7.22 大开地铁车站左侧墙墙顶和墙底水平向相对位移及墙顶和墙底之间的水平向相对位移

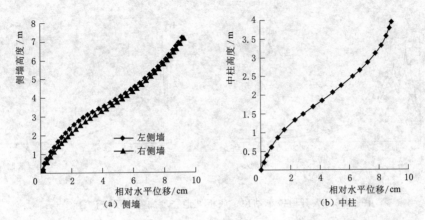

(a) 侧墙　　　　　　　　　　　(b) 中柱

图 7.23　8.002s 时大开地铁车站侧墙和中柱顶、底部的相对水平位移

车站底面处的地震动加速度反应时程如图 7.24 所示，其水平向峰值加速度为 $0.37g$、竖向峰值加速度为 $0.2g$。结构顶板处的地震动加速度反应时程如图 7.25 所示，其水平向峰值加速度为 $0.285g$、竖向峰值加速度仍为 $0.2g$。大开车站结构顶、底板处的加速度反应谱 β 谱如图 7.26 所示。可以看出，车站结构顶、底板处的水平向加速度反应的频谱特性是有很大区别的，主要体现在周期 $0.5 \sim 2.0s$ 内结构顶板处的加速度反应谱值明显大于底板处的加速度反应谱值，但两者的竖向加速度反应谱基本相同。

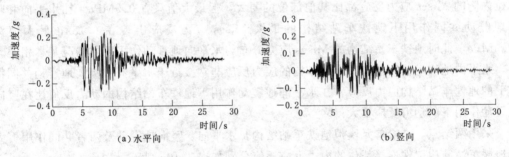

(a) 水平向　　　　　　　　　　(b) 竖向

图 7.24　大开地铁车站结构底面处地震动加速度反应时程

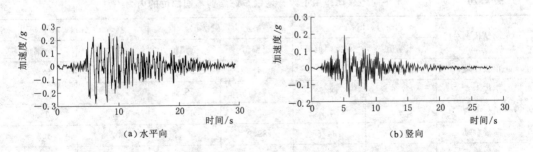

(a) 水平向　　　　　　　　　　(b) 竖向

图 7.25　大开地铁车站结构顶板处地震动加速度反应时程

7.3.4　大开地铁车站结构的地震内力反应分析

动力计算中各个单元输出的 Mises 应力是通过单元的偏应力张量定义的，即

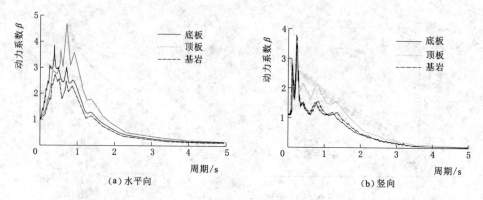

(a) 水平向   (b) 竖向

图 7.26　大开地铁车站顶、底板处地震动加速度反应谱 β 谱

$$q=\sqrt{\frac{3}{2}S_{ij}S_{ij}}\ ,S_{ij}=\sigma_{ij}-\frac{1}{3}\sigma_{ij}\delta_{ij} \tag{7.1}$$

式中：S_{ij} 为偏应力张量；δ_{ij} 为 δirac δ 函数。

　　在水平向地震动作用下地铁车站结构的最大 Mises 应力反应出现在 8.0s 时刻，这与结构顶、底板之间出现最大相对位移的时间相一致，此时整个地铁车站结构最大 Mises 应力发生在主体结构左侧墙与底板交叉部位的内侧，最大值为 23.4MPa；在竖向地震动作用下地铁车站结构的最大 Mises 应力反应出现在 5.9s 时刻，地铁车站结构各构件的交叉部位内侧的 Mises 应力反应都比其他部位的要大，但最大值只有 0.9MPa。在水平向和竖向地震动共同作用下地铁车站结构的最大 Mises 应力反应出现在 6.18s，最大值为 27.6MPa，此时地铁车站结构的 Mises 应力分布与水平向地震动作用下的情况基本相同。

　　水平向地震动作用下地铁车站结构的应力反应非常接近于水平向和竖向地震动共同作用下的地铁车站结构应力反应，在水平向地震动作用下地铁车站结构的动力反应比在竖向地震动作用下的动力反应要大得多。

　　采用两结点二维梁单元模拟地铁车站结构，水平向、竖向地震动及两者共同作用下大开地铁车站结构构件连接部位的内力反应幅值分别如表 7.10～表 7.12 所列。

表 7.10　　　　　水平向地震动作用下大开地铁车站结构不同部位的内力

车站结构部分	轴力/(kN/m)		剪力/(kN/m)		弯矩/(kN·m/m)	
	正幅值	负幅值	正幅值	负幅值	正幅值	负幅值
顶板左端	159.0	131.0	94.9	57.5	479.6	628.5
顶板中左	27.9	18.5	92.5	58.1	149.9	3.1
顶板中右	39.0	24.2	63.3	61.9	157.5	14.7
顶板右端	126.2	134.5	89.9	57.3	602.5	463.3
左侧墙顶	85.1	66.1	130.1	153.6	466.9	630.0
左侧墙底	140.6	214.6	214.2	319.9	760.4	516.6
中柱柱顶	36.4	153.6	27.0	33.3	184.1	128.5
中柱柱底	36.4	154.0	70.0	93.5	158.2	205.1

车站结构部分	轴力/(kN/m)		剪力/(kN/m)		弯矩/(kN·m/m)	
	正幅值	负幅值	正幅值	负幅值	正幅值	负幅值
右侧墙顶	59.5	98.7	129.4	152.6	590.6	447.1
右侧墙底	189.4	224.8	208.1	285.5	546.4	643.7
底板左端	202.4	423.0	241.0	184.6	780.0	535.0
底板中左	15.1	96.3	34.1	40.1	156.2	16.0
底板中右	2.1	85.9	75.2	14.0	146.7	14.6
底板右端	239.9	293.3	204.6	200.6	555.6	670.2

表 7.11   竖向地震动作用下大开地铁车站结构不同部位的内力

车站结构部分	轴力/(kN/m)		剪力/(kN/m)		弯矩/(kN·m/m)	
	正幅值	负幅值	正幅值	负幅值	正幅值	负幅值
顶板左端	146.2	103.0	49.0	55.2	65.7	76.1
顶板中左	150.5	103.9	53.4	53.9	59.2	63.7
顶板中右	150.2	103.1	55.4	57.0	57.8	63.2
顶板右端	152.9	104.6	53.6	50.5	72.5	76.8
左侧墙顶	78.7	95.1	79.6	106.8	59.8	60.8
左侧墙底	101.2	114.4	95.5	84.4	77.4	80.5
中柱柱顶	423.2	450.1	1.1	1.1	2.8	3.9
中柱柱底	462.4	489.0	1.4	1.1	3.9	2.8
右侧墙顶	88.9	84.7	88.6	72.4	66.2	63.6
右侧墙底	110.2	100.4	73.7	89.2	68.3	72.1
底板左端	136.9	107.2	81.6	76.7	81.0	86.6
底板中左	189.9	145.3	55.9	59.0	52.1	52.8
底板中右	190.3	144.9	58.3	56.8	52.2	52.0
底板右端	140.9	97.9	77.8	77.0	70.3	79.7

表 7.12   水平向和竖向地震动共同作用下大开地铁车结构不同部位的内力

车站结构部分	轴力/(kN/m)		剪力/(kN/m)		弯矩/(kN·m/m)	
	正幅值	负幅值	正幅值	负幅值	正幅值	负幅值
顶板左端	153.2	175.7	111.9	89.4	495.2	597.6
顶板中左	80.6	124.7	131.8	73.6	194.5	37.0
顶板中右	88.8	122.2	85.0	89.9	205.4	34.1
顶板右端	149.5	152.7	100.4	87.0	580.2	436.0
左侧墙顶	114.1	74.5	190.9	137.7	482.4	596.1
左侧墙底	187.6	240.8	221.2	340.3	809.4	518.4
中柱柱顶	262.5	484.4	28.7	33.6	176.4	134.4

续表

车站结构部分	轴力/(kN/m)		剪力/(kN/m)		弯矩/(kN·m/m)	
	正幅值	负幅值	正幅值	负幅值	正幅值	负幅值
中柱柱底	295.4	523.3	66.9	91.0	153.0	196.0
右侧墙顶	99.9	130.8	125.8	164.3	568.8	425.2
右侧墙底	187.4	232.2	267.7	282.5	560.0	637.9
底板左端	202.3	462.3	256.1	214.5	842.2	529.9
底板中左	113.7	176.1	40.4	91.6	249.7	30.6
底板中右	113.6	198.1	93.0	53.6	278.8	35.4
底板右端	264.6	359.2	219.6	217.5	561.6	651.6

在此，仅对地震动作用下大开地铁车站结构的动内力反应与各构件的承载力设计值进行对比分析。根据对大开地铁车站结构配筋情况，估算出大开地铁车站结构各构件的截面内力设计值，如表7.13所列。

表7.13 大开地铁车站结构各构件内力的设计值

结构构件	轴力/(kN/m)	剪力/(kN/m)	弯矩/(kN·m/m)
顶板	9581.0	760.8	604.8
底板	10404.0	810.8	795.1
侧墙顶端	8949.0	700.7	423.4
侧墙底端	11152.0	810.8	564.1
中柱	8600.0	415.0	806.4

7.3.5 规律认识

对比表7.10～表7.13可知，大开地铁车站中柱的设计是非常保守的，由地震动引起的中柱动内力反应与中柱的内力设计值相比很小，中柱本身的动力反应不足以使中柱发生倒塌破坏。

由地震动引起的大开地铁车站主体结构交叉部位的弯矩反应非常强烈，其弯矩反应幅值甚至比结构的弯矩设计值还要大，因此在车站主体结构的交叉部位很容易发生弯曲破坏，尤其是车站结构顶板在上覆土重力的作用下，本身存在一定的静弯矩值，在上覆土重力和地震动的共同作用下，车站结构的顶板在与侧墙交叉部位的弯矩值超过受弯承载力设计值，从而使车站结构顶板在与侧墙的交叉部位发生严重的弯曲破坏而变成塑性铰接，并进一步导致顶板上覆土重力的绝大部分转移到由车站结构的中柱来承担，由于中柱的下端在地震动作用下已发生混凝土局部压碎破坏，在柱端形成塑性铰，当再加上由顶板传递来的上覆土重力时，在中柱的两端将发生严重的压碎破坏和弯曲破坏，致使中柱发生倒塌破坏。

因此，大开地铁车站震害成灾机理的合理解释为：在强地震动作用下，车站结构顶板与侧墙的交叉部位首先发生弯曲破坏而形成塑性铰，使得顶板上覆土的大部分重量转移到由中柱来承担，在由顶板破坏后传来的上覆土重力和地震动在中柱中引起的动内力的共同作用下，中柱发生压曲和弯曲破坏，最终导致中柱倒塌，进而导致车站顶板的塌陷。

对比表 7.10～表 7.12 可知，水平向地震动作用所引起的结构动内力远比竖向地震动作用下的结构动内力大得多，水平向地震动作用应是引起大开地铁车站结构严重震害的主要因素。此外，车站附近砂土层液化亦可能会加剧这种破坏。

复习思考题

1. 一般情况下水平向地震动作用所引起的结构动内力与竖向地震动作用下的结构动内力有什么明显差异？
2. 大开地铁车站震害成灾机理是什么？

参考文献

[1] Chen G X, Zhuang H Y, Shi G L. Analysis on the earthquake response of subway station based on the substructuring subtraction method [J]. 防灾减灾工程学报，2004 (4)：396 - 401.

[2] 庄海洋，陈国兴，胡晓明，等. 两层双柱岛式地铁车站结构水平向非线性地震反应分析 [J]. 岩石力学与工程学报，2006 (S1)：3074 - 3079.

[3] 庄海洋，陈国兴. 双洞单轨地铁区间隧道非线性地震反应分析 [J]. 地震工程与工程振动，2006 (2)：131 - 137.

[4] 王瑞民，罗奇峰. 阪神地震中地下结构和隧道的破坏现象浅析 [J]. 灾害学，1998 (2)：63 - 66.

[5] 孙绍平. 阪神地震中给水管道震害及其分析 [J]. 特种结构，1997 (2)：51 - 55.

[6] 于翔. 地下建筑结构应充分考虑抗震问题——1995 年阪神地震破坏的启示 [J]. 工程抗震，2002 (4)：17 - 20.

[7] 杨春田. 日本阪神地震地铁工程的震害分析 [J]. 工程抗震，1996 (2)：40 - 42.

[8] 周炳章，日本阪神地震的震害及教训 [J]. 工程抗震，1996 (1)：39 - 45.

[9] 曹炳政，罗奇峰，马硕，等. 神户大开地铁车站的地震反应分析 [J]. 地震工程与工程振动，2002 (4)：102 - 107.

[10] 陈国兴，左熹，杜修力. 土-地下结构体系地震反应的简化分析方法 [J]. 岩土力学，2010，31 (S1)：1 - 8.

[11] Lysmer J, Udaka T, Tsai C, et al. FLUSH - A computer program for approximate 3 - D analysis of soil - structure interaction problems [R]. California University, Richmond, u. s. Earthquake Engineering Research Center, 1975.

[12] 刘晶波，王文晖，赵冬冬. 地下结构横截面地震反应拟静力计算方法对比研究 [J]. 工程力学，2013，30 (1)：105 - 111.

[13] 陈国兴. 岩土地震工程学 [M]. 北京：科学出版社，2007.

[14] 庄海洋，陈国兴. 地铁地下结构抗震 [M]. 北京：科学出版社，2017.